野鸦椿生物学与药用化学

邹双全 等著

中国林业出版社

图书在版编目(CIP)数据

野鸦椿生物学与药用化学/邹双全等著. —北京：中国林业出版社, 2019.12
ISBN 978-7-5219-0453-6

Ⅰ.①野… Ⅱ.①邹… Ⅲ.①省沽油科—植物学—生物化学—研究 Ⅳ.①Q949.755.1

中国版本图书馆 CIP 数据核字(2020)第 019624 号

出版	中国林业出版社(100009 北京西城区刘海胡同7号)
	http://www.forestry.gov.cn/lycb.html
	电话:010-83143596
印刷	三河市双升印务有限公司
版次	2019 年 12 月第 1 版
印次	2019 年 12 月第 1 次
开本	710mm×1000mm 1/16
印张	17
彩页	16 面
字数	342 千字
定价	60.00 元

前　　言

野鸦椿为省沽油科野鸦椿属植物，在中国南部地区主要作为观赏和药用树种被广泛种植。福建林学院自 1986 年起开展圆齿野鸦椿生物学及育苗研究，2000 年福建农业大学与福建林学院合并，2001 年开始组织培养育苗研究，2015 年组建自然生物资源保育利用福建省高校工程技术中心，由林业、园林、资源环境、生物技术、制药工程、药理学方面硕士、博士、教授组成团队，比较系统全面地开展研究；2017 年福建自然资源保育利用高校工程技术中心出版《圆齿野鸦椿研究》，主要概括了野鸦椿种苗繁育、品种选育、种质资源、化学成分的提取等方面的研究。

随着近年来深入的研究，我们发现了一些有趣的现象。比如，依据 Flora of China，野鸦椿为单属单种植物。但是根据我们多年的野外调查发现，野鸦椿表型变异丰富，主要有落叶类和常绿类野鸦椿；其次，野鸦椿分布范围广，从沿海到高山、海拔 100~1200m 均有它的身影；根据化石记录，野鸦椿早在渐新世就已经出现在地球上；这些都让我们质疑，野鸦椿真的是单属单种吗？此外，野鸦椿挂果时间长，内外果皮均为红色，成熟后的果实沿腹缝线开裂并翻转露出黑色的种子和鲜红的内果皮，其种子数量多，尤其是常绿类野鸦椿，但是其野外群体的幼苗数量极少，这让我们好奇野鸦椿内外果皮为什么是红色？红色的果皮在种子发育、种子保护和种子扩散中扮演着什么样的角色？为什么种子数量多，幼苗少？在我们野外调查过程中，我们还发现在福建省的武夷山、龙岩、清流等地的当地人将野鸦椿的果实收集起来，用于煲汤，或者将果实泡开水用于治疗感冒、解酒，甚至有人生嚼叶片，说是可以治疗肠胃病。因此，作为传统民间药用植物的野鸦椿，其内含哪些代谢产物或者是否含有一些特殊的化合物？其药理活性如何？

基于以上问题，本书整合了近年来的研究成果，并从五个方面开展了详细的探讨。

第一部分主要对野鸦椿的遗传多样性开展研究，表型标记联合分子标记揭示了野鸦椿群体内的遗传变异信息，为野鸦椿的分类、保护和育种提供了理论基础；第二部分揭示了野鸦椿果皮呈色机制，探讨了果色与种子传播、群体遗传变异的关系，重点解析了野鸦椿果皮着色与呈色的分子机制；第三部分开展了野鸦椿主要化合物提取、鉴别与代谢过程研究；第四部分详述了圆齿野鸦椿中色原酮碳苷提取及纯化工艺；第五部分着重描述了果皮提取物药理学的研究成果。

本书中将呈现自然生物资源保育利用福建省高校工程技术中心全体人员对野鸦椿近年来的研究成果，奉献给国内外同行以资研究批判。

本书由邹双全、倪林、黄维、孙维红、梁文贤、袁雪艳、丁卉、李艳蕾、陈路遥、毛艳玲等人共同完成。

本书得到了以下项目的支持：圆齿野鸦椿种质资源收集（118/KSYC004）、科技创新领军人才项目（118/KRC16006A）、圆齿野鸦椿种质资源创新（118/71201800709）、福建农林大学优秀博士学位论文资助基金（324－1122yb062）、圆齿野鸦椿高效栽培关键技术研究（CXZX2017116）、高校产学研专项——野鸦椿进化及观赏药用资源筛选研究。

邹双全
2019 年 7 月 11 日

目 录

前 言

第一篇 野鸦椿属遗传多样性研究

第一章 种质资源与物候 ·· 1
 1.1 种质资源调查 ·· 2
 1.2 表型与物候 ·· 3

第二章 基于表型性状的多样性研究 ·· 5
 2.1 材料与方法 ·· 5
  2.1.1 试验材料 ·· 5
  2.1.2 性状选取及编码 ·· 5
  2.1.3 数量性状的测定 ·· 6
  2.1.4 数据分析 ·· 6
 2.2 结果与分析 ·· 7
  2.2.1 野鸦椿质量性状分析 ·· 7
  2.2.2 野鸦椿数量性状分析 ·· 10
  2.2.3 主成分分析 ·· 15
  2.2.4 表型性状与地理因子的相关性 ·· 16
  2.2.5 R 型聚类分析 ·· 17
  2.2.6 Q 型聚类分析 ·· 17
 2.3 讨论与小结 ·· 20
  2.3.1 基于表型性状的多样性分析 ·· 20
  2.3.2 野鸦椿群体内和群体间表型性状的多样性 ························ 20
  2.3.3 野鸦椿的表型聚类 ·· 21
  2.3.4 小结 ·· 22
 参考文献 ·· 22

第三章 基于分子标记揭示野鸦椿遗传多样性和分类 ························ 23
 3.1 材料与方法 ·· 23
  3.1.1 材料 ·· 23
  3.1.2 ISSR 分子标记方法 ·· 23
  3.1.3 SLAF-seq 测序 ·· 24

3.1.4　数据分析 …………………………………………………… 24
3.2　结果与分析 ……………………………………………………… 25
　　3.2.1　基于 ISSR 标记的 DNA 多态性分析 ……………………… 25
　　3.2.2　群体遗传多样性分析 ………………………………………… 26
　　3.2.3　系统发育分析与分类 ………………………………………… 28
　　3.2.4　遗传分化和遗传结构 ………………………………………… 30
3.3　讨论与结论 ……………………………………………………… 33
　　3.3.1　基于分子标记的遗传分化评价 ……………………………… 33
　　3.3.2　基于分子标记的野鸦椿分类的启示 ………………………… 34
　　3.3.3　总结 …………………………………………………………… 36
参考文献 ………………………………………………………………… 36

第二篇　野鸦椿果皮着色与分子机制

第四章　果皮颜色进化的意义 ………………………………………… 41
参考文献 ………………………………………………………………… 42

第五章　野鸦椿内果皮着色及呈色分析 ……………………………… 43
5.1　材料与方法 ……………………………………………………… 43
　　5.1.1　试验材料 ……………………………………………………… 43
　　5.1.2　果实颜色数字化描述 ………………………………………… 43
　　5.1.3　果皮色素的定量分析 ………………………………………… 44
5.2　结果与分析 ……………………………………………………… 44
　　5.2.1　果实颜色变化观察 …………………………………………… 44
　　5.2.2　果色的数据化描述 …………………………………………… 44
　　5.2.3　果皮色素成分的紫外可见光谱分析 ………………………… 45
　　5.2.4　果皮色素含量分析 …………………………………………… 45
　　5.2.5　果实色泽与色素含量的关系 ………………………………… 47
5.3　讨论与结论 ……………………………………………………… 47
参考文献 ………………………………………………………………… 48

第六章　野鸦椿果皮变红的分子机制研究 …………………………… 50
6.1　材料与方法 ……………………………………………………… 50
　　6.1.1　试验材料 ……………………………………………………… 50
　　6.1.2　色素含量的测定 ……………………………………………… 50
　　6.1.3　总 RNA 的提取及质量检测 …………………………………… 50
　　6.1.4　文库的构建和转录组测序 …………………………………… 51
　　6.1.5　De-nove 组装 ………………………………………………… 51

6.1.6　Unigene 表达量统计 ································· 51
　　6.1.7　Unigene 的功能注释 ································· 51
　　6.1.8　SNP 和 SSR 标记开发 ······························ 52
　　6.1.9　数据分析 ··· 52
6.2　结果分析 ·· 52
　　6.2.1　色素含量的变化 ······································ 52
　　6.2.2　RNA 提取质量评价 ··································· 52
　　6.2.3　数据产出和组装结果统计 ··························· 53
　　6.2.4　Unigene 的功能注释 ································· 54
　　6.2.5　SSR 和 SNP 预测分析 ······························ 55
　　6.2.6　内果皮变色过程差异表达基因筛选及分析 ······· 56
6.3　讨论与结论 ··· 60
　　6.3.1　花青素生物合成的候选基因 ························ 60
　　6.3.2　叶绿素降解的候选基因 ······························ 61
　　6.3.3　小结 ·· 61
参考文献 ·· 61

第七章　野鸦椿内参基因及花青素代谢关键基因　63

7.1　材料与方法 ··· 64
　　7.1.1　试验材料 ·· 64
　　7.1.2　RAN-Seq 数据库分析及引物设计 ··················· 64
　　7.1.3　总 RAN 的提取和 cDNA 的合成 ···················· 64
　　7.1.4　候选内参基因目的半定量 PCR 扩增 ··············· 64
　　7.1.5　内参基因荧光定量 PCR 扩增 ························ 64
　　7.1.6　数据分析 ·· 65
7.2　结果与分析 ··· 65
　　7.2.1　候选内参基因筛选及引物设计 ······················ 65
　　7.2.2　RNA 提取效果及内参基因的半定量 PCR 检测 ··· 67
　　7.2.3　候选内参基因表达谱 ································· 68
　　7.2.4　内参基因荧光定量 PCR 分析 ························ 68
　　7.2.5　内参基因表达稳定性评估 ···························· 68
　　7.2.6　内参基因适用性验证及花青素相关酶基因的验证 ····· 71
7.3　讨论与结论 ··· 71
参考文献 ·· 74

第三篇 野鸦椿主要化合物提取、鉴别与代谢过程研究

第八章 圆齿野鸦椿果皮化学成分研究 … 76
8.1 材料与方法 … 76
8.1.1 材料 … 76
8.1.2 提取分离流程 … 77
8.2 化合物结构鉴定 … 77
8.2.1 新化合物结构鉴定 … 77
8.2.2 已知化合物结构鉴定 … 79
8.3 讨论与结论 … 90
参考文献 … 92

第九章 圆齿野鸦椿 HPLC 指纹图谱构建 … 95
9.1 材料 … 95
9.1.1 植物材料 … 95
9.1.2 主要试剂及仪器 … 96
9.2 试验方法及结果 … 96
9.2.1 供试品的准备 … 96
9.2.2 色谱条件考察 … 96
9.2.3 圆齿野鸦椿果皮 HPLC 指纹图谱色谱条件 … 103
9.2.4 方法学考察 … 103
9.2.5 圆齿野鸦椿果皮 HPLC 指纹图谱的构建 … 108
9.2.6 12 批次圆齿野鸦椿样品图谱数据分析 … 108
9.2.7 聚类分析 … 110
9.2.8 主成分分析 … 110
9.3 讨论与结论 … 112
9.3.1 讨论 … 112
9.3.2 小结 … 113
参考文献 … 114

第十章 圆齿野鸦椿色原酮化合物生物合成途径 … 115
10.1 材料与方法 … 115
10.1.1 材料 … 115
10.1.2 试验方法 … 116
10.2 结果与分析 … 117
10.2.1 圆齿野鸦椿样品 RNA 质量及浓度 … 117
10.2.2 测序与序列组装 … 117

    10.2.3 unigene 序列的功能注释 …………………………………… 118
    10.2.4 圆齿野鸦椿不同组织间的基因差异表达 …………………… 124
    10.2.5 差异表达基因功能注释 ……………………………………… 125
  10.3 讨论与小结 ……………………………………………………… 128
    10.3.1 转录组数据质量评估 ………………………………………… 128
    10.3.2 黄酮(2-苯基色原酮)化合物的生物合成途径 ……………… 129
    10.3.3 小结 ………………………………………………………… 131
  参考文献 ……………………………………………………………… 131

第十一章 圆齿野鸦椿 qRT-PCR 内参基因筛选及转录组数据验证 …… 135
  11.1 材料与方法 ……………………………………………………… 135
    11.1.1 材料 ………………………………………………………… 135
    11.1.2 试验方法 …………………………………………………… 136
  11.2 结果与分析 ……………………………………………………… 139
    11.2.1 圆齿野鸦椿 RNA 样品浓度及质量 ………………………… 139
    11.2.2 引物特异性及 PCR 扩增效率 ……………………………… 139
    11.2.3 内参基因 Cq 值分析 ………………………………………… 140
    11.2.4 候选内参基因表达稳定性分析 ……………………………… 140
    11.2.5 圆齿野鸦椿候选内参基因的验证 …………………………… 143
    11.2.6 圆齿野鸦椿转录组数据的验证 ……………………………… 143
  11.3 讨论与小结 ……………………………………………………… 144
  参考文献 ……………………………………………………………… 145

第十二章 圆齿野鸦椿色原酮碳苷生物合成途径研究 …………………… 148
  12.1 材料与方法 ……………………………………………………… 148
    12.1.1 材料 ………………………………………………………… 148
    12.1.2 试验方法 …………………………………………………… 149
  12.2 结果与分析 ……………………………………………………… 151
    12.2.1 圆齿野鸦椿不同组织部位色原酮碳苷含量分析 …………… 151
    12.2.2 色原酮碳苷合成候选基因筛选及表达量分析 ……………… 151
    12.2.3 圆齿野鸦椿色原酮碳苷合成途径 …………………………… 154
  12.3 讨论与小结 ……………………………………………………… 154
    12.3.1 讨论 ………………………………………………………… 154
    12.3.2 小结 ………………………………………………………… 155
  参考文献 ……………………………………………………………… 156

第四篇　圆齿野鸦椿中色原酮碳苷提取及纯化工艺研究

第十三章　圆齿野鸦椿中 isobiflorin 和 biflorin 的含量测定及药用原料的优选 157
- 13.1 材料与方法 157
  - 13.1.1 原料、药品与试剂 157
  - 13.1.2 仪器设备 157
- 13.2 试验方法 158
  - 13.2.1 HPLC 分析条件 158
  - 13.2.2 溶液的制备 158
  - 13.2.3 方法学考察 158
- 13.3 结果与分析 159
  - 13.3.1 HPLC 检测结果 159
  - 13.3.2 方法学考察结果 159
  - 13.3.3 样品含量测定及药用原料的优选 162
- 13.4 小结与讨论 164
- 参考文献 164

第十四章　超声提取 isobiflorin 和 biflorin 的工艺研究 165
- 14.1 材料与仪器 165
  - 14.1.1 原料、药品与试剂 165
  - 14.1.2 仪器设备 165
- 14.2 试验方法 166
  - 14.2.1 HPLC 分析条件 166
  - 14.2.2 圆齿野鸦椿果皮超声提取法流程 166
  - 14.2.3 isobiflorin 和 biflorin 超声提取工艺单因素试验 166
  - 14.2.4 响应面设计试验 167
  - 14.2.5 验证试验 167
  - 14.2.6 放大试验 167
- 14.3 结果与分析 167
  - 14.3.1 单因素试验结果分析 167
  - 14.3.2 响应面试验结果分析 170
  - 14.3.3 验证试验 172
  - 14.3.4 放大试验 172
- 14.4 小结与讨论 173

第十五章 乙酸乙酯萃取 isobiflorin 和 biflorin 的工艺研究 …… 174
15.1 材料与仪器 …… 174
15.1.1 原料、药品与试剂 …… 174
15.1.2 仪器设备 …… 174
15.2 试验方法 …… 175
15.2.1 HPLC 色谱条件 …… 175
15.2.2 乙酸乙酯萃取纯化流程 …… 175
15.2.3 isobiflorin 和 biflorin 萃取纯化工艺单因素试验 …… 175
15.2.4 正交试验设计 …… 176
15.2.5 验证试验 …… 176
15.2.6 放大试验 …… 176
15.3 结果与分析 …… 177
15.3.1 单因素试验结果分析 …… 177
15.3.2 正交试验结果 …… 179
15.3.3 验证试验结果 …… 181
15.3.4 放大试验结果 …… 181
15.4 小结与讨论 …… 182

第十六章 硅胶柱层析分离纯化 isobiflorin 和 biflorin …… 183
16.1 材料与仪器 …… 183
16.1.1 原料、药品与试剂 …… 183
16.1.2 仪器设备 …… 183
16.2 试验方法 …… 184
16.2.1 HPLC 色谱条件 …… 184
16.2.2 薄层层析色谱法(TLC) …… 184
16.2.3 硅胶柱层析纯化流程 …… 184
16.2.4 硅胶柱层析分离纯化工艺研究 …… 185
16.2.5 isobiflorin 和 biflorin 标准品的制备 …… 187
16.3 结果与分析 …… 187
16.3.1 溶剂比例的选择 …… 187
16.3.2 洗脱流速的选择 …… 187
16.3.3 上样量的选择 …… 189
16.3.4 洗脱曲线 …… 189
16.3.5 验证试验 …… 190
16.3.6 放大试验 …… 191
16.3.7 isobiflorin 和 biflorin 标准品的制备 …… 191

16.4 小结与讨论 ··· 192

第十七章　isobiflorin 和 biflorin 的提取纯化工艺验证 ··············· 194
17.1 isobiflorin 和 biflorin 的提取纯化总工艺 ··························· 194
17.2 提取纯化工艺验证 ··· 195
　　17.2.1 验证方法 ·· 195
　　17.2.2 验证结果 ·· 195
17.3 小结与讨论 ·· 196

第十八章　圆齿野鸦椿花青素提取工艺优化 ································ 197
18.1 材料与方法 ·· 197
　　18.1.1 材料与试剂 ··· 197
　　18.1.2 实验方法 ·· 198
　　18.1.3 数据分析 ·· 200
18.2 结果分析 ··· 200
　　18.2.1 提取剂和最大吸收波长的确定 ································· 200
　　18.2.2 静置平衡时间筛选 ·· 201
　　18.2.3 单因素条件筛选 ·· 201
　　18.2.4 正交实验结果 ··· 202
　　18.2.5 圆齿野鸦椿花青素体外抗氧化活性 ··························· 203
18.3 结论 ··· 204
参考文献 ··· 205

第五篇　野鸦椿果皮提取物药理学研究

第十九章　圆齿野鸦椿果皮提取物的抗炎活性成分筛选 ··············· 207
19.1 材料与方法 ·· 207
　　19.1.1 试剂材料 ·· 207
　　19.1.2 试剂配制 ·· 209
　　19.1.3 细胞来源与保藏 ·· 209
　　19.1.4 圆齿野鸦椿果皮提取物 ··· 210
　　19.1.5 LPS 诱导小鼠 RAW264.7 细胞炎症模型的建立 ·········· 210
　　19.1.6 细胞毒性实验 ··· 211
　　19.1.7 圆齿野鸦椿果皮提取物对 NO 的影响 ······················· 211
　　19.1.8 数据处理 ·· 212
19.2 结果与分析 ·· 212
　　19.2.1 消化方式及传代次数对 RAW264.7 细胞的影响 ·········· 212
　　19.2.2 LPS 浓度对 RAW264.7 细胞 NO 产生的影响 ············· 212

19.2.3　细胞种板个数对 RAW264.7 细胞 NO 产生的影响 ·················· 213
　　19.2.4　血清对 RAW264.7 细胞 NO 产生的影响 ························· 214
　　19.2.5　圆齿野鸦椿果皮提取物细胞毒性及对 NO 的影响 ················ 215
19.3　讨论与小结 ··· 221
　　19.3.1　LPS 诱导小鼠 RAW264.7 细胞炎症模型的建立 ·················· 221
　　19.3.2　圆齿野鸦椿果皮提取物细胞毒性结果及对 NO 的影响 ········· 221
　　19.3.3　小结 ·· 222
参考文献 ··· 222

第二十章　圆齿野鸦椿果皮提取物对 RAW264.7 细胞的抗炎作用　224
20.1　材料与方法 ·· 224
　　20.1.1　Western blot 试剂配制 ·· 224
　　20.1.2　SDS-PAGE 凝胶配制 ·· 224
　　20.1.3　细胞形态观察 ·· 225
　　20.1.4　细胞上清液 PGE$_2$、IL-6、IL-1β 含量的检测 ················· 225
　　20.1.5　荧光定量 PCR 检测相关炎症因子 mRNA 表达 ·················· 226
　　20.1.6　Western Blot 检测相关炎症因子及炎症通路相关蛋白表达 ··· 229
20.2　结果与分析 ·· 231
　　20.2.1　细胞形态 ·· 231
　　20.2.2　圆齿野鸦椿果皮提取物对 PGE2、IL-6、TNF-α 含量的
　　　　　　影响 ·· 231
　　20.2.3　圆齿野鸦椿果皮提取物对相关炎症因子核酸水平的影响 ····· 233
　　20.2.4　圆齿野鸦椿果皮提取物对相关炎症因子和通路蛋白含量
　　　　　　的影响 ··· 236
20.3　讨论与小结 ·· 240
　　20.3.1　细胞形态学变化 ··· 241
　　20.3.2　圆齿野鸦椿果皮提取物对 PGE2、COX-2 和 iNOS 的影响 ··· 241
　　20.3.3　圆齿野鸦椿果皮提取物对 TNF-α、IL-1β 和 IL-6 的影响 ··· 242
　　20.3.4　圆齿野鸦椿果皮提取物对相关炎症通路的影响 ·················· 243
　　20.3.5　讨论与小结 ··· 244
参考文献 ··· 245

第二十一章　圆齿野鸦椿果皮提取物抗免疫性肝损伤作用的研究 ········ 247
21.1　材料与方法 ·· 247
　　21.1.1　实验动物 ·· 247
　　21.1.2　试剂配制 ·· 247
　　21.1.3　动物分组给药造模 ·· 247

21.1.4　指标测定 …………………………………………………… 248
　　21.1.5　肝损伤小鼠肝组织病理损伤程度的判定 ………………… 248
　21.2　结果与分析 ………………………………………………………… 249
　　21.2.1　EKH1216 对 ILI 小鼠一般情况的影响 …………………… 249
　　21.2.2　EKH1216 对 ILI 小鼠血清 ALT、AST 活力的影响 ……… 250
　　21.2.3　EKH1216 对 ILI 小鼠肝脏指标的影响 …………………… 250
　　21.2.4　EKH1216 对 ILI 小鼠肝组织病理变化的影响 …………… 252
　21.3　讨论与小结 ………………………………………………………… 253
参考文献 …………………………………………………………………… 256

第一篇　野鸦椿属遗传多样性研究

第一章　种质资源与物候

遗传多样性不仅是生物多样性的核心,还在生物多样性保护中意义重大。尤其是生命周期相对较长的林木,其种内遗传多样性越高或遗传变异越丰富,林木的适应能力越强,反之,林木遗传多样性的降低、消失,必然会导致林木的适应能力、繁殖能力、抗病能力的降低。所以要认识一个物种的进化历史和适应性机制,必须了解它的遗传多样性和遗传结构,这也为该物种的分类和保护提供指导。

据 Flora of China 记载,野鸦椿(*Euscaphis japonica*)为省沽油科(*Staphyleaceae*)野鸦椿属(*Euscaphis*),单属单种,主要分布在中国南部、日本和朝鲜。野鸦椿多生长于山脚和山谷,常与一些小灌木混生、散生。而对于长期处于野生、半野生状态的野鸦椿植物,其经受各种自然灾害和环境压力,具有优良的抗病、抗虫、抗劣等基因,是遗传改良的重要资源;野鸦椿在自然界中多零星分布,自然群落面积小且密度小,随着近年来人类活动加剧,一些野生野鸦椿群体的栖息地被破坏,再加上自然更新能力弱,其遗传多样性也正在遭受威胁,因此,研究野生野鸦椿群体的遗传多样性对野鸦椿的保护和拓宽栽培野鸦椿遗传资源具有重要意义。

自然资源保育利用福建省高校工程研究中心多年来致力于野鸦椿的相关研究,通过我中心多年的野外调研和实地考察,我们发现野鸦椿表型变异丰富,且主要分为落叶类野鸦椿和常绿类野鸦椿。此外,通过查阅相关文献和植物志,省沽油科另外两个属[省沽油属(*Staphylea*)和山香圆属(*Turpinia*)]的植物分布范围广。省沽油属主要分布在亚洲、欧洲、北美洲,共有 13 个种,其中 5 个种为中国特有种;山香圆属主要分布在亚洲、北美洲、南美洲,共 30~40 个种,其中 5 个种为中国特有种。在北半球(尤其是欧洲和亚洲)发现了大量的省沽油属、山香圆属和野鸦椿属的植物化石,且至少可以追溯到渐新世,表明省沽油科植物至少在 3390 多万年前就已经存在地球上了。Huang 等(2015)根据古地理分布推测,省沽油起源于欧亚大陆西部,可能通过北大西洋陆桥到达北美东部。研究认为山香圆属的演化涉及穿越温带或北方地区的迁徙史这一段复杂的生物地理史。然而,作为3390万年前就已存在于地球上,且分布广的野鸦椿,真的是单属单种吗?这个问题一直困扰着我们。因此,我们期望通过表型联合分子标记来揭示野鸦椿的分类。

1.1　种质资源调查

2016年2月至2018年12作者致力于野鸦椿的野外调查。在调查过程中记录野生野鸦椿群体的经纬度、海拔和具体生境。对有典型的植株的形态特征进行拍照,并记录群体内野鸦椿叶片质地、叶缘以及果表皮肋脉是否明显等特征。此外,记录野鸦椿各个群体的物候。调查结果如图1-1(见彩图)和表1-1。

表1-1　供试野鸦椿的编号、采集地、性状及生境

群体	采集地	样本号	地理信息			叶性状	果性状	生　境
			经度	纬度	海拔(m)			
遵义 ZY	习水	ZY1~ZY9	106°40′	28°49′	918	纸质,叶缘具细锯齿	果表皮肋脉明显	落叶,林缘路边或溪边的灌木林中
温州 WZ	岱岭乡	WZ1~WZ5	120°24′	27°16′	314	纸质,叶缘具细锯齿	果表皮肋脉明显	落叶,树高1.5~4.5m,生长于山谷中和峭壁上,伴生树种有油桐、苦木、马尾松、天仙果、卷柏等
江西 JX	赣州	JX1~JX16	114°55′	25°23′	151	膜质,叶缘具钝锯齿	果表皮肋脉不明显	常绿,树高3~7m,生长于丛林中、林缘
		JX17	114°55′	26°27′	522	纸质,叶缘具细锯齿	果表皮肋脉明显	落叶,生长于山谷中
清流 QL	灵地	QL1~OL10	116°48′	25°50′	359	膜质,叶缘具钝锯齿	果表皮肋脉不明显	常绿,每株树龄至少有70年,树高7~12m,均从当地山林中移栽至益晟农林有限公司
泰宁 TN	梅口	TN1~TN5	117°06′	27°48′	302	膜质,叶缘具钝锯齿	果表皮肋脉不明显	常绿,树高3~5m,生长于路边、山坡上
		TN6~TN9				厚纸质,叶缘具细锯齿	—	落叶,树高1.2~3m,生长于山谷中

(续)

群体	采集地	样本号	地理信息			叶性状	果性状	生　境
			经度	纬度	海拔(m)			
建阳 JY	松柏	JY1~JY3	118°02′	27°26′	174	膜质,叶缘具钝锯齿	果表皮肋脉不明显	常绿,树高3~5m,生长于山谷中
建瓯 JO	建瓯	JO1~JO3	118°18′	27°00′	195	膜质,叶缘具钝锯齿	果表皮肋脉不明显	常绿,树高2~4m,生长于山谷中
邵武 JS	将石	JS1~JS13	117°14′	27°03′	408	膜质,叶缘具钝锯齿	果表皮肋脉不明显	常绿,树高4~6m,生长于山谷、林缘及次生林中
		JS14~JS15				纸质,叶缘具细锯齿	—	落叶,树高4~5m,生长于半山腰的林缘
闽清 MQ	翁山头	MQ1~MQ4	118°59′	26°28′	1008	纸质,叶缘具细锯齿	果表皮肋脉明显	落叶,树高1.5~5m,生长于山顶
德化 DH	高阳	DH1~DH7	118°14′	25°29′	494	膜质,叶缘具钝锯齿	果表皮肋脉不明显	常绿,树龄至少100年,树高达10m,生长于溪边的竹林中
	石牛山	DH8~DH10	118°29′	25°42′	1000	厚纸质,叶缘具细锯齿	果表皮肋脉明显	落叶,DHY1树龄至少100年,树高达8m,DHY2、DHY3树高分别为1.5m、2.4m,生长于溪边丛林中
龙岩 LY	武平	LY1~LY3	116°06′	25°02′	310	膜质,叶缘具钝锯齿	果表皮肋脉明显	常绿,树高3~4m,生长于林缘
南靖 NJ	南靖	NJ1~NJ3	117°17′	24°40′	134	膜质,叶缘具钝锯齿	果表皮肋脉明显	常绿,生长于林缘路边
福鼎 FD	潘溪	FD	120°11′	27°13′	598	膜质,叶缘具钝锯齿	果表皮肋脉明显	落叶,生长于山谷中
永安 YA	永安	YA1~YA6	117°45′	26°01′	522	纸质,叶缘具细锯齿	果皮软革质,肋脉明显	落叶,生长于山谷中

1.2　表型与物候

通过多年来(2016~2018年)对野鸦椿的实地调查,我们对这些野外群体的物候和主要表型特征进行了记录(图1-2,见彩图)。我们发现低海拔地区的群体(<500m):JS、JY、JO、SC、YT、JX1-16、DH1-7和TN1-5的样本是常绿野鸦椿,叶片膜质,边缘具钝锯齿,圆锥花序,果皮革质,外果皮具不明显的肋脉。常绿类野鸦椿一般在3月初的一年生枝上露出叶芽和混合芽,并逐渐膨大;4月进入展叶期:嫩枝绿色;花期为5月,花后30天果迅速膨大;7月后果实大小几乎不变;果实变色为8月;9~10月果实成熟并开裂,内果皮向外翻转露出成熟的种子;11月至翌年3月果实会逐渐掉落,经常发现3月圆齿野鸦椿枝头依然挂着很多果实。

高海拔地区的群体(500~1200m):ZY、WZ、MQ、FD、LY、YA、JX17、DH8-10、TN6-8的群体均是落叶类野鸦椿,叶片纸质,边缘具细锯齿,聚伞花序,果皮软革质,果表皮肋脉明显。落叶类野鸦椿在2月露出叶芽和混合芽;展叶期3~4月,嫩叶红色或绿色,叶缘具细锯齿,嫩枝鲜红或绿色;花期为4月,花后30天果实迅速膨大;6月后果实大小几乎不再变化;6~7月果实逐渐变红,果表皮肋脉逐渐变明显;7~8月果实成熟并开裂;9月随着果实的成熟内果皮向外翻转露出成熟的种子;9~12月叶色逐渐变黄,果和叶逐渐的掉落。

此外,在野外调查过程中,我们发现把高海拔地区的落叶野鸦椿的种子播种到低海拔地区,其开花后的果实性状与其母株的表型和物候基本一致。这一结果否定了我们先前的假设,即高海拔的落叶类野鸦椿在冬季落叶是通过失去叶子保护自己免受冬季的侵害。

第二章　基于表型性状的多样性研究

　　树木进化在很大程度上是通过调整种子的保护和分散策略来推动的,这些策略允许多样化进入新的生态位。种子的成熟和分散与果实类型有着密不可分的联系,例如干果主要用于通过开裂帮助种子分散。在大多数树木中,果实颜色对于种子分散生物(例如松鼠和鸟类)以及商业和观赏价值也是至关重要的。因此,果实性状的变异是种群在进化过程中生存和遗传多样性的重要方面。植物表型是基因型和环境之间的相互作用产生的,反映了基因型对环境变化的适应性。表型是长期自然压力选择的结果,代表了后代可以稳定遗传的不可逆过程。总之,表型变异在适应和分类中具有重要意义。

　　野鸦椿被认为是中国南部地区未充分利用的物种。因此,评估和保护遗传资源的策略对于保护中国现存的野鸦椿遗传变异是必要的。在本小节中将探讨野鸦椿的表型多样性,期望利用表型变异:①揭示种群内和种群内表型变异的程度;②探索表型性状与其地理生态之间的相关性;③提供关于分类,多样性和保护相关研究的理论参考。

2.1　材料与方法

2.1.1　试验材料

　　2016 年在野鸦椿果成熟期(11~12 月)对福建省及其周围省份的野生野鸦椿进行实地调查取样,调查过程中采集有果实植株的叶片、果实和种子,随机采集每株东西南北 4 个方向成熟果实的果序和 1 年生枝上的复叶,用于表型性状的测定,共收集 67 份用于表型变异研究。

2.1.2　性状选取及编码

　　在课题组多年观察的基础上,选取具有稳定遗传的表型性状进行观测。通过对野生野鸦椿的实地观测,获取野鸦椿各种质量性状的原始记录。对于质量性状的原始记录不能直接进行数学运算,需将其进行转换后,适合于数学运算的形式。经过原始数据的分析与整理,筛选出野鸦椿 25 个重要表型性状并进行相应编码,其中二元性状 4 个,编码 0、1;多元性状 5 个,其中有关颜色的编码均采用绿色和红色的比例进行编码;数量性状16个,测定值或计数值即为编码。各性状编码分别如图2-1(见彩图)、见表2-1。

表2-1 野鸦椿表型性状的编码

序号	表型	编码	序号	表型	编码
1	复叶长(CLL)		13	果横径(FW)	
			14	果纵径(FL)	
2	复叶柄颜色(CPC)	绿/红=2 0;绿/红=1 1;绿/红=1/2 2;红 3	15	果形指数(FI)	
3	一年生枝颜色(ABC)	绿/红=2 0;绿/红=1 1;绿/红=1/2 2;红 3	16	果颜色(FC)	绿/红=2 0;绿/红=1 1;绿/红=1/2 2;红 3
4	小叶数量(LN)				
5	小叶面积(LA)		17	果皮厚度(PT)	
6	小叶周长(LC)		18	果表皮肋脉(IR)	不明显 0;明显 1
7	小叶长(LL)		19	果序颜色(FSC)	绿/红=2 0;绿/红=1 1;绿/红=1/2 2;红 3
8	小叶宽(LW)				
9	叶形指数(LI)				
10	叶缘(LM)	钝锯齿 0;细锯齿 1	20	种子数量(SN)	
11	叶质地(LT)	纸质 0;厚纸质 1;膜质 2	21	种子长(SL)	
			22	种子宽(SW)	
12	小叶柄长(PL)		23	种形指数(SI)	

2.1.3 数量性状的测定

对于数量性状的测量和评价,果实横径、果实纵径、果皮厚度、种子长、种子宽和小叶柄长采用游标卡尺测量(精度0.01),复叶长、小叶长、小叶宽采用直尺测量(精度0.1)。每棵树的每个性状指标测20个重复。其中叶形指数、果形指数和种子长宽比的计算公式为:叶形指数=叶片长/叶片宽;果形指数=果实纵径/果实横径;种子长宽比=种子长/种子宽。

2.1.4 数据分析

用Excell 2016分别统计各质量性状在各群体的分布数目及分布频率,以及总分布数及频率。对各质量性状的遗传多样性采用Shannon - Wiener信息指数

(I)进行评价,$I=-\sum P_i \ln P_i$,P_i 表示第 i 种变异类型出现的频率;利用 SPSS19.0 软件对每份材料的所有数量性状的原始数据进行单因素方差分析,以探究种群间表型变异特征;计算数量性状种群内和种群间的最大值、最小值、平均数、标准差和变异系数(CV=标准差/平均数),并以表型性状的变异系数(CV)衡量种群内表型性状的变异水平,对 67 份材料的所有数量性状进行主成分分析(PCA)。对表型性状及地理环境因子进行相关性分析,以探讨地理环境因子对表型性状的影响。此外,对数据进行变换或标准化处理后,为探讨不同群体间表型性状的整体相似性和不同性状之间的相关性程度,利用 DPS7.05 软件对测得数据分别进行 Q 型聚类和 R 型聚类。

2.2 结果与分析

2.2.1 野鸦椿质量性状分析

多样性(Shannon – Wiener)指数(I)是评价种质资源多样性的重要指标,也是评价各表型性状对种质资源多样性检测适用性的重要指标之一。由表 2-2 可知,在本研究中的 7 个质量性状,果颜色(1.26)、果序颜色(1.25)、一年生枝颜色(0.96)和复叶柄颜色(0.89)具有相对较高的多样性指数,表明颜色性状对于区分种质资源具有重要作用,是评价野鸦椿遗传多样性的重要指标。肋脉(0.55)、叶缘(0.55)和叶质地(0.68)的多样性指数相对较低,表明这些质量性状对于种质资源的遗传区分力度小。

对于果实性状而言,野鸦椿果皮颜色主要以绿/红=1/2、全红和绿/红=1 为主,分别占 38.80%、29.85% 和 25.37%,绿/红=2 仅占 5.70%。来自清流(60%)、建瓯(66.66%)和泰宁(60%)果皮颜色主要以绿/红=1/2 为主,果皮肋脉均不明显;德化果皮颜色以绿/红=1/2 和全红为主,各占 50%,果皮肋脉明显和不明显各占 50%;遵义和温州果皮肋脉均明显,且两地果实以全红为主。

果序颜色以绿/红=1/2、绿/红=1 和绿/红=2,分别占 43.28%、26.87% 和 19.40%,红色仅占 10.44%,其中将石和建瓯的果序颜色主要为绿/红=1/2,分别占 61.54% 和 57.14%;1 年生枝颜色以绿/红=2 为主,占 63.51%,其中遵义、将石和建瓯的果序颜色以绿/红=2,占 50% 以上;复叶柄颜色以绿/红=2 为主,遵义、建阳、泰宁和将石群体复叶柄颜色以绿/红=2 为主占 85% 以上。

对叶片性状来说,叶片质地主要为膜质(73.13%),其次是纸质(20.90%),厚纸质仅占(5.97%),清流、建阳、建瓯、将石和泰宁野鸦椿叶片质地均为膜质,江西膜质占 92.31%,遵义和温州叶片质地均为纸质,德化叶片质地为厚纸质和膜质各占 50%,江西厚纸质仅占 7.69%。叶缘为钝锯齿占 73.13%,细锯齿占

表 2-2 质量性状在各群体的分布频数、分布频率及多样性指数

性状		群体								总样本	Shannon-Wiener 信息指数(I)
		遵义 ZY	清流 QL	建阳 JY	建瓯 JO	温州 WZ	将石 JS	泰宁 TN	德化 DH	江西 JX		
复叶柄颜色	0	8(88.89%)	4(40%)	3(100%)	2(66.67%)	3(60%)	12(92.31%)	5(100%)	3(50%)	0(0%)	40(59.70%)	0.89
	1	1(11.11%)	4(40%)	0(0%)	1(33.33%)	2(40%)	1(7.69%)	0(0%)	3(50%)	9(69.23%)	21(31.34%)	
	2	0(0%)	1(10%)	0(0%)	0(0%)	0(0%)	0(0%)	0(0%)	0(0%)	4(30.77%)	5(7.46%)	
	3	0(0%)	1(10%)	0(0%)	0(0%)	0(0%)	0(0%)	0(0%)	0(0%)	0(0%)	1(1.49%)	
果颜色	0	0(0%)	0(0%)	1(33.33%)	0(0%)	0(0%)	0(0%)	2(40%)	0(0%)	1(7.69%)	4(5.70%)	1.26
	1	0(0%)	2(20%)	1(33.33%)	2(66.66%)	0(0%)	7(53.85%)	0(0%)	3(50%)	6(46.15%)	17(25.37%)	
	2	1(11.11%)	6(60%)	1(33.34%)	1(33.34%)	0(0%)	4(30.77%)	3(60%)	3(50%)	6(46.15%)	26(38.80%)	
	3	8(88.89%)	2(20%)	0(0%)	0(0%)	5(100%)	2(15.38%)	0(0%)	0(0%)	0(0%)	20(29.85%)	
果序颜色	0	0(0%)	2(20%)	2(66.66%)	0(0%)	2(40%)	1(7.69%)	1(20%)	1(16.67%)	5(38.46%)	13(19.40%)	1.25
	1	2(22.22%)	1(10%)	1(33.34%)	1(33.34%)	1(20%)	4(30.77%)	3(60%)	2(33.33%)	4(30.77%)	18(26.87%)	
	2	5(55.56%)	5(50%)	0(0%)	2(66.66%)	2(40%)	4(30.77%)	1(20%)	4(30.77%)	29(43.28%)		
	3	2(22.22%)	2(20%)	0(0%)	0(0%)	0(0%)	8(61.54%)	0(0%)	0(0%)	4(30.77%)	7(10.44%)	
果形	0	0(0%)	10(100%)	3(100%)	3(100%)	0(0%)	13(100%)	5(100%)	3(50%)	9(69.23%)	46(68.67%)	0.60
	1	9(100%)	0(0%)	0(0%)	0(0%)	5(100%)	0(0%)	0(0%)	3(50%)	4(30.77%)	21(31.34%)	
一年生枝颜色	0	9(100%)	4(40%)	3(100%)	2(66.66%)	3(60%)	11(84.62%)	4(80%)	0(0%)	5(38.46%)	41(61.20%)	0.95
	1	0(0%)	3(30%)	0(0%)	1(33.34%)	2(40%)	2(15.38%)	1(20%)	0(0%)	8(61.54%)	19(28.36%)	
	2	0(0%)	2(20%)	0(0%)	0(0%)	0(0%)	0(0%)	0(0%)	3(50%)	0(0%)	3(4.48%)	
	3	0(0%)	1(10%)	0(0%)	0(0%)	0(0%)	0(0%)	0(0%)	0(0%)	0(0%)	4(5.97%)	

(续)

性状	Shannon-Wiener信息指数(I)		群体									
			遵义ZY	清流QL	建阳JY	建瓯JO	温州WZ	将石JS	泰宁TN	德化DH	江西JX	总样本
叶质地	0.68	0	9(100%)	0(0%)	0(0%)	0(0%)	5(100%)	0(0%)	0(0%)	0(0%)	0(0%)	14(20.90%)
		1	0(0%)	0(0%)	0(0%)	0(0%)	0(0%)	0(0%)	0(0%)	3(50%)	1(7.69%)	4(5.97%)
		2	0(0%)	10(100%)	3(100%)	3(100%)	0(0%)	13(100%)	5(100%)	3(50%)	12(92.31%)	49(73.13%)
叶缘	0.55	0	0(0%)	10(100%)	3(100%)	3(100%)	0(0%)	13(100%)	5(100%)	3(50%)	12(92.31%)	49(73.13%)
		1	9(100%)	0(0%)	0(0%)	0(0%)	5(100%)	0(0%)	0(0%)	3(50%)	1(7.69%)	18(26.87%)
肋脉	0.55	0	0(0%)	10(100%)	3(100%)	3(100%)	0(0%)	13(100%)	5(100%)	3(50%)	12(92.31%)	49(73.13%)
		1	9(100%)	0(0%)	0(0%)	0(0%)	5(100%)	0(0%)	0(0%)	3(50%)	1(7.69%)	18(26.87%)
种子形状	0.68	0	6(66.67%)	7(70%)	3(100%)	3(100%)	0(0%)	8(61.54%)	1(20%)	4(66.67%)	5(38.46%)	37(55.22%)
		1	3(33.33%)	3(30%)	0(0%)	0(0%)	5(100%)	5(38.46%)	4(80%)	2(33.33%)	8(61.54%)	30(44.78%)

26.87%,其中清流、建阳、建瓯、将石和泰宁叶缘均为钝锯齿,遵义和温州叶缘均为细锯齿,德化叶缘有细锯齿和钝锯齿两种。

2.2.2 野鸦椿数量性状分析

对16个数量性状的分析结果见表2-3,野鸦椿的种形指数、种子宽、小叶面积和小叶周长在群体内达到显著水平,小叶柄长的差异达到极显著水平;在群体间的差异除了果纵径其他性状均达到显著水平,其中小叶面积、小叶长、复叶长、小叶数、小叶柄长、果横径、果皮厚度、种子数、种子长和种子宽差异极显著。表明野鸦椿16个性状在群体间的变异程度远远大于群体内变异。在所有数量性状中除了小叶周长、果纵径和种子宽的群体间 F 值小于群体内 F 值,其余性状的群体间 F 值均大于群体内 F 值,说明相对于群体内,群体间存在更大的遗传变异。在复叶性状中,除了小叶周长其余性状的群体间 F 值是群体内 F 值的2倍以上,其中小叶宽高达7.66倍,说明群体间复叶性状遗传变异丰富。在果实性状中,果皮厚度的群体间 F 值最大为23.73,是群体内 F 值的25.51倍,其次是果横径的群体间 F 值为8.32。在种子性状中,种形指数和种子宽在群体内 F 值分别为9.67和5.30。综上所述,说明复叶性状和果实性状在群体间具有较大的变异程度,种子性状在群体内的变异相对稳定。

数量性状在群体间的多重比较分析表明(表2-3),遵义群体的小叶面积、小叶周长、小叶长、小叶宽和复叶长均大于其他群体,温州群体的小叶面积、小叶周长和小叶宽次之,其叶形指数最小1.87±0.18,德化群体的小叶面积、小叶长和小叶宽均比其他群体小,而叶形指数最大为2.46±0.29,说明遵义和温州群体多为大叶型野鸦椿类型,德化为小叶型野鸦椿类型;泰宁群体的小叶柄长度最长为8.12±0.80,而德化的最短为3.95±1.75;在果实性状中,遵义群体的果横径、果纵径和果皮厚度均大于其他群体,建阳群体的果实横径和果皮厚度最小,而果形指数最大为1.87±0.37,温州群体的果形指数最小为1.38±0.11。在种子性状中,种子长度的变化范围为3.81~5.47mm,建阳群体的种子长和种子宽均比其他群体小,温州和泰宁群体的种子长比其他群体大,清流群体的种子宽最大为4.72±0.46mm。

表型性状变异系数(CV)表示表型性状的离散程度,变异系数越大,性状的测量值离散程度越大。在不同群体中,各形态性状的变异系数有一定差异,同一群体的不同性状之间的变异程度也有所不同。由表型变异系数(表2-4)可知,野鸦椿不同性状的平均变异程度由大到小依次为:小叶柄长(23.95%)>种子数(21.54%)>小叶周长(18.30%)>小叶面积(17.85%)>果皮厚度(15.83%)>果纵径(14.05%)>复叶长(13.91%)>果形指数(12.75%)>小叶宽(12.10%)>小叶数(11.43%)>叶形指数(10.88%)>种形指数(9.97%)>小叶长(9.47%)>种

表2-3 野鸦椿各群体数量性状的方差分析

群体		遵义	清流	建阳	建瓯	温州	将石	泰宁	德化	江西	种群间 F值	种群内 F值
小叶面积	范围	1157.11~2645.36	875.15~1707.90	1033.63~1173.16	739.57~1049.77	1059.48~1454.26	755.18~1544.19	917.68~1377.13	702.78~1158.81	649.91~1781.22	9.43**	2.55*
	平均值	1809.22±448.58	1217.63±227.51	1091.88±60.34	904.82±107.29	1313.65±150.91	1039.70±257.34	1103.59±222.11	931.95±168.02	1089.83±276.56		
小叶周长	范围	168.58~248.47	126.55~174.34	139.94~160.46	124.69~151.02	141.01~180.36	116.42~168.43	123.68~168.81	129.68~556.78	119.35~190.16	2.05*	6.98**
	平均值	194.28±24.40	146.61±12.74	148.49±8.43	137.02±9.54	154.72±15.41	135.34±16.10	141.75±19.00	206.54±171.71	141.28±17.49		
小叶长	范围	65.70~102.10	57.70~76.79	59.90~72.40	55.00~66.40	59.10~65.00	53.00~77.30	54.50~76.00	51.60~65.71	55.20~79.70	6.58**	1.28
	平均值	79.30±11.32	65.75±5.80	66.03±5.28	60.21±4.67	61.40±2.31	61.23±6.79	64.40±8.50	59.68±5.27	63.45±6.06		
小叶宽	范围	26.53~41.56	23.26~34.06	25.50~29.75	21.61~31.66	28.09~34.75	21.20~32.21	24.00~31.85	20.38~28.02	20.58~36.56	6.67**	0.87
	平均值	34.95±4.58	28.92±3.51	28.03±1.74	26.48±3.69	33.13±2.84	26.01±3.82	27.75±3.53	24.50±2.94	26.84±4.17		
叶形指数	范围	1.80~2.62	1.79~2.85	2.09~2.77	1.80~2.69	1.72~2.18	1.95~2.89	2.13~2.47	2.13~2.80	2.05~2.75	2.44*	1.02
	平均值	2.28±0.23	2.30±0.26	2.37±0.32	2.31±0.34	1.87±0.18	2.38±0.25	2.32±0.15	2.46±0.29	2.39±0.24		

(续)

群体		遵义	清流	建阳	建瓯	温州	将石	泰宁	德化	江西	种群间 F 值	种群内 F 值
复叶长	范围	14.96~21.80	10.75~16.54	8.65~15.57	9.57~12.75	7.98~12.78	10.08~17.26	9.66~15.36	9.41~12.85	10.29~11.88	14.09**	1.99
	平均值	18.11±2.06	13.10±1.66	12.27±2.62	10.96±1.19	11.25±2.03	12.98±1.81	11.81±2.34	11.05±1.41	11.35±0.49		
小叶数	范围	6.60~9.40	6.56~9.10	6.60~9.30	6.10~8.67	5.00~7.00	6.40~8.38	6.00~9.10	6.17~8.50	7.50~9.00	5.47**	1.48
	平均值	8.36±0.82	7.67±0.79	8.00±1.13	7.60±0.99	6.08±0.79	7.39±0.64	7.30±1.13	7.47±0.98	8.51±0.45		
小叶柄长	范围	3.26~8.84	5.65~7.70	5.38~10.21	4.78~7.42	3.39~5.49	3.56~8.67	7.23~9.43	2.30~5.86	2.90~7.73	6.02**	2.10*
	平均值	5.20±1.87	6.71±0.69	7.29±1.78	5.83±1.02	4.53±0.92	5.95±1.45	8.12±0.80	3.95±1.75	4.72±1.34		
果纵径	范围	10.51~23.96	10.14~13.82	9.33~16.80	10.37~12.71	8.59~10.11	9.08~15.51	8.96~11.98	8.83~10.53	9.69~13.72	1.68	1.72
	平均值	12.87±4.24	11.60±1.25	11.40±2.74	11.12±0.79	9.55±0.67	11.34±1.78	10.02±1.29	9.92±0.75	10.99±0.95		
果横径	范围	7.57~9.37	6.04~7.93	5.84~6.48	5.65~7.54	6.60~7.63	6.22~8.32	6.35~6.97	5.48~6.96	5.90~9.87	8.32**	1.50
	平均值	8.49±0.63	7.06±0.64	6.07±0.24	6.44±0.64	6.91±0.41	6.99±0.52	6.65±0.24	6.23±0.78	6.69±1.08		
果形指数	范围	1.18~2.70	1.52~1.82	1.55~2.59	1.58~1.95	1.25~1.50	1.41~1.86	1.38~1.76	1.46~1.92	1.26~1.82	2.13*	1.33
	平均值	1.51±0.45	1.64±0.09	1.87±0.37	1.73±0.13	1.38±0.11	1.61±0.14	1.51±0.16	1.61±0.22	1.66±0.19		

(续)

群体		遵义	清流	建阳	建瓯	温州	将石	泰宁	德化	江西	种群间 F 值	种群内 F 值
果皮厚度	范围	1.78~3.05	1.13~1.98	0.84~1.21	0.94~1.24	1.19~1.50	0.98~1.87	0.99~1.25	0.71~1.36	1.03~1.89	23.73**	0.93
	平均值	2.30±0.34	1.36±0.26	1.00±0.13	1.05±0.09	1.28±0.13	1.24±0.22	1.08±0.10	1.03±0.29	1.28±0.28		
种子数	范围	1.10~2.10	1.30~2.60	1.70~2.56	1.70~3.00	1.00~1.20	1.20~2.80	1.00~2.00	1.00~1.50	1.10~2.57	4.49**	1.22
	平均值	1.43±0.35	1.74±0.41	1.94±0.34	2.19±0.48	1.07±0.10	1.66±0.41	1.42±0.40	1.25±0.21	1.79±0.50		
种子长	范围	4.30~5.18	4.45~5.47	3.81~4.94	4.42~5.39	4.91~5.36	4.03~5.05	5.01~5.27	4.18~4.65	4.44~5.37	5.56**	1.82
	平均值	4.69±0.26	4.89±0.31	4.43±0.38	4.75±0.42	5.15±0.21	4.53±0.34	5.14±0.12	4.46±0.21	4.94±0.20		
种子宽	范围	4.05~4.55	4.18~5.55	3.94~4.28	4.05~5.30	4.72~5.14	3.79~4.77	2.02~4.96	4.15~4.73	4.08~4.99	3.34**	5.30**
	平均值	4.28±0.19	4.72±0.46	4.08±0.13	4.49±0.44	4.95±0.19	4.16±0.25	4.16±1.21	4.47±0.24	4.57±0.26		
种形指数	范围	1.01~1.18	0.89~1.13	0.97~1.21	1.00~1.13	1.01~1.07	1.03~1.21	1.06~2.50	0.88~1.12	1.02~1.13	2.23*	9.67**
	平均值	1.10±0.06	1.04±0.07	1.09±0.08	1.06±0.05	1.04±0.02	1.09±0.05	1.38±0.63	1.00±0.10	1.08±0.04		

注：*表示差异性显著；**表示差异性极显著。

表 2-4 野鸦椿群体数量性状的变异系数(%)

CV	遵义	清流	建阳	建瓯	温州	将石	泰宁	德化	江西	平均
小叶面积	24.79	18.68	5.53	11.86	11.49	24.75	20.13	18.03	25.38	17.85
小叶周长	12.56	8.69	5.67	6.96	9.96	11.90	13.41	83.13	12.38	18.30
小叶长	14.27	8.82	7.99	7.75	3.75	11.08	13.19	8.82	9.55	9.47
小叶宽	13.12	12.15	6.20	13.94	8.57	14.68	12.72	12.02	15.53	12.10
叶形指数	9.96	11.44	13.44	14.64	9.86	10.51	6.36	11.80	9.93	10.88
复叶长	11.37	12.65	21.33	10.90	18.04	13.98	19.84	12.78	4.29	13.91
小叶数	9.79	10.27	14.15	13.06	12.99	8.66	15.51	13.17	5.23	11.43
小叶柄长	36.02	10.30	24.41	17.43	20.42	24.32	9.90	44.41	28.34	23.95
果纵径	32.93	10.81	24.00	7.07	6.98	15.69	12.83	7.55	8.63	14.05
果横径	7.42	9.07	3.90	9.87	5.93	7.41	3.63	12.55	16.14	8.43
果形指数	30.07	5.77	19.72	7.50	7.75	8.92	10.38	13.37	11.25	12.75
果皮厚度	14.61	19.08	13.17	9.01	9.92	17.46	9.52	28.19	21.47	15.83
种子数	24.50	23.49	17.52	22.17	9.42	24.61	27.90	16.44	27.79	21.54
种子长	5.64	6.39	8.54	8.76	4.03	7.50	2.36	4.77	4.10	5.79
种子宽	4.52	9.75	3.15	9.79	3.92	5.90	29.16	5.33	5.67	8.58
种形指数	5.23	6.66	7.83	2.14	4.73	45.37	9.85	3.29	9.97	
平均	16.05	11.50	12.28	10.96	9.07	13.26	15.76	18.89	13.06	—

子宽(8.58%)>果横径(8.43%)>种子长(5.79%)。平均变异系数最小的是种子长(5.79%),说明各种性状中,种子长相对最稳定。其中小叶柄长、种子数、小叶周长和小叶面积变异幅度高,变异系数最大的是小叶柄长(23.95%),表明小叶柄长在进化过程中最不稳定。

比较复叶性状、果实性状和种子性状的变异系数发现,8个复叶性状的平均变异系数(14.74%)高于4个果实性状(12.77%)和4个种子性状(11.47%),复叶性状和果实性状指标中除了小叶长和果形指数外,其余变异系数都大于10.00%,而种子性状指标中只有种子数(21.54%)大于10.00%,这说明野鸦椿复叶性状和果实性状变异大,种子大小变异比较小,在进化中比较稳定。

群体的表型多样性丰富程度与变异系数的大小呈正相关,变异系数越大说明该群体的性状变异幅度越高,表型多样性越丰富;变异系数越小说明该群体的性状变异幅度越低,表型多样性越差。由表2-4可知,不同种群间各性状平均变异系数由大到小依次为:德化(18.89%)>遵义(16.05%)>泰宁(15.76%)>将石(13.26%)>江西(13.06%)>建阳(12.28%)>清流(11.50%)>建瓯(10.96%)>温州(9.07%),其中变异系数最大的德化群体,为18.89%,表明该群体各性状指标间的离散程度大,表型多样性丰富;而最小的为温州种群,仅为9.07%。

2.2.3 主成分分析

主成分分析旨在利用降维的思想,把多个指标转化为少数几个综合指标,其中每个主成分都能够反映原始变量的大部分信息,且所含信息互不重复,从而使研究变得简单的一种统计方法。本研究利用野鸦椿的16个数量性状指标通过降维、综合成几个因子等方式,以期探讨这些因子将可能主导野鸦椿表型变异的方向。由表2-5可知,按照各主成分对应的特征值大于1的原则,提取前5个主成分,其累积贡献率达74.23%,可以保留原始因子中代表的绝大部分信息。第1主成分的方差贡献率为28.96%,特征值为4.64,其中起决定作用的性状有小叶面积(0.91)、小叶长(0.86)、小叶宽(0.81)和果皮厚度(0.80),载荷量均在0.8以上,表明第1成分主要反映复叶和果实的性状;第2主成分方差贡献率为16.06%,特征值为2.57,种子宽(-0.72)和种子长(-0.65)呈现较高的负向载

表2-5 前5个主成分的负荷量、特征值、贡献率和累积贡献率

表型性状	特征载荷量					总载荷量
	主成分1	主成分2	主成分3	主成分4	主成分5	
小叶面积	0.91	-0.17	0.05	0.17	-0.03	0.89
小叶周长	0.38	0.10	-0.13	-0.32	0.39	0.43
小叶长	0.86	0.15	0.05	0.15	0.20	0.83
小叶宽	0.81	-0.36	0.08	0.33	-0.19	0.93
叶形指数	-0.17	0.64	-0.07	-0.35	0.49	0.80
复叶长	0.73	0.35	-0.18	-0.25	-0.11	0.77
小叶数	0.32	0.59	-0.06	-0.09	0.01	0.46
小叶柄长	0.16	0.23	0.06	0.52	0.60	0.70
果纵径	0.52	0.25	0.70	-0.06	-0.13	0.84
果横径	0.77	-0.17	-0.02	-0.24	0.05	0.68
果形指数	-0.05	0.43	0.80	0.03	-0.18	0.87
果皮厚度	0.80	-0.04	-0.15	-0.35	-0.07	0.80
种子数	-0.09	0.39	0.46	0.32	0.11	0.48
种子长	0.15	-0.65	0.03	0.34	0.35	0.68
种子宽	-0.06	-0.72	0.48	-0.29	0.32	0.93
种形指数	0.18	0.32	-0.52	0.61	-0.10	0.78
特征值	4.64	2.57	1.93	1.60	1.14	
方差贡献率(%)	28.96	16.06	12.06	10.00	7.15	
累积贡献率(%)	28.96	45.03	57.09	67.08	74.23	

荷量，叶形指数(0.64)和小叶数(0.59)呈现较高的正向载荷量，第 2 主成分主要反映叶和种子的性状；第 3 主成分方差贡献率为 12.06%，特征值为 1.3，起决定性状作用的是果纵径(0.70)和果形指数(0.80)；第 4 主成分在种形指数(0.61)和小叶柄长(0.52)载荷量相对较高；第 5 主成分小叶柄长(0.60)有相对较高的载荷量。

2.2.4 表型性状与地理因子的相关性

比较生境因子对表型性状的综合相关性(表 2-6)，其相关系数由大到小依

表 2-6 野鸦椿表型性状及地理因子间的相关系数

表型性状	地理信息		
	经度	纬度	海拔
小叶面积	0.044	0.269	−0.221
小叶周长	−0.167	0.283	−0.227
小叶长	0.043	0.146	−0.505
小叶宽	0.133	0.24	−0.076
叶形指数	−0.402	0.089	−0.288
复叶长	0.01	−0.244	−0.578
小叶数	−0.219	−0.392	0.127
小叶柄长	0.078	0.089	0.173
果纵径	0.285	−0.492	0.11
果横径	−0.105	0.208	−0.185
果形指数	0.325	−0.565	0.185
果皮厚度	0.421	−0.237	−0.464
种子数	0.38	−0.222	0.412
种子长	0.255	0.313	0.139
种子宽	0.264	−0.07	0.448
种形指数	−0.041	0.376	−0.357
复叶柄颜色	0.171	−0.447	0.587
果颜色	0.565	−0.224	−0.932**
果序颜色	0.302	−0.36	−0.319
叶质地	0.174	−0.332	0.670*
叶缘	−0.174	0.332	−0.670*

(续)

表型性状	地理信息		
	经 度	纬 度	海 拔
肋脉	−0.174	0.332	−0.670*
相关系数	4.732	6.262	8.343

注：*表示差异性显著；**表示差异性极显著。

次为：海拔(8.343)>纬度(6.262)>经度(4.732)，海拔对野鸦椿表型变异的影响比经纬度的大。海拔与果颜色和叶缘呈负相关，与叶质地和肋脉呈正相关，且差异均显著，与果颜色达到差异极显著水平。说明高海拔地区易形成果色红，果表皮肋脉明显，叶缘具细锯齿，叶质地为纸质的野鸦椿。海拔越高，温度相对更低，因此，海拔在一定程度上反映的是温度的变化；在我国境内，经度一定程度上反映的是水分的变化；以上说明野鸦椿表型性状受温度的影响较大，水分的影响次之。

2.2.5 R型聚类分析

R型聚类是针对变量的聚类，本研究对23个表型性状进行R型聚类分析，以分析各性状间的联系和差异。结果如图2-2，将聚类结果分为5大组：A组包括小叶面积、小叶宽、小叶长、果颜色、叶缘和肋脉，主要反映了野鸦椿小叶的性状；B组包括复叶长、果横径、果皮厚度、小叶数量、种形指数、种子长、种子宽、果纵径、果形指数和种子数量，主要反映了果实性状和种子性状；C组包括小叶周长、一年生枝颜色、复叶柄颜色和果序颜色，这组主要反映了野鸦椿一年生枝、复叶柄和果序的颜色；D组性状只有叶形指数；E组包括小叶柄长和叶质地；D组和E组也是反映有关野鸦椿叶的性状。R型聚类结果能够反映野鸦椿一些性状之间具有相关性，如枝、复叶柄和果序的颜色，复叶长和小叶数；也有少数性状间虽然密切相关，但他们是非逻辑相关的，如叶缘是钝锯齿还是细锯齿与果皮表面肋脉是否明显、叶质地和小叶柄长，其遗传背景还有待进一步研究。

2.2.6 Q型聚类分析

采用欧式距离和UPGMA法对67分野鸦椿地方种质资源的进行Q型聚类，聚类结果如图2-3，在阈值为6.68时，野鸦椿明显的分为4大类，第Ⅰ类包括DH3和DHY3；第Ⅱ类把ZYY5单独聚为一类；第Ⅲ类包括49份混合种质，分别来自福建省和江西省；第Ⅳ类包括15份资源，分别来自遵义群体、温州群体和德化群体的DHY1、DHY2。从地理分布上来看，江西省和福建省的

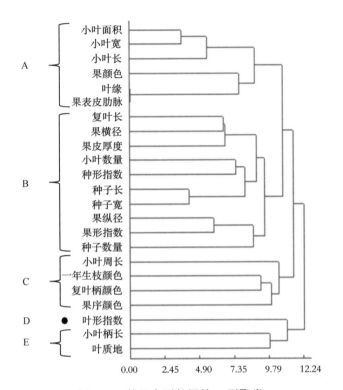

图 2-2 基于表型数据的 R 型聚类

注：每个分支代表一个特征

聚为一类,这 2 个群体在地理上是相互毗邻,且遗传距离小,亲缘关系近。从植株采集地的海拔来看,第Ⅰ类、第Ⅱ类和第Ⅳ类种质资源的海拔分布相对较高,都分布在海拔 400m 以上。从表型特征上来看,第Ⅱ类和第Ⅳ类种质的表型特点:叶片纸质或厚纸质,边缘具细锯齿,果皮表面肋脉明显,果色偏红;第Ⅲ类植株的表型特点:叶片膜质,边缘具钝锯齿,果皮表面肋脉不明显,果色多为红色中夹杂着绿色。

在阈值为 3.96 时,将第Ⅲ类种质分为了 5 个亚类。第一亚类主要包括江西的两份种质(JX2、JX9)和清流的三份种质(QL5、QL6、QL7);第二亚类包括将石、泰宁和建瓯的种质;第三亚类包括泰宁的两份种质(TN2、TN5);第四亚类主要包括江西和清流的种质;第五亚类有 17 份资源,主要包括福建省各个地方的野鸦椿种质。从五个亚类的分布情况可以发现,清流和江西群体的亲缘更近,遗传距离小,这两个群体在地理上相对于福建省其他几个群体与江西的距离更近;清流和将石群体的种质聚入了多个不同的类别,说明这两个群体的遗传多样性丰富。

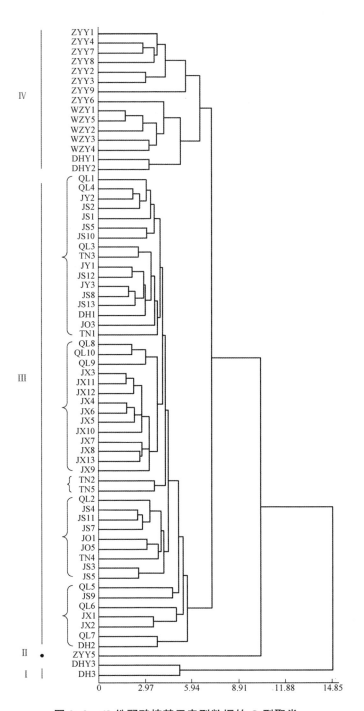

图 2-3 68 份野鸦椿基于表型数据的 Q 型聚类

2.3 讨论与小结

2.3.1 基于表型性状的多样性分析

长期的自然灾害和环境压力导致丰富的表型变异的积累,这些变异通常是繁殖的遗传资源。丰富的表型变异为种质资源和多样性提供了物质基础。在本研究中,我们的研究对象是野鸦椿自然群体,其中大部分群体平均树龄至少有 40 年,甚至有些个体已经超过 100 年。因此,探索野鸦椿表型的变异规律对于后续品种选育具有重要意义。通过对 9 个种源野鸦椿的 7 个质量性状和 16 个数量性状的研究结果表明,野鸦椿叶片和果实性状变异较大,具有广阔的改良前景。

使用 DPS 7.05 对表型性状进行 R 型聚类。有趣的是,颜色性状聚为 C 组,我们怀疑果序颜色、一年分支颜色和复叶柄颜色之间存在某种相关性。这一猜想在实地调查中得到了证实。我们发现外果皮颜色越红,果序颜色、一年分支颜色、复叶柄颜色越红。此外,海拔越高果颜色越红,这可能是因为高海拔地区有利于花青素的积累,但具体机制需要进一步研究。此外,小叶边缘与不规则肋脉之间存在一定的相关性。野外调查发现,当叶缘呈细锯齿时,外果皮不规则肋脉明显;叶缘为钝锯齿时,果皮不规则肋脉不明显。且在高海拔地区,叶缘大多为细锯齿状,而在低海拔地区则大多为钝锯齿。表型特征与地理因素的相关性分析也表明,海拔高度对表型特征有很大影响。海拔高度与果实颜色和叶缘呈负相关,与叶片质地和外果皮不规则肋脉呈正相关。综上,野鸦椿各个性状之间存在不同程度的相关性,阻碍了野鸦椿种质资源高效的研究与利用。本研究在野鸦椿地方种质资源的多样性评价中将小叶性状(小叶面积、小叶周长、小叶长、小叶宽、叶质地和叶缘)和果实性状(果皮厚度、果纵径、果颜色和肋脉)的变异作为重要的评价指标,在 PCA 分析时,发现其对个主成分有较大的贡献值,说明这些性状是总变异量的重要组成。

2.3.2 野鸦椿群体内和群体间表型性状的多样性

研究群体内和群体间遗传变异模式和规律有利于全面理解种内个体所表现的形态差异,揭示物种的进化机制。通过对野鸦椿 16 个数量性状进行多重比较分析可知,野鸦椿群体内的 F 值(0.87~6.98)小于群体间(2.05~14.09);野鸦椿的种形指数、种子宽、小叶面积和小叶周长在群体内达到显著水平,小叶柄长的差异达到极显著水平;在群体间的差异除了果纵径其他均达到显著水平,其中小叶面积、小叶长、复叶长、小叶数、小叶柄长、果横径、果皮厚度、种子数、种子长和种子宽差异极显著。表明野鸦椿16个数量性状在群体间的变异程度远远大于群体内变异。这与韩磊等(2017)对同科植物省沽油果实性状表型多样性分析的研究结果不一致。

不同群体之间,遵义和温州群体的小叶性状(小叶面积、小叶周长、小叶长和小叶宽)较其他群体的大,这两个群体叶片质地为纸质,叶缘为细锯齿,果表皮肋脉明显,果色偏红,尽管这两个群体之间的表型有很多相似之处,但遵义群体的平均变异系数(16.05%)远远大于温州(9.07%),温州群体数量小,仅仅存在5株树种,可能是该群体因为人为或自然因素造成的生境片断化,相关研究认为生境片断化导致残留小种群的遗传多样性低于大种群和连续分布种群。德化群体的平均变异系数最高,达到18.89%,德化石牛山群体与遵义和温州两个群体的表型性状有相似之处,叶缘具细锯齿,果表皮肋脉明显,果色偏红,分布在海拔1000m溪边的次生林中,但德化石牛山群体叶和果的大小均比遵义和温州群体小;德化高阳村群体叶革质、叶缘具钝锯齿,果表皮肋脉不明显,果色偏红,分布在海拔495m溪边的竹林和林缘,猜想德化石牛山和高阳村两个群体之间的生境不一致,且海拔相差400m左右,导致了两个群体之间的形态变异。江西和将石群体平均变异系数分别为13.06%和13.25%,这两个群体果实颜色变异丰富,江西群体叶片质地为厚纸质和膜质,以膜质最多,占92.31%,将石群体叶片均为膜质。以上结果表明不同地区野鸦椿群体的表型性状差异较大,受地理影响和种质适应性选择变异,不同生态区种质具有独特的性状特性。

2.3.3 野鸦椿的表型聚类

生态环境是影响物种多样性的重要因子。本研究利用DPS 7.05软件从遗传关系上将不同种源野鸦椿种质资源聚为4个类群,使其性状相近的聚为一类,在此基础上,聚类结果与地理分布有一定相关性。分布于遵义、温州的群体与江西、福建群体具有明显的遗传结构,形成两个大的生态型结构分布区,对于质量性状和数量性状这两个生态型结构存在较大的差异。分布于遵义和温州群体的资源多表现为叶片纸质或厚纸质,边缘具细锯齿,果皮表面肋脉明显,果色偏红;江西和福建群体多表现为叶片膜质,边缘具钝锯齿,果皮表面肋脉不明显,果色多为红色中夹杂着绿色。但这也不是绝对的,在野外调查中发现,分布在福建省内的高海拔地区种质的表型与遵义和温州群体的相似,如德化群体的DHY1、DHY2和DHY3。聚类结果基本上与地理分布格局相吻合,能把贵州省、浙江省、江西省和福建省几个省份的群体分开,但是福建省内的几个群体,由于地理位置较近,种类间可能存在基因交流,群体间遗传差异小,如泰宁和将石群体。综上,聚类结果表明,不同类群之间有着明晰的类群特征,表明供试材料间有较大的遗传变异,在后续的研究工作中,本研究拟将结合ISSR分子标记,更加全面地解释野鸦椿种质资源的遗传变异,更好地为现代育种服务。

2.3.4 小　结

在本研究中,我们揭示了来自中国南方四个不同省野鸦椿群体的表型多样性。德化和遵义群体具有较高的变异系数,温州群体具有最低,这与野鸦椿栖息地的破坏程度有关。叶片和果实性状的变异丰富,表明丰富的叶和果的表型变异为种质资源和多样性提供了物质基础。主成分分析证实,小叶和果实性状对主要成分有很大贡献。相关性分析显示海拔和果实颜色、不规则肋脉、叶缘和叶片质地的差异性显著。R 型聚类结果表明,颜色特征、叶缘和不规则肋脉紧密聚集在一起。Q 型聚类根据样品的表型相似性对样品进行分组。所有样品分为四组,该分组基本上能够区分开不同种源的野鸦椿。将聚类结果与实地调查相结合,表明聚类结果明显形成了两个大的生态结构分布区。一个是高海拔的落叶野鸦椿,另一个是低海拔的常绿野鸦椿。表型多样性的研究深入了解遗传多样的第一步,这对于野鸦椿遗传资源保护策略和建立收集非常重要。

参 考 文 献

韩磊,赵罕.省沽油果实性状表型多样性分析[J].安徽农业科学,2017,34:57.

第三章 基于分子标记揭示野鸦椿遗传多样性和分类

表型标记易受环境的影响,因此,利用表型来评估不同群体之间的变异是不稳定的。DNA 分子标记技术基于特定基因组区域的序列变异,不受生理条件或环境因素的影响,为评估种群内的遗传分化和变异提供了强大的工具。ISSR 标记因其操作简单、有效、可重复、显性标记已被广泛用于许多种质遗传多样性和物种鉴定的研究。单核苷酸多态性(SNPs)可以检测基因组序列中单个核苷酸的变化,因此是最丰富的基因组多态性形式,其多态性高于任何其他标记类型。随着 2013 年简化基因组(SLAF-seq)的出现,可快速有效地确定物种中的 SNP 位点。许多研究证明,基于 SLAF-seq 在植物中构建高密度 SNP 遗传图谱是有效的,包括芝麻、烟草、西瓜、梨等。然而,基于 SLAF-seq 的 SNP 标记很少用于揭示木本种群的遗传分化。在这里,我们首次使用 ISSR 标记和 SLAF-seq 来揭示野鸦椿的分类、遗传分化和结构。

3.1 材料与方法

3.1.1 材 料

试验材料均来自于野生野鸦椿幼嫩的叶片,ISSR 的样品是在前期种质资源调查的基础上于 2017 年 3~4 月采集,期间也收集到一些新的群体的样品,共计 83 份;SLAF-seq 的样品是在 ISSR 样品的基础上采集的,于 2018 年 12 月共收集到样品 93 份,其中台湾山香圆(SXY)作为外类群。在收集样品的过程中从单株上采集嫩叶 10~15 片用超纯水擦净后装入茶叶袋中,做好标记,放入装有硅胶的自封袋中密封保存,当硅胶变为红色时,需及时更换硅胶。材料的编码及来源地分别如图 1-1(见彩图)和见表 1-1。

3.1.2 ISSR 分子标记方法

采用改良的方法提取 DNA,蛋白质核酸测定仪和 1%的琼脂糖凝胶电泳检测 DNA 质量。使用 Veriti TM 96 孔热循环仪(Applied Biosystems,California,USA)进行 PCR 扩增。

通过前期试验筛选出最适的 PCR 反映体系和反应程序。

反应体系为:25μL 的反应体系中包括 80ng 模板 DNA,10×PCR Buffer 2μL,Primer 0.5μmol/L,dNTP 0.2μmol/L,Taq 酶 1.5U,Mg^{2+} 2.5mmol/L,ddH_2O 13.5μL。

PCR 反应程序为:94℃预变性 5min;94℃变性 1min,55℃退火 30s,72℃延伸 1min,共 35 个循环;72℃后延伸 7min,最后 4℃保存。

引物筛选:根据加拿大哥比伦大学网站(www.UBC.ca.com/)公布的 100 条 ISSR 引物系列,由上海 Sangon 生物工程公司合成。按照多态性高、谱带清晰、反应稳定的要求,随机挑选一个 DNA 模板对引物进行扩增筛选,按照扩增条带清晰的原则,最终确定 12 条引物。

PCR 扩增产物用 1.2% 的琼脂糖凝胶电泳进行检测,以 2000bp 的 Marker 作为标准分子量对照,在凝胶成像系统下观察并拍照记录保存。

3.1.3 SLAF-seq 测序

采用改良的方法提取 DNA,蛋白质核酸测定仪和 1% 的琼脂糖凝胶电泳检测 DNA 质量。

根据以下四个原则:①位于重复序列的酶切片段比例尽可能低;②酶切片段在基因组上尽量均匀分布;③酶切片段长度与具体实验体系的吻合程度;④最终获得酶切片段(SLAF 标签)数满足预期标签数,最终确定限制性内切酶切组合为 RsaI+Hae III 酶切,酶切效率为 92.59%,共得到 329.73M reads。酶切片段长度在 414~464 的序列定义为 SLAF 标签,预测到 125000 个 SLAF 标签。根据选定的最适酶切方案,对检测合格的各样品基因组 DNA 分别进行酶切。对得到的酶切片段(SLAF 标签)进行 3′端加 A 处理、连接 Dual-index 测序接头、PCR 扩增、纯化、混样、切胶选取目的片段,文库质检合格后用 Illumina Hi-Seq 进行测序。为评估酶切实验的准确性,选用水稻'日本晴'(基因组下载地址:http://rapdb.dna.affrc.go.jp/)作为对照(Control)进行测序。通过 SOAP 软件将 Control 的测序 reads 与其参考基因组进行比对,Control 数据的双端对比效率为 95.24%,SLAF 建库正常。实验中 RsaI+Hae III 的通过生物信息学分析,获得 1422910 个 SLAF 标签,其中多态性的 SLAF 标签共有 607458 个,共得到 5479382 个群体 SNP。

3.1.4 数据分析

3.1.4.1 ISSR 分子标记数据分析

PCR 所扩增片段的大小用 DL 2000 Marker 进行参考对照。ISSR 为显性标记,同一引物的 PCR 扩增产物通过在琼脂糖凝胶电泳中迁移率的相同条带的有无,统计得全部位点的二元数据,有 DNA 扩增条带(可辨析的弱带、模糊带以及强带)记为 1,无扩增条带记为 0,将条带信息转成 0 和 1 组成的原始矩阵。计算每对引物扩增位点的多态信息量(PIC,polymorphism information content),PIC = 1 $-\Sigma P_i 2$,式中 P_i 表示第 i 个等位位点出现的频率。用 POPGENEN 32 软件对全部群体和单个群体进行遗传参数分析。利用 NTSYS 2.1 软件采用 UPGMA 法构建树状图,为了测试 UPGMA 聚类的结果,进行了共生相关性分析和主成分分析 PCA。此外,利用 GenAlex 6 软件进行分子方差分析(AMOVA)以计算种群内和种群之间的方差分量,利用基于贝叶斯模型聚类的 STRUCTURE 来研究野鸦椿的遗传结构。

3.1.4.2 SLAF-seq 数据分析

系统发育树用来表示物种之间的进化关系,根据各类生物间的亲缘关系的远近,把各类生物安置在有分枝的树状的图表上,简明地表示生物的进化历程和亲缘关系。根据完整度>0.5,MAF>0.05 过滤,共得到 360990 个高一致性的群体 SNP。基于 SNP,通过 IQ-TREE 软件,ML 算法,构建样品的群体进化树。

群体遗传结构分析能够提供个体的血统来源及其组成信息,是一种重要的遗传关系分析工具。基于 SNP,通过 admixture 软件,分析样品的群体结构,分别假设样品的分群数(K 值)为 1~10,进行聚类。并对聚类结果进行交叉验证,根据交叉验证错误率的谷值确定最优分群数。

基于 SNP,通过 EIGENSOFT 软件,进行主成分分析(principal components analysis,PCA),得到样品的主成分聚类情况。通过 PCA 分析,能够得知哪些样品相对比较接近,哪些样品相对比较疏远,可以辅助进化分析。

3.2 结果与分析

3.2.1 基于 ISSR 标记的 DNA 多态性分析

12 对引物共扩增出 122 条谱带,多态性条代为 121 条。扩增条带最多的是引物 UBC 808,扩增出 14 条多态谱带,最少为引物 UBC 890,有 6 条多态谱带,平均每条引物扩增出 10.17 条谱带,多态率 99.18%。作为衡量引物扩增位点多态性的重要指标 PIC 值,当 PIC>0.5 时表明扩增位点具高度多态性,0.25<PIC<0.5 为中度多态性,PIC<0.25 时为低度多态性。本研究选用的 12 个引物的 PIC 值除了引物 UBC 856 最低为 0.48,其他引物均大于或等于 0.50,最高为 UBC 809(0.62),平均为 0.56(表 3-1),表明 ISSR 引物在野鸦椿上为高度水平的扩增位点多态性。总之,PPB 和 PIC 表明野鸦椿具有丰富的遗传信息,表明 ISSR

标记适合用于野鸦椿的遗传多样性分析。

表 3-1　ISST-PCR 扩增的引物及扩增结果

引　物	序　列	%GC	扩增条带数	PIC
UBC807	AGAGAGAGAGAGAGT	47.1	12	0.57
UBC808	AGAGAGAGAGAGAGC	52.9	14	0.50
UBC809	AGAGAGAGAGAGAGG	52.9	10	0.62
UBC816	CACACACACACACAT	53	10	0.61
UBC818	CACACACACACACAG	52.9	9	0.55
UBC825	ACACACACACACACT	47.1	9	0.58
UBC826	ACACACACACACACC	52.9	9	0.66
UBC827	ACACACACACACACG	52.9	10	0.52
UBC856	ACACACACACACACYA	47.2	10	0.48
UBC861	ACCACCACCACCACC	66.7	12	0.50
UBC862	AGCAGCAGCAGCAGC	66.7	11	0.61
UBC890	VHVGTGTGTGTGTGT	51.0	6	0.51
Mean			10.17	0.56

注：序列中代表碱基 C 或 T；代表 A、C 或 T；代表 A、C 或 G。

3.2.2　群体遗传多样性分析

根据 POPGENE 32 对野鸦椿不同群体的遗传参数的统计分析见表 3-2（FD 仅有一个样品，未列出）。在物种水平上，平均有效等位基因（Ne）为 1.4974，Nei's 多样性指数（H）为 0.3016，Shannon 的信息指数（I）为 0.4630。这些结果表明，在物种水平上，野鸦椿具有较高的遗传多样性。不同地区野鸦椿在种群水平上 Nei's 多样性指数（H）和 Shannon 信息指数（I）的变化范围分别是 0.0664~0.2440 和 0.0994~0.3688。其中 Nei's 多样性指数（H）大于 0.2 的有 5 个种群，从大到小依次为：将石（0.2440）>泰宁（0.2372）>遵义（0.2360）>清流（0.2203）>江西（0.2141）；Shannon 信息指数（I）指数大于 0.3 的有 5 个种群，从大到小依次为：将石（0.3689）>遵义（0.3548）>泰宁（0.3523）>清流（0.3290）>江西（0.3278）。种群有效等位基因（Ne）最大的 5 个种群从大到小依次为：将石（1.4155）>泰宁（1.4060）>遵义（1.4034）>清流（1.3799）>江西（1.361）；种群多态率（PPB）最大的 5 个种群从大到小依次为：将石（77.05%）>江西（72.13%）>遵义（68.85%）>泰宁（63.93%）>清流（62.30%）。以 Nei's 多样性指数（H）、Shannon 信息指数（I）和有效等位基因（Ne）为标准，并综合多态位点百分率（PPB）分析结果，表明野鸦椿种质资源的遗传多样性以福建的清流种群较高,其次是遵义和将石种群。

表 3-2 野鸦椿各个群体 ISSR 的遗传多样性

种 群	等位基因数 Na	有效等位基因数 Ne	Nei's 多样性指数 H	Shannon 信息指数 I	多态位点数	多态性百分率(%)
JS	1.7705	1.4155	0.2440	0.3689	94	77.05
JY	1.1885	1.1453	0.0797	0.115	23	18.85
NJ	1.2131	1.1515	0.855	0.125	26	21.31
JO	1.3934	1.2889	0.1611	0.2345	48	39.34
WZ	1.2541	1.1461	0.0869	0.1313	31	25.41
TN	1.6393	1.4060	0.2372	0.3523	78	63.93
DH	1.541	1.3239	0.1925	0.2884	66	54.1
ZY	1.6885	1.4034	0.2360	0.3548	84	68.85
MQ	1.377	1.292	0.1589	0.2291	46	37.7
QL	1.623	1.3799	0.2203	0.329	76	62.3
JX	1.7223	1.361	0.2141	0.3278	88	72.13
LY	1.1803	1.1116	0.0664	0.0994	22	18.03
物种水平	1.9918	1.4974	0.3016	0.4630	121	99.18

基于 SLAF-seq 测序的 AMOVA 分析表明,群体间遗传变异为 40.36%,达到显著水平($P\leq0$),群体内的遗传变异为 21.99%,达到显著水平($P\leq0$)(表 3-3)。各个群体的特定变异程度和显著性检验 P 值见表 3-4,泰宁群体的 F_{is} 值最大为 0.7876,其次是德化群体(0.7522)。

表 3-3 分子方差分析

变异来源	自由度	平方和	方差组成	占总变异的百分比(%)	P-value
群体间	13	33868.307	161.1578	40.36	0
个体间	78	30693	150.3402	37.65	0
群体内	96	8432.5	87.8385	21.99	0

表 3-4 种群内遗传变异的方差分析

群 体	群体平均近交系数 F_{is}	$P(\text{Rand} \geq \text{Obs})$	群 体	群体平均近交系数 F_{is}	$P(\text{Rand} \geq \text{Obs})$
JX	0.4389	0.176	WZ	-0.0219	0.6246
DH	0.7522	0.0049	ZY	-0.084	0.824
JS	0.5281	0.0381	QL	0.0469	0.3
TN	0.7876	0.001	MQ	-0.0535	0.8006
JY	0.2857	0.6881	LY	-0.0464	0.5073
JO	0.0504	0.6735	YA	0.0032	0.4536
NJ	-0.1307	0.6862			

3.2.3 系统发育分析与分类

3.2.3.1 基于 ISSR 标记的分类

野鸦椿的遗传相似系数变化范围为 0.662~0.9277，变幅为 0.2657，表明不同种源的野鸦椿存在丰富的遗传变异。相似系数较高的主要有以下群体：南靖和将石（0.9277）、建欧和将石（0.9063）、泰宁和将石（0.9024）、江西和清流（0.9136），其他相似系数都小于 0.90，说明这几个群体之间亲缘关系近，遗传差异小；相似系数较低的群体有：福鼎和建阳（0.6620）、龙岩和建阳（0.7087）、闽清和福鼎（0.7157）、遵义和建阳（0.7258）、温州和建阳（0.723），其他相似系数都大于 0.73，则这几个群体亲缘关系远，遗传差异大（表3-5）。

表3-5　野鸦椿各个群体的遗传相似系数

	JS	JY	NJ	JO	WZ	FD	TN	DH	ZY	MQ	QL	JX	LY
JS	1												
JY	0.8705	1											
NJ	0.9277	0.8573	1										
JO	0.9063	0.8229	0.8804	1									
WZ	0.8308	0.723	0.7953	0.7946	1								
FD	0.7901	0.6620	0.7835	0.7917	0.8654	1							
TN	0.9024	0.766	0.8392	0.8498	0.8268	0.8201	1						
DH	0.8905	0.7378	0.8213	0.8455	0.8287	0.7683	0.8971	1					
ZY	0.8767	0.7258	0.8211	0.8136	0.8585	0.7869	0.8805	0.8807	1				
MQ	0.8462	0.7278	0.7688	0.7868	0.7465	0.7157	0.8442	0.8241	0.8661	1			
QL	0.8994	0.7878	0.8251	0.8349	0.8041	0.7255	0.8576	0.857	0.8597	0.8402	1		
JX	0.8989	0.8332	0.8496	0.8707	0.8119	0.7947	0.8679	0.8569	0.8748	0.8355	0.9136	1	
LY	0.802	0.7087	0.7745	0.7692	0.793	0.7509	0.7913	0.764	0.7998	0.7667	0.79918	0.8212	1

对来自不同地区的 83 份野鸦椿利用 NTSYS 2.1 软件进行 UPGMA 聚类。聚类结果如图 3-1，在遗传相似系数为 0.657 处，将供试材料分为 4 大类，第 I 类包括 16 份资源，主要来自遵义 7 份种质、泰宁 3 份种质（TNY1、TNY2 和 TNY3）、将石两份种质（JSY1 和 JSY2）和闽清群体，第 II 类主要来自温州群体、遵义 2 份种质（ZYY1 和 ZYY2）、德化 3 份种质（DHY1、DHY2 和 DHY3）、福鼎 1 份（FD）和泰宁种质（TN1）；第 I 类和第 II 类的种质聚类与叶的表型性状有一定的相关性，叶片质地为纸质或厚纸质，边缘具细锯齿。第 III 类包括清流、龙岩和江西群体，这可能与这三个群体的地理分布相关，清流和龙岩在地理位置上相邻，相对于福建省内其他群体，江西和清流、龙岩地理位置上更近；第 IV 类主要来

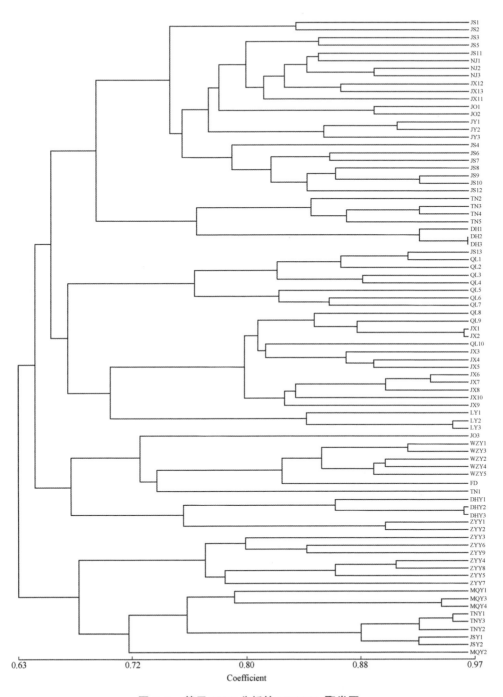

图 3-1 基于 ISSR 分析的 UPGMA 聚类图

自将石、南靖、建阳、建瓯、德化和泰宁群体,这些野生群体主要来自福建省内。

在遗传相似系数为 0.76 时,将第Ⅳ类主要分为四个亚类,第一亚类主要为德化(DH1、DH2 和 DH3)和泰宁群体(TN2、TN3、TN4 和 TN5);第二亚类主要是将石群体;第三亚类来自建阳、建瓯、南靖和将石群体;以上可以发现第四大类的种质与其地理分布没有一定相关性,但与叶片性状有一定的相关性,第四类种质的叶片质地为革质,边缘具钝锯齿。

3.2.3.2　基于 SLAF-seq 的分类

我们利用 SLAF-seq 测序得到的 SNP 构建了野鸦椿群体的系统发育树,由图 3-2(见彩图)可知,系统发育树明显分为三类,SXY(台湾山香圆,属于山香圆属 *Turpinia*,省沽油科 Staphyleaceae)作为外类群单独为一类。其余的野鸦椿群体被分为两类:第Ⅰ类包含 38 个样本,主要来自 ZY、WZ、MQ、YA、LY、JX17、DH8~DH 10、TN6~TN9、JS10;第Ⅱ类主要由江西省 JX 群体(JX1~JX16)和福建省不同种群(SC,YT,JY,JO,QL,JS 和 NJ 群体;DH:DH1~DH7;TN:TN1~TN5)组成。其中,TN 和 JS 种群是姐妹群体,JX 和福建省内的大部分群体(除 TN 和 JS 种群)构成了姐妹群体。通过比较群体的聚类结果和表型特征,组Ⅰ可归类为落叶类野鸦椿,组Ⅱ可归类为常绿类野鸦椿。

3.2.4　遗传分化和遗传结构

3.2.4.1　基于 ISSR 标记的遗传分化和遗传结构

基于 ISSR 分子标记得到的 0-1 数据矩阵得到的 UPGMA 聚类图进行共线相关性分析,相关系数为 0.8,表明 UPGMA 聚类结果较好(图 3-3)。为了更进一步的了解野鸦椿群体间的遗传关系,我们基于遗传相似性进行了主成分分析(图 3-4,见彩图),以显示不同野鸦椿种群之间关系的二维关系。主成分分析将 12 个群体分组为 4 组,其聚类模式与 UPGMA 的聚类结果相似,都是将样本性状的相似的聚为一类,在此基础上,聚类结果与地理具有一定的相关性。利用 STRUCTURE 软件分析得到的遗传结构图的聚类模式与主成分分析和 UPGMA 的聚类模式也一致。基于最大 ΔK 值,最佳簇的数量为 4,因此,理想的遗传结构模式将种群划分为四个组。第 1 组为:JS、JY、JO 和 NJ;第 2 组为:JX、QL 和 LY;第 3 组为:ZY、MQ、DHY1~DHY3 和 TNY1~TNY3;WZ 和 FD 聚为第 4 组。结合表型可知,第 1、2 组为常绿类野鸦椿,第 3、4 组为落叶类野鸦椿(图 3-5,见彩图)。

3.2.4.2　基于 SLAF-seq 的遗传分化和遗传结构

我们应用 Admixture 软件来评估 96 个样本的群体聚类和遗传结构(图 3-6,见彩图)。遗传结构显示的最大似然值为 3($K = 3$),这表明所有样本被分为三类,并暗示它们可能来自三个祖先(表 3-6;图 3-6 A)。在图 3-6 B 中,当 $K=3$

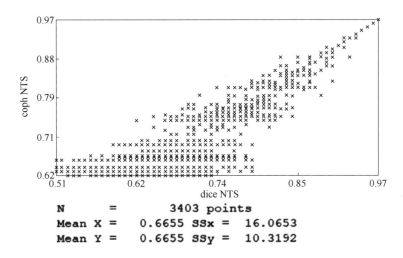

图 3-3 基于 ISSR 标记的共线相关性分析

时,第 1(红色)和第 2(黄色)组中有 57 个样品,它们是常绿类野鸦椿。第 1 组样本(43 个样本)主要来自福建省的群体,如 SC、YT、JY、JO、QL、JS 和 NJ 种群,其中 39 个样本来自第一祖先的概率为 99.99%。第 2 组样本(共 14 个样本)主要来自江西省的 JX 群体,它们从第二个祖先出现的概率大于 78%。此外,第 1 组和第 2 组之间存在遗传渗透。第 3 组(灰色)样品是落叶类野鸦椿,主要来自 ZY、WZ、MQ 和 LY 群体,它们从第三个祖先产生的概率为 99.99%(表 3-6)。有趣的是,第 3 组与第 1、2 组之间没有遗传渗透。

PCA 分析结果表明,A 组样品主要来自 ZY、WZ 和福建省部分种群(LY、MQ、FD、DH:DH8~DH10、TN:TN6~TN9)。JX 和福建省的许多群体分别聚为 B 组和 C 组。结合表型分析,我们发现 A 组为落叶类野鸦椿,B 和 C 组为常绿类野鸦椿。此外,根据 PCA 分析,第一、第二和第三主成分分别解释了遗传多样性的 19.68%、5.67% 和 4.48%(图 3-7,见彩图)。

表 3-6　基于 SLAF-seq 分析的 96 份样品分类对应表

样品	Q1	Q2	Q3	分组	样品	Q1	Q2	Q3	分组
SXY	0.29527	0.10337	0.60136	Q3	JX6	0.00001	0.99998	0.00001	Q2
YT	0.99998	0.00001	0.00001	Q1	JX7	0.18156	0.81843	0.00001	Q2
DH1	0.90363	0.00001	0.09636	Q1	JX8	0.00001	0.99998	0.00001	Q2
DH2	0.85556	0.00001	0.14443	Q1	JX9	0.00001	0.99998	0.00001	Q2
DH3	0.87766	0.00001	0.12233	Q1	JX10	0.00001	0.99998	0.00001	Q2
DH4	0.99998	0.00001	0.00001	Q1	JX11	0.85999	0.14001	0.00001	Q1
DH5	0.96358	0.01624	0.02018	Q1	JX12	0.21432	0.78567	0.00001	Q2
DH6	0.96223	0.03776	0.00001	Q1	JX13	0.22208	0.77791	0.00001	Q2
DH7	0.94887	0.03512	0.01601	Q1	JX14	0.36335	0.63664	0.00001	Q2
JS1	0.81415	0.18584	0.00001	Q1	JX15	0.83094	0.16906	0.00001	Q1
JS2	0.81703	0.18296	0.00001	Q1	JX16	0.1659	0.83409	0.00001	Q2
JS3	0.8096	0.19039	0.00001	Q1	ZY1	0.00001	0.00001	0.99998	Q3
JS4	0.8411	0.15889	0.00001	Q1	ZY2	0.00001	0.00001	0.99998	Q3
JS5	0.84368	0.15631	0.00001	Q1	ZY3	0.00001	0.00001	0.99998	Q3
JS6	0.82764	0.17236	0.00001	Q1	ZY4	0.00001	0.00001	0.99998	Q3
JS7	0.82364	0.17636	0.00001	Q1	ZY5	0.00001	0.00001	0.99998	Q3
JS8	0.82064	0.17935	0.00001	Q1	ZY6	0.00001	0.00001	0.99998	Q3
JS9	0.79926	0.20073	0.00001	Q1	ZY7	0.00001	0.00001	0.99998	Q3
TN1	0.98499	0.015	0.00001	Q1	ZY8	0.00001	0.00001	0.99998	Q3
TN2	0.99998	0.00002	0.00001	Q1	ZY9	0.00001	0.00001	0.99998	Q3
TN3	0.90882	0.09118	0.00001	Q1	WZ1	0.00001	0.00001	0.99998	Q3
TN4	0.94926	0.05073	0.00001	Q1	WZ2	0.00001	0.00001	0.99998	Q3
TN5	0.99998	0.00001	0.00001	Q1	WZ3	0.00001	0.00001	0.99998	Q3
JY1	0.58682	0.41318	0.00001	Q1	WZ4	0.00001	0.00001	0.99998	Q3
JY2	0.60925	0.39074	0.00001	Q1	MQ1	0.00001	0.00001	0.99998	Q3
JY3	0.61891	0.38108	0.00001	Q1	MQ2	0.00001	0.00001	0.99998	Q3
JO1	0.89678	0.10321	0.00001	Q1	MQ3	0.00001	0.00001	0.99998	Q3
JO2	0.8627	0.13729	0.00001	Q1	MQ4	0.00001	0.00001	0.99998	Q3
JO3	0.87626	0.12373	0.00001	Q1	FD	0.00001	0.00001	0.99998	Q3
NJ1	0.99998	0.00001	0.00001	Q1	JX17	0.00001	0.00001	0.99998	Q3
NJ2	0.99998	0.00001	0.00001	Q1	LY1	0.00001	0.00001	0.99998	Q3
NJ3	0.99998	0.00001	0.00001	Q1	LY2	0.00001	0.00001	0.99998	Q3

(续)

样品	Q1	Q2	Q3	分组	样品	Q1	Q2	Q3	分组
QL1	0.99998	0.00001	0.00001	Q1	LY3	0.00001	0.00001	0.99998	Q3
QL2	0.99998	0.00001	0.00001	Q1	TN6	0.00001	0.00001	0.99998	Q3
QL3	0.99998	0.00001	0.00001	Q1	TN7	0.00001	0.00001	0.99998	Q3
QL4	0.99998	0.00001	0.00001	Q1	TN8	0.00001	0.00001	0.99998	Q3
QL5	0.99998	0.00001	0.00001	Q1	TN9	0.00001	0.00001	0.99998	Q3
QL6	0.99998	0.00001	0.00001	Q1	JS10	0.00001	0.00001	0.99998	Q3
QL7	0.99998	0.00001	0.00001	Q1	DH8	0.00001	0.00001	0.99998	Q3
QL8	0.99998	0.00001	0.00001	Q1	DH9	0.00001	0.00001	0.99998	Q3
QL9	0.97335	0.02664	0.00001	Q1	DH10	0.00001	0.00001	0.99998	Q3
QL10	0.95993	0.04006	0.00001	Q1	QL11	0.00001	0.00001	0.99998	Q3
SC	0.79753	0.20246	0.00001	Q1	QL12	0.00001	0.00001	0.99998	Q3
JX1	0.00001	0.99998	0.00001	Q2	QL13	0.00001	0.00001	0.99998	Q3
JX2	0.00001	0.99998	0.00001	Q2	QL14	0.00001	0.00001	0.99998	Q3
JX3	0.00001	0.99998	0.00001	Q2	QL15	0.00001	0.00001	0.99998	Q3
JX4	0.00001	0.99998	0.00001	Q2	QL16	0.00001	0.00001	0.99998	Q3
JX5	0.00001	0.99998	0.00001	Q2		0	0	0	

3.3 讨论与结论

3.3.1 基于分子标记的遗传分化评价

研究表明,生命周期长、杂交的种群内具有丰富的遗传变异。野鸦椿是一种长寿且混交的植物,这些生物学特性可能有助于创造和维持高水平的遗传多样性。不同的种群具有不同的遗传多样性水平,鉴定种群的遗传多样性对于该物种的长期保护至关重要。在 ISSR 标记中,遗传多样性最高的是 JS 群体(PPB = 77.05%,H = 0.2440,I = 0.3698),LY 群体中最低(PPB = 18.03%,H = 0.0664,I = 0.0994);而 SLAF-seq 测序分析中,遗传多样性较高的群体为:TN 群体(F_{is} = 0.7876)和 DH 群体(F_{is} = 0.7522)。生物因素或非生物因素对栖息地的干扰可能导致栖息地破碎,而栖息地破碎化导致地理隔离对植物遗传多样性构成严重威胁。LY 群体分散在城市和乡村道路周围,并且近年来受到人类活动(例如人类住区和森林砍伐)的干扰,导致这个群体失去了大部分的自然栖息地,甚至群体内数量的减少。JS、TN、DH 群体的栖息地保存完好,受人类影响较小。此外,DH 种群中的大部分个体至少有 100 年的历史,可能是由于个别树木寿命长,导致群体遗传变异大。

同一物种的群体为了适应不同的生态环境,会发生不同的选择,产生具有不同特征的群体,从而利用不同的生态位空间,提高群体的适应度。群体内表型的多样性是群体内遗传多样性的外在表现形式,在本研究中,DH 和 TN 群体中有两种表型,相似的表型被聚在一起。进化树种的组 1(SLAF - seq)和 UPGMA(ISSR)的落叶类野鸦椿的大部分样本的海拔分布 400~1200m,分布在林缘、阔叶林或次生林,而第 2 簇(常青树)的常绿类野鸦椿的样本分布在 100~600m,分布在竹林或次生林、山谷或混交林中。因此,落叶类和常绿类野鸦椿群体间的生态地理因子和生态压力的差异也可能导致这两个群体间的分化。

遗传漂变、交配系统和基因流是遗传结构变化的主要因素,其中基因流可以防止遗传漂变和减少遗传分化。从遗传结构图中,我们清楚地发现常绿类野鸦椿与落叶类野鸦椿之间几乎没有基因交流。野外调查中,我们发现日本粳稻的每个花序有 200~600 朵小花。当几十朵小花在相同的花序中开放时,会露出大量的黄色雄蕊,这会吸引蜜蜂进行授粉。因此,在一定范围的区域内,不同种群之间存在基因交流。然而,位于高海拔的落叶类野鸦椿(400~1200m)的开花期为 4~5 月,位于低海拔的常绿类野鸦椿(<500m)的开花期为 5~6 月。因此,落叶和常绿类野鸦椿之间不存在基因流动的机会,从而导致不同海拔高度的群体的遗传分化。同一区域的不同海拔的相同物种为了适应不同程度的生态位,在长期的进化过程中可能发生了基因型和表型的变异,这些可能会加速种群分化。因此,不同海拔高度的野鸦椿群体的花期不同,阻碍了这些群体的基因交流。尽管在 DH 和 TN 群体中(位于海拔 400~500m)同时存在落叶类和常绿类野鸦椿,由于花期的不一致,落叶类和常绿类之间依然不存在基因交流。

此外,我们发现野鸦椿的挂果期长,其果实成熟后腹缝线裂开,外果皮翻转,露出成熟的种子,这种生存策略有效地保护了种子在成熟之前被破坏。野鸦椿长期宿存的具有红色的内外果皮的果实,对鸟类极具吸引力,这极大地促进了种子的传播。更有趣的是,我们发现大多数野鸦椿群体的个体分布在溪流两岸,因此我们猜想当成熟的种子掉落到溪流中时,溪水也能够促进种子的传播。此外,大多数种子成熟后会断断续续的掉落在母树周围,虽然坚硬的种皮使得种子能够在土壤中保存,但是在自然条件下能够发芽的少之又少。可见,野鸦椿种子的传播受到地理区域的限制。

3.3.2 基于分子标记的野鸦椿分类的启示

以台湾山香圆(SXY)作为外类群,我们使用 5479382 个 SNP 位点精确的构建了野鸦椿进化树。我们发现野鸦椿明显分为落叶类和常绿类野鸦椿,此外,不管是基于 ISSR 分析得到的 UPGMA 聚类图、主成分分析、遗传结构图,还是基于 SLAF-seq 得到的聚类图、主成分分析、遗传结构图都支持将野鸦椿分为落叶类和常绿类野鸦椿。因此,我们通过查阅野鸦椿属的分类历史,期望理清野鸦椿是否真的是单属单种。

1878 年,Dippel 记录了一个新种,为落叶小乔木或灌木,其叶为羽状叶,叶缘具细锯齿,圆锥花序顶生,花两性,花白色,蒴果成熟时果皮变为鲜红色,并对其命名为野鸦椿[*E. japonica*(Thunb.) Dippel]。1913 年,Hayata 在海南发现一个新种——圆齿野鸦椿(*Euscaphis konishii* Hayata),其与野鸦椿的表型最大的不同点是叶缘具圆形钝锯齿。1966 年,徐炳声首次记录了新种福建野鸦椿(*E. fukienensis* Hsu),其表型特征为聚伞花序,小叶狭长,边缘具钝锯齿,果表皮肋脉不如野鸦椿的明显。王清江在 1982 年发现一个野鸦椿变异种建宁野鸦椿(*E. japonica* var. *jianningensis*),其叶片背面、叶柄和花序密被灰白色的短柔毛;并将福建野鸦椿并入圆齿野鸦椿,认为野鸦椿属有 2 种 1 变种,野鸦椿、圆齿野鸦椿,及变种建宁野鸦椿。该分类结果随后被《福建植物志》收录。根据花序、叶形、果表皮脉纹是否明显等形态特征,《中国植物志》将我国野鸦椿属植物分为野鸦椿(*Euscaphis japonica*)和福建野鸦椿(*Euscaphis fukienensis*),并将建宁野鸦椿归入野鸦椿。随后 2013 年出版的 *Flora of China*(《中国植物志》英文修订版)将福建野鸦椿也并入野鸦椿,将圆齿野鸦椿(*E. konishii*)归入野鸦椿(*E. japonica*)并作为异名。至此,人们认为野鸦椿属仅一个种——野鸦椿。并且根据这些文献记录可知,不管是野鸦椿、圆齿野鸦椿、福建野鸦椿还是建宁野鸦椿,这些以上野鸦椿都是落叶小乔木或灌木。

综上,结合表型、物候、ISSR 标记和 SLAF-seq,我们认为处于相似海拔的野鸦椿群体长期处于相似的生态环境,并且在进化过程中已形成适应于该环境的物候和表型,再加上长期的地理隔离和缺乏基因流动,野鸦椿属最终形成了落叶类野鸦椿和常绿类野鸦椿两个种。其中落叶类野鸦椿的表型与 *Flora of China* 中对野鸦椿表型的描述基本相似,因此,我们认为落叶类野鸦椿则为野鸦椿,其为落叶小乔木或灌木,叶纸质,边缘具细锯齿状,聚伞花序,果皮软革质,果表皮肋脉明显;花期为 4~5 月,挂果期为 7~12 月,外果皮在 6 月有绿变红,9 月叶片变黄,10 月叶和果开始断断续续的掉落。然而,常绿类野鸦椿为常绿小乔木或灌木,叶革质,边缘具钝锯齿,圆锥花序,果皮革质,果表皮肋脉不明显;花期为 5 月,挂果期为 9 月至翌年 3 月,果实变色为 8 月。因其表型与 Hayata 在海南发现的一种小乔木——圆齿野鸦椿的相似,因此,人们普遍认为常绿类野鸦椿为圆齿野鸦椿。

3.3.3 总　结

利用 ISSR 标记和基于 SLAF-seq 的 SNP 标记探索野鸦椿群体的遗传多样性和分化。野鸦椿群体间变异大于种群内，其中 JS、DH、TN 群体的遗传多样性较高，这与它们的栖息地得到较好的保护有关。地理距离、基因流、栖息地破碎化、种子传播以及对不同生态环境的适应导致了野鸦椿的遗传分化。UPGMA 聚类图、进化树、主成分分析和遗传结构图均表明野鸦椿明显地被分类落叶类和常绿类两个类群。我们的研究在很大程度上证实了传统的野鸦椿属分类应该被修改，并且野鸦椿已经分化为两个种。

参 考 文 献

卢纹岱. SPSS 统计分析（第四版）[M]. 北京：电子工业出版社，2010，165-284.

文亚峰，韩文军，吴顺. 植物遗传多样性及其影响因素[J]. 中南林业科技大学学报：自然科学版，2010，30(12)：80-87.

Addisalem A B, Bongers F, Kassahun T, et al. Genetic diversity and differentiation of the frankincense tree (*Boswellia papyrifera* (Del.) Hochst) across Ethiopia and implications for its conservation[J]. Forest Ecology and Management, 2016, 360: 253-260.

Aguilar R, Ashworth L, Galetto L, et al. Plant reproductive susceptibility to habitat fragmentation: review and synthesis through a meta-analysis[J]. Ecology Letters, 2006, 9(8): 968-80.

Aguilar R, Quesada M, Ashworth L, et al. Genetic consequences of habitat fragmentation in plant populations: susceptible signals in plant traits and methodological approaches[J]. Molecular Ecology, 2008, 17(24):5177-5188.

Alexander D, Novembre J, Lange K, et al. Fast model-based estimation of ancestry in unrelated individuals[J]. Genome Research, 2009, 19(9): 1655-1664.

Ally D, El K Y A, Ritland K. Genetic diversity, differentiation and mating system in mountain hemlock (Tsuga mertensiana) across British Columbia[J]. Forest Genetics, 2000, 7(2):97-108.

Cheng J J, Zhang L J, Cheng H L, et al. Cytotoxic Hexacyclic Triterpene Acids from Euscaphis japonica[J]. Journal of Natural Products, 2010, 73(10):1655-1658.

Cole C T. Genetic Variation in Rare and Common Plants[J]. Annual Review of Ecology Evolution & Systematics, 2003, 34:213-237.

Davey J W, Cezard, Fuentes-Utrilla P, et al. Special features of RAD Sequencing data: implications for genotyping[J]. Molecular Ecology, 2013, 22(11):3151-3164.

Dippel. Inventory of seeds and plants imported[M]. Bureau of Plant Industry, 1878, 1912: 37-47.

Duminil J, Brown R, Ewédjè E, et al. Large-scale pattern of genetic differentiation within African rainforest trees: insights on the roles of ecological gradients and past climate changes on the evolution of *Erythrophleum* spp (*Fabaceae*)[J]. BMC evolutionary biology, 2013, 13:195.

Duminil J, Hardy O J, Petit R J. Plant traits correlated with generation time directly affect inbreeding depression and mating system and indirectly genetic structure[J]. BMC Evolutionary Biology, 2009, 9(1):177-177.

DZ, Cai J, Wen J, et al. Staphyleaceae. *Flora of China*[M]. Beijing: Science Press & St. Louis: Missouri Botanical Garden Press, 2008, 11:498-504.

Eckert C G, Kalisz S, Geber M A, et al. Plant mating systems in a changing world[J]. Trends in Ecology & Evolution, 2010, 25(1):0-43.

Excoffier L, Lischer H E L. Arlequin suite ver 3.5: a new series of programs to perform population genetics analyses under Linux and Windows[J]. Molecular Ecology Resources, 2010, 10(3):564-567.

Fahrig L. Effects of Habitat Fragmentation on Biodiversity. Annu Rev EcolEvol Syst 34: 487-515[J]. Annual Review of Ecology Evolution and Systematics, 2003, 34(1):487-515.

South China botanical garden. Floral of Hainan[M]. Science Press, 1977.

Gong D, Huang L, Xu X, et al. Construction of a high-density SNP genetic map in flue-cured tobacco based on SLAF-seq[J]. Molecular Breeding, 2016, 36(7):100.

Gram W K, Sork V L. Association between Environmental and Genetic Heterogeneity in Forest Tree Populations[J]. Ecology, 2001, 82(7):2012.

Gregory W, Kathrtn M. The Late Eocene House range flora, Sevier Desert, Utah: Paleoclimate and Paleoelevation[J]. Palaios, 1997, 12(6):552-567.

Harris A, Chen P T, Xu X W, et al. A molecular phylogeny of Staphyleaceae: Implications for generic delimitation and classical biogeographic disjunctions in the family[J]. Journal of Systematics and Evolution, 2017, 55(2):124-141.

Henle K, Lindenmayer D B, Margules C R, et al. Species Survival in Fragmented Landscapes: Where are We Now? [J]. Biodiversity & Conservation, 2004, 13(1):1-8.

De H M J L, Imoto S, Nolan J, et al. Open source clustering software[J]. Bioinformatics, 2004, 20(9):1453-1454.

Huang C, Liu G, Bai C, et al. Genetic relationships of Cynodonarcuatus from different regions of China revealed by ISSR and SRAP markers [J]. Scientia Horticulturae, 2013, 162 (Complete):172-180.

Huang Y J, Liu Y S, Wen J, et al. First fossil record of *Staphylea* L. (Staphyleaceae) from North America, and its biogeographic implications[J]. Plant Systematics & Evolution, 2015, 301(9):1-16.

Huenneke L F. Ecological implications of genetic variation in plant populations[M]. Genetics and conservation of rare plants. 1991.

Mohammed N. Iddrisu, Kermit Ritland. Genetic variation, population structure, and mating system in bigleaf maple (*Acer, macrophyllum, Pursh*)[J]. Revue Canadienne De Botanique, 2005, 82(12):1817-1825.

Ingvarsson P K. A metapopulation perspective on genetic diversity and differentiation in partially self-fertilizing plants[J]. Evolution, 2002, 56(12):2368.

Kaya E. ISSR analysis for determination of genetic diversity and relationship in eight Turkish olive (*Olea europaea* L.) cultivars[J]. NotulaeBotanicaeHortiAgrobotanici Cluj-Napoca, 2015, 43(1):96-99.

Kent W J. BLAT-The BLAST-Like Alignment Tool[J]. Genome Research, 2002, 12(4):656-664.

Kozich J J, Westcott S L, Baxter N T, et al. Development ofa dual-index sequencing strategy and curation pipeline for analyzing amplicon sequence data on the MiSeq Illumina sequencing platform[J]. Appl. Environ. Microb, 2013, 79:5112-5120.

Kumar J, Agrawal V. Analysis of genetic diversity and population genetic structure in, Simarouba glauca, DC. (an important bio-energy crop) employing ISSR and SRAP markers[J]. Industrial Crops & Products, 2017, 100:198-207.

Lewontin R C. Testing the Theory of Natural Selection[J]. Nature, 1972, 236(5343):181-182.

Li D Z, Cai J, Wen J. *Flora of China*. Beijing: Science Press & St. Louis: Missouri Botanical Garden Press, 2008, 11:498-504.

Li H, Yu C, Li Y, et al. SOAP2: an improved ultrafast tool for short read alignment[J]. Bioinformatics, 2009, 25(15):1966-1967.

Heng L, Richard D. Fast and accurate short read alignment with Burrows - Wheeler transform[J]. Bioinformatics, 2009, 25(14):1754-1760.

Li H, Handsaker B, Wysoker A. The sequence alignment/map format and SAM tools[J]. Bioinformatics, 2009, 25(16):2078-2079.

Lienert J. Habitat fragmentation effects on fitness of plant populations - a review[J]. Journal for Nature Conservation, 2004, 12(1):53-72.

Llorens T M, Ayre D J, Whelan R J. Anthropogenic fragmentation may not alter pre-existing patterns of genetic diversity and differentiation in perennial shrubs[J]. Molecular Ecology, 2018, 27(7):e021314.

Luan S, Chiang T Y, Gong A X. High Genetic Diversity vs. Low Genetic Differentiation in Nouelia insignis (Asteraceae), a Narrowly Distributed and Endemic Species in China, Revealed by ISSR Fingerprinting[J]. Annals of Botany, 2006, 98(3):583-589.

Manchester S R, Tiffney B H. Integration of paleobotanical and neobotanical data in the assessment of phytogeographic history of holarctic angiosperm clades[J]. International Journal of Plant Sciences, 2001, 162(S6): S19-S27.

Mckenna A, Hanna M, Banks E, et al. The Genome Analysis Toolkit: A MapReduce framework for analyzing next-generation DNA sequencing data[J]. Genome Research, 2010, 20(9):1297-1303.

Mei Z Q, Zhang X Q, Asaduzzaman K, et al. Genetic analysis of PenthorumchinensePursh by improved RAPD and ISSR in China[J]. Electronic Journal of Biotechnology, 2017, 30:6-11.

Montoya T. Hayata. Icones plantarum formosanarumnec not et contrubutionesadfloramformosanam. Taiwan. Shokusankyoku, 1913, 3: 67.

Ndiaye M R, Sembène, Mbacké. Genetic structure and phylogeographic evolution of the West African populations of, Sitophilus zeamais, (*Coleoptera*, *Curculionidae*) [J]. Journal of Stored Products Research, 2018, 77:135-143.

Lam T N, Schmidt H A, Arndt V H, et al. IQ-TREE: A Fast and Effective Stochastic Algorithm for Estimating Maximum-Likelihood Phylogenies[J]. Molecular Biology and Evolution, 2015, 32(1):268-274.

Noormohammadi Z, Hasheminejad A F Y, Sheidai M, et al. Methodology Genetic diversity analysis in Opal cotton hybrids based on SSR, ISSR, and RAPD markers[J]. Genetics & Molecular Research, 2013, 12(1):256-269.

Pannell J R, Charlesworth B. Effects of metapopulation processes on measures of genetic diversity [J]. Philosophical transactions of the Royal Society of London. Series B, Biological ences, 2000, 355(1404):1851.

Petit, Rémy J, Hampe A. Some Evolutionary Consequences of Being a Tree[J]. Annual Review of Ecology, Evolution, and Systematics, 2006, 37(1):187-214.

Ramirez V J A, Valladares F, Aranda I. Exploring the impact of neutral evolution on intrapopulation genetic differentiation in functional traits in a long-lived plant[J]. Tree Genetics & Genomes, 2014, 10(5):1181-1190.

Reddy M P, Sarla N, Siddiq E A. Inter simple sequence repeat (ISSR) polymorphism and its application in plant breeding[J]. Euphytica, 2002, 128(1):9-17.

Schaal B A, Hayworth D A, Olsen K M, et al. Phylogeographic studies in plants: problems and prospects[J]. Molecular Ecology, 1998, 7(4):465-474.

Shang J, Li, N, Li N, et al. Construction of a high-density genetic map for watermelon (*Citrullus lanatus* L.) based on large-scale SNP discovery by specific length amplified fragment sequencing (SLAF-seq)[J]. Scientia Horticulturae, 2016, 203:38-46.

Smulders, M J M, Cottrell, J E, F Lefèvre, et al. Structure of the genetic diversity in black poplar (*Populusnigra* L.) populations across European river systems: Consequences for conservation and restoration[J]. Forest Ecology & Management, 2008, 255(5-6):0-1399.

Smulders M J M, Esselink G D, Everaert I, et al. Characterisation of sugar beet (Beta vulgaris L. ssp. vulgaris) varieties using microsatellite markers[J]. BMC Genetics, 2010, 11: 41.

Wenjin S, Lianjun W, Jian L, et al. Genome-wide assessment of population structure and genetic diversity and development of a core germplasm set for sweet potato based on specific length amplified fragment (SLAF) sequencing[J]. PLOS ONE, 2017, 12(2):e0172066.

Xiaowen S, Dongyuan L, Xiaofeng Z, et al. SLAF-seq: An Efficient Method of Large-Scale De Novo SNP Discovery and Genotyping Using High-Throughput Sequencing[J]. PLoS ONE, 2013, 8(3):e58700.

Tanya P, Taeprayoon P, Hadkam Y, et al. Genetic Diversity Among Jatropha and Jatropha-Related

Species Based on ISSR Markers[J]. Plant Molecular Biology Reporter, 2011, 29(1): 252-264.

Temunović M, Franjić J, Satovic Z, et al. Environmental Heterogeneity Explains the Genetic Structure of Continental and Mediterranean Populations of Fraxinus angustifolia Vahl[J]. Plos One, 2012, 7(8): e42764.

Tremblay R L. Gene flow and effective population size in Lepanthes (*Orchidaceae*): A case for genetic drift[J]. Biological Journal of the Linnean Society, 2001, 72(1):47-62.

Uddin M, Sun W, He X, et al. An improved method to extract DNA from mango *Mangiferaindica* [J]. Biologia, 2014, 69(2):133-138.

Vranckx G, Jacquemyn H, Muys B, et al. Meta-Analysis of Susceptibility of Woody Plants to Loss of Genetic Diversity through Habitat Fragmentation[J]. Conservation Biology, 2012, 26(2): 228-237.

Wang H Z, Wu Z X, Lu J J, et al. Molecular diversity and relationships among *Cymbidium goeringii* cultivars based on inter-simple sequence repeat (ISSR) markers[J]. Genetica, 2009, 136 (3):p.391-399.

Wang L, Li X, Wang L, et al. Construction of a high-density genetic linkage map in pear (*Pyrus communis×Pyrus pyrifolia nakai*) using SSRs and SNPs developed by SLAF-seq[J]. Scientia Horticulturae, 2017, 218:198-204.

Wang Q J. A revision of the genus Euscaphis from Fujian, China[J]. Acta phytotaxonomic sinica, 1982, 20(1):18.

Wang Q J. Staphyleaceae. Flora of Fujian[M]. Fuzhou: Fujian Science and Technology Press, 1986, 3: 296-297.

Wei Z, Du Q, Zhang J, et al. Genetic Diversity and Population Structure in Chinese Indigenous Poplar (*Populussimonii*) Populations Using Microsatellite Markers[J]. Plant Molecular Biology Reporter, 2012, 31(3): 620-632.

Hsu P S. Contributions to the Flora of Southeastern China, I[J]. Acta phytotaxonomic sinica, 1966, 11(2): 190-214.

Zhang Y, Wang L, Xin H, et al. Construction of a high-density genetic map for sesame based on large scale marker development by specific length amplified fragment (SLAF) sequencing[J]. BMC Plant Biology, 2013, 13(1):141.

Zhou Q, Zhou C, Zheng W, et al. (2017). Genome-wide SNP markers based on SLAF-seq uncover breeding traces in rapeseed (*Brassica napus* L.) [J]. Frontiers in plant science, 2017, 8: 648.

第二篇 野鸦椿果皮着色与分子机制

第四章 果皮颜色进化的意义

野鸦椿 *Euscaphis japonica* 是省沽油科 Staphyleaceae 野鸦椿属 *Euscaphis* 植物,属落叶小乔木,别名鸡眼睛、山海椒。野鸦椿树形优美,花多而密集,果实紫红色,果期满树果荚开裂,果皮反卷,内果皮上挂满一颗颗黑色的种子,犹如满树红花上面点缀着黑珍珠,极具观赏特色。其叶片遇霜变红,种植在公园、道路、小区内都是很亮丽的一道风景线。圆齿野鸦椿 *E. konishii* Hayata,同为省沽油科野鸦椿属植物,是我国所特有的常绿小乔木。其树形优美,果实通红亮丽,有着极高的观赏价值,尤其以果实最为突出,蓇葖果裂成两瓣而呈现出蝴蝶翅状,因此又被称作"蝴蝶果",微风拂来,宛如万只红蝴蝶绕树飞舞。由此可见,野鸦椿属植物观赏价值最高的是其通红的果实,其内外果皮均为红色,果实成熟后沿腹缝线开裂,露出鲜红色的内果皮和黑色具光泽的成熟的种子,甚是可爱。

野鸦椿红果宿存期长达 6 个月(9 月至翌年 3 月),满树的红果横跨秋冬季节,每年结果数量多,每个果实内具有 1~8 粒种子,种子在成熟前得到果皮保护,免受动物的啃食;成熟后,种子坚硬的蜡质种皮能够保护种仁避免动物的啃食。另外,野外自然分布的野鸦椿,其果实成熟后虽产生了大量的种子,但却鲜见幼苗分布于母树下。其果实长时间宿存于枝头的原因是什么?鲜红的内果皮在种子散布中起什么作用?为揭示内果皮颜色与种子扩散的进化意义奠定了基础,本研究于 2018 年 11 月中旬(野鸦椿果实已经成熟开裂),调查野鸦椿自然群体内个体的分布状况,分别在福建省德化县高阳村、清流县灵地镇和邵武市肖家坊镇架设户外定时相机(Forsafe © H501)实时监测动物对圆齿野鸦椿的果实的取食情况。每个点架设 3 台相机,两台监测树上果实,一台监测地下的落果。同时,本研究摘取野鸦椿成熟果实,向笼内的老鼠和松鼠投喂,并用相机(Nikon D 810)录像。

动物取食行为对种子的散播有极大的影响,靠动物传播种子的植物在种子外面通常包有果肉,动物被果肉吸引并取食后,种子随着动物的行为得到散布。果实颜色作为影响食果动物取食行为的特征之一,已受到广泛的关注。许多研究表明,鸟类更喜欢红果,植物的大规模物种扩散事件与红果谱系有关,但这些研究大多关注外果皮的颜色,而内果皮颜色的作用却常常被忽视。通过野外定点实时观测(图4-1,见彩图)发现,鸟类会被鲜红的内果皮吸引,并将圆齿野鸦椿果皮连同种子一起叼走,取食其果皮将种子遗弃而起到散播种子的作用(图4-1A、B);将果实集中放置在树下进行野外观测,大量的老鼠在夜晚觅食时偏爱取食圆齿野鸦椿的种子(图4-1C),将果皮和种子一起放入笼内进行室内观测试验,结果表明老鼠喜食种子(将外壳咬碎取食白色种仁)但并不取食果皮,结果与野外试验结果一致,说明老鼠喜食圆齿野鸦椿种子,造成其种子保存率较低,使母树下鲜见幼苗分布;将果实放在松鼠笼旁边,松鼠马上被野鸦椿的果实吸引,爬过来扯走果实后立即取食种子,将外壳咬碎取食白色种仁(图4-1 D),跟老鼠取食一致,并且在野外观测时松鼠经常在野鸦椿树干出没,极有可能是在收集种子作为食物埋藏在地下,这可能有利于圆齿野鸦椿种子散播。综上,我们推测圆齿野鸦椿果实内果皮鲜红且果实长期宿存是为了在冬季食物稀缺及鸟类稀少的情况下,尽可能吸引鸟类传播种子,并防止果实掉落后种子被鼠类破坏,这是圆齿野鸦椿生存策略的成功进化。

参 考 文 献

Duan Q, Goodale E, Quan R. Bird fruit preferences match the frequency of fruit colours in tropical Asia[J]. Scientific Reports,2014, 4(X): 5627.

Cantley J T, Markey A S, Swenson N G, et al. Biogeography and evolutionary diversification in one of the most widely distributed and species rich genera of the Pacific[J]. Aob Plants, 2016, 8: 43.

Lu L, Fritsch P W, Matzke N J, et al. Why is fruit colour so variable? Phylogenetic analyses reveal relationships between fruit-colour evolution, biogeography and diversification[J]. Global Ecology and Biogeography,2019, 0(0)1-13. https://doi.org/10.1111/geb.12900.

第五章 野鸦椿内果皮着色及呈色分析

在果实发育过程中,果实的呈色与叶绿素(Chlorophyll)、类胡萝卜素(Carotenoid)和类黄酮(Flavonoid)的种类和含量比例有关。通常,果实在幼果时为绿色,成熟后则呈现多彩的颜色,这是因为随着果实的成熟,果实细胞中的叶绿素不断降解,黄色、橙色果实中的类胡萝卜素和紫色、红色果实中的花青素(Anthocyanin)的不断积累的结果。据第一章的观测试验可知,圆齿野鸦椿鲜红的内果皮作为一种吸引色,与种子的扩散密切相关,为明确该吸引色的着色机制。本试验对圆齿野鸦椿果皮 7 个发育期(盛花期后 50d、70d、100d、115d、130d、160d、180d)的呈色及叶绿素、类胡萝卜素、类黄酮和花青素进行初步定量分析,明确使果皮变红的色素组成及含量变化趋势,以探讨其果实色素与呈色的变化规律,为揭示内果皮变红的分子机理提供依据,也为圆齿野鸦椿多彩果分子育种提供参考,更为解释其种子扩散机制提供生理学基础。

5.1 材料与方法

5.1.1 试验材料

在福建清流灵地镇选择三株生长基本一致的圆齿野鸦椿作为试验样株,圆齿野鸦椿果实采样于 2017 年 6~11 月进行,共采集 7 个发育期(盛花期后 50d、70d、100d、115d、130d、160d、180d)圆齿野鸦椿果实。将一部分圆齿野鸦椿的果皮和种子进行分离,一部分用锡纸包住,冻存于干冰中,运回实验室后马上用液氮速冻存放于零下 80℃冰箱备用,一部分用 60℃鼓风干燥箱烘干至恒重,并称取干质量。另外再摘取新鲜的果实存于装有冰袋的冰盒中,运回实验室后马上用相机拍摄果实外观变化。

5.1.2 果实颜色数字化描述

在晴天光线充足的环境下用同一相机拍摄。相机机身为 Nikon D 810,镜头 Nikon 7mm F2.8 微距镜头。相机设置:光圈优先,镜头光圈 F8,白平衡设置为日光模式。背景纸选用白色 A4 纸。颜色数字化描述参照李欣等(2010)的方法。打开 Photoshop 图像处理软件,选取 CMYK 模式命令,添加试材图像到选区,选取果实两侧的中间部位,从顶端到果梗的前端进行切割,切割的果长乘以黄金分割点 0.618(从顶端开始算起),得到待测区域,再用吸管吸取外果皮、内果皮和种皮典型色域的颜色,得出 C(青色)、M(洋红色)、Y(黄色)、K(黑色)的百分比值。

5.1.3 果皮色素的定量分析

参照高俊凤(2006)的方法测定叶绿素和类胡萝卜素的含量;采用热浸提法提取圆齿野鸦椿果实的类黄酮,具体方法参照吴清韩等(2018)的方法;采用超声辅助的 pH 示差法测定圆齿野鸦椿果实的花青素,具体方法参照袁雪艳等(2019)的方法。

5.2 结果与分析

5.2.1 果实颜色变化观察

由图 5-1(见彩图)可知,圆齿野鸦椿种皮颜色的变化是观测果实成熟的重要指标。在幼果时(50d),种皮的颜色为乳白色,内果皮为浅绿色,外果皮为深绿色;在逐渐成熟的过程中(70~115d),种皮从棕色逐渐变黑,并且内果皮先于外果皮变红;在果实成熟后(130~180d),内果皮均为鲜红色,外果皮可能会夹带零星的黄绿色(与品种及光照情况有关)。

5.2.2 果色的数据化描述

由图 5-2 可知,随着果实的成熟,外果皮的 C、M、Y、K 值变化差异显著。其中 K 值始终保持低值,在盛花期后 50~70d 的 C、M、Y 值大小依次为:Y>C>M,在 70d 之后则呈现 Y≥M>C,说明在外果皮绿色期 C、Y 值对色彩的变化起决定作用,而外果皮从红绿相间到全红,是 M、Y 值起决定作用。

在果实发育过程中,内果皮的 C、M、Y、K 值的变化呈现出一定的规律,在 7 个发育阶段中 K 值均接近 0,而 Y 值基本处于高值。随着果实的成熟,C 值呈逐渐下降的趋势,在盛花期后 70d 就低于 M 值,而 M 值则逐渐升高,并在盛花期 100d 超过 Y 值,之后均保持高值。即,在盛花期后 50d 时,C、Y 是内果皮呈现嫩绿色的主要原因,在盛花期后 70~180d 内果皮由粉绿相间逐渐变成全红,是由 M、Y 值起决定作用,如图 5-2。

在盛花期 50d,其种皮为乳白色,C、M、K、Y 均为最小值;盛花期后 70d,种皮为棕色,其 K 值接近 0,C 值略大于 50d,而 M、Y 值则呈现激增的现象,说明种皮棕色与 M、Y 值关系密切;盛花期后 100~115d,属于棕黑相间的时期,期间 C、K 值逐渐升高,Y 值逐渐下降,而 M 值则先降后升;盛花期 115~180d,属于 C、K 值先急剧增大后趋于平稳,且C、M、Y、K值相互间逐渐接近,说明C、K值对种皮颜色加黑有决定性作用,如图5-2。

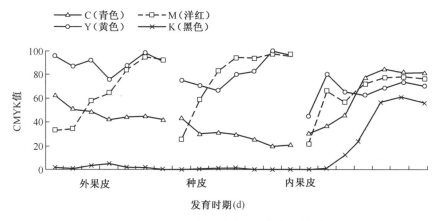

图5-2 外果皮、内果皮和种皮颜色测定结果

5.2.3 果皮色素成分的紫外可见光谱分析

利用可见紫外分光光度计在400~700nm范围内全波段扫描叶绿素和类胡萝卜素提取液,叶绿素的特征吸收峰出现在665nm附近,类胡萝卜素大约在435nm和470nm有吸收峰;类黄酮在500nm左右出现峰值,且无杂峰干扰,在500nm处,测定标准样品的吸光值,并以吸光值为纵坐标,质量浓度(mg/mL)为横坐标,绘制芦丁标准曲线。得到回归方程为:$y = 4.9172x + 0.0051$,$R^2 = 0.9991$,表明芦丁质量浓度在0.0138~0.0828mg/mL范围内线性关系良好;花青素在520nm左右出现峰值,且无杂峰干扰(图5-3)。

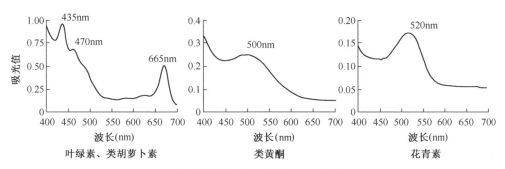

图5-3 叶绿素、类胡萝卜素、类黄酮和花青素光谱扫描图

5.2.4 果皮色素含量分析

在圆齿野鸦椿果实发育过程中,叶绿素呈现先急剧下降到缓慢下降的趋势。

盛花期后50d叶绿素含量最高,其含量高达0.303mg/g,在盛花期30~115d叶绿素含量急剧下降,之后下降趋势减缓,并在180d达到最小,如图5-4A。

由图5-4B可知,在不同的发育阶段,圆齿野鸦椿果实中类胡萝卜素含量均较低(0.016~0.050mg/g),且随着果实的成熟呈现不断下降的趋势。

在果实发育过程中,类黄酮含量出现先下降后上升再下降的S型变化趋势,如图5-4C。类黄酮最高出现在盛花期后50d,含量高达28.378mg/g,之后出现急剧下降,直到盛花期后100d才又开始逐渐上升,并在盛花期后130d出现第二个峰值,为25.326mg/g,之后开始逐渐下降至盛花期180d出现最低值,为20.975mg/g。类黄酮与叶绿素和类胡萝卜素均呈显著正相关,而与花青素相关性不显著,见表5-1。

图5-4D表明,随着圆齿野鸦椿果实的不断成熟,花青素的积累量不断增加。其中,在盛花期后50~70d,花青素含量缓慢增加,在盛花期后70~160d,花青素含量处于激增状态,并在180d达到最高值,为3.880mg/g。花青素与叶绿素和类胡萝卜素均呈显著负相关(表5-1),说明果实呈色过程中,叶绿素和类胡萝卜素含量逐渐减少,伴随着花青素的增加。

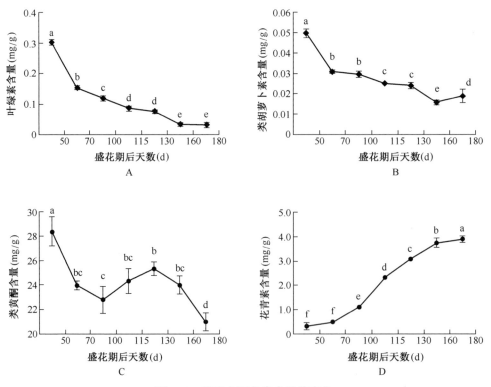

图5-4 果实主要色素含量的变化

5.2.5 果实色泽与色素含量的关系

表 5-1 中,在 CMYK 模式中 C、M 值分别代表青色和洋红,测得圆齿野鸦椿果皮的叶绿素和类胡萝卜素含量与内外果皮的 C 值呈显著正相关,而与 M 值呈显著负相关,说明圆齿野鸦椿果皮从绿色变为红色,可能与叶绿素和类胡萝卜素的降解有关;类黄酮的含量很高,但却与内外果皮的 CMYK 值均无显著相关,说明圆齿野鸦椿果实发育过程中,类黄酮出现了较为复杂的变化,可能会有新黄酮类物质产生同时伴随某些黄酮类物质消解;花青素的含量与内外果皮的 C 值呈显著负相关,而与外果皮的 M 值、内果皮的 M、Y 值呈显著正相关,说明果实由绿转红的过程中,可能与花青素的积累有关。

表 5-1　果实色素间及色素与 CMYK 值间的关系

		叶绿素 Chlorophyll	类胡萝卜素 Carotenoid	类黄酮 Flavonoid	花青素 Anthocyanin
色素种类	叶绿素	1	0.991**	0.786*	-0.858*
	类胡萝卜素		1	0.758*	-0.850*
	类黄酮			1	-0.512
	花青素				1
外果皮	C	0.962**	0.935**	0.746	-0.803*
	M	-0.868*	-0.855*	-0.530	0.981**
	Y	0.173	0.125	0.113	0.031
	K	-0.097	-0.043	0.046	-0.069
内果皮	C	0.969**	0.984**	0.754	-0.872*
	M	-0.973**	-0.944**	-0.719	0.833*
	Y	-0.623	-0.660	-0.300	0.890**
	K	-0.053	-0.001	-0.208	-0.335

注:* 表示达 0.05 显著水平,** 表示达 0.01 显著水平。

5.3　讨论与结论

圆齿野鸦椿果实发育过程中,种皮从白色逐渐变黑,并且内果皮先于外果皮变红。为了减少外界环境和主观因素的影响,近年来,数码技术已经开始运用在植物色彩的描述上,如利用数码技术描述观赏海棠的色彩、测定板栗(*Castanea mollissima*)果实的褐变、描述杧果(*Mangifera indica*)花瓣和花药的色彩等。因此本试验利用数码测色法观测圆齿野鸦椿果实色泽的变化,结合实际内外果皮的颜色的变化(绿色→红+绿→红色),发现果皮的绿色与 C、Y 值关系密切,而果皮的红色是由 M、Y 值起决定作用的。CMKY 值与色素含量相关性分析也表明,果实发育过程中逐渐下降的叶绿素和类胡萝卜素含量,与果皮的 C 值均呈显著正相关,与 M 值呈显著负相关,而果实发育过程中逐渐升高的花青素的含量与果皮的 C 值呈显著负相关,而与果皮的 M 值显著正相关,因此果实由绿转红可能与叶绿素和类胡萝卜素的降解,并伴随着花青素的积累有关。

相关研究表明,果实中含有叶绿素、类胡萝卜素和类黄酮(花青素为黄酮类物质)等多种色素,在果实发育的过程中,因各部分色素不断代谢使果实的颜色发生变化。本研究表明,圆齿野鸦椿果实逐渐成熟的过程中,果皮呈现绿色→红+绿→红色的色彩变化。随着圆齿野鸦椿果实的成熟,各色素的变化呈现一定的规律,其中叶绿素和类胡萝卜素的含量均呈逐渐下降的趋势,且两者呈显著正相关,但类胡萝卜素含量极低可能并不影响果实着色;花青素则出现逐渐上升的趋势,与其他色素含量呈负相关,其中与类胡萝卜素、叶绿素负相关显著,结果与李(*Prunus salicina*)、山楂(*Crataegus pinnatifida*)等的研究结果一致,说明果实呈色过程中,叶绿素和类胡萝卜素的含量逐渐减少,伴随着花青素的增加,花青素的积累与果实逐渐变红可能有密切的联系;类黄酮含量出现先下降后上升再下降的 S 型变化趋势,分别在盛花期后 50d 和 130d 出现峰值,说明果实发育过程中可能会产生新的黄酮类化合物,并伴随着某些类黄酮物质的消解,这在黄酮类物质显色反应中得到相互印证,类黄酮的变化与花青素的变化没有显著相关性,这与苹果(*Malus domestica*)色素的研究结果一致,可能是随着果实的成熟,果实中花青素含量不断升高,光合产物流向花青素的合成途径,减缓了酚类物质的合成,从而使果实中类黄酮含量较稳定。

结论:圆齿野鸦椿内果皮先于外果皮变红,类胡萝卜素含量极低可能并不影响果实着色,因此其内果皮变红与叶绿素降解,并伴随着花青素的积累有关。本试验对圆齿野鸦椿果皮色素的组成及含量进行了初步定性、定量分析,但要对色素进行精确的定性及定量分析还需要利用更精准的现代技术,如利用 HPLC 和 LC-MS 等,而且本试验的试验材料采于清流,还需采集多个地方的圆齿野鸦椿果实观测其呈色变化,以便对圆齿野鸦椿果实颜色着色有更全面和精确的了解。

参 考 文 献

高俊凤.植物生理学实验指导[M].北京:高等教育出版社,2006.
李欣,沈向,张鲜鲜,等.观赏海棠叶、果、花色彩的数字化描述[J].园艺学报,2010,37(11):
    1811-1817.
齐秀娟,李作轩,徐善坤.山楂果实中可溶性糖与果皮色素的关系[J].果树学报,2005(01):

81-83.

宋成秀.黄肉苹果类胡萝卜素合成相关基因的表达研究[D].北京:中国农业科学院,2016.

吴清韩,李云,刘志聪,等.凤凰单丛茶叶籽果皮和种皮总黄酮提取工艺的优化[J].食品工业科技,2018,39(05):166-170.

闫忠业,伊凯,李作轩,等.苹果果皮色素类物质含量变化及其相互关系的研究[J].沈阳农业大学学报,2006(06):821-825.

袁雪艳,黄维,陈泽明,等.圆齿野鸦椿花青素提取工艺优化及抗氧化活性评价[J].福建农林大学学报(自然科学版),2019,48(01):62-68.

张京政,齐永顺,王同坤,等.利用数码相机测定板栗果实褐变的方法研究[J].北方园艺,2008(4):56-57.

张元慧,关军锋,杨建民,等.李果实发育过程中果皮色素、糖和总酚含量及多酚氧化酶活性的变化[J].果树学报,2004(01):17-20.

朱敏,高爱平,罗石荣,等.杧果花瓣与花药色彩的数字化描述[J].植物遗传资源学报,2013,14(01):159-166.

第六章 野鸦椿果皮变红的分子机制研究

通过第三章的研究发现,圆齿野鸦椿内果皮先于外果皮变红,其内果皮变红可能与叶绿素和类胡萝卜素的降解,并伴随着花青素的积累有关。为了明确圆齿野鸦椿内果皮颜色差异形成的分子机制,我们筛选了3个特殊的内果皮着色期,分别为绿色期(Green,盛花期后50d)、转色期(Turning,盛花期后70d)和红色期(Red,盛花期后115d),通过不同发育期果皮的比较转录组学研究,筛选圆齿野鸦椿内果皮变红的相关色素合成关键基因,为进一步探究圆齿野鸦椿内果皮变红的分子机制奠定基础。

6.1 材料与方法

6.1.1 试验材料

在第五章的基础上选择3个内果皮变色时期,分别为绿色期(Green,盛花期后50d)、转色期(Turning,盛花期后70d)和红色期(Red,盛花期后115d),每个时期设3个生物学重复(图6-1,见彩图)。

6.1.2 色素含量的测定

花青素、总胡萝卜素和叶绿素的提取方法同第五章。实验重复三次。

6.1.3 总RNA的提取及质量检测

本试验使用植物RNA试剂盒(天根,DP441)提取圆齿野鸦椿果皮的总RNA,详细步骤见说明书。提取的RNA,在1%琼脂糖凝胶上检测降解和污染情况,用Nanophometer©分光光度计(Implen,CA,USA)检测RNA纯度,用Qubit© RNA分析试剂盒测定RNA浓度,用RNA Nano 6000试剂盒检测RNA的完整性。满足建库要求(RNA浓度≥250ng/Ul,总量≥20μg,OD_{260}/OD_{280}在1.8~2.2之间,OD_{260}/OD_{230}在1.8~2.2之间,完整性良好,RIN≥6.5)后,由北京百迈客生物公司进行转录组测序。

6.1.4 文库的构建和转录组测序

6.1.4.1 文库构建和质控

每个样品的 RNA 量为 3μg,使用 Illumina 公司的 NEBNext © Ultra™ RNA Library Prep Kit 试剂盒(NEB,USA)构建文库。文库的详细构建流程见说明书。文库构建完成后,利用 AMPure XP 对 PCR 产物进行纯化,并用 Agilent Bioanalyzer 2100 评估文库的质量。

6.1.4.2 转录组测序和数据质控

文库质控合格后,基于边合成边测序(Sequencing By Synthesis,SBS)技术,使用 HiSeq X Ten 高通量测序平台对 cDNA 文库进行测序。在进行后续分析之前,首先需要确保所用 Reads 有足够高的质量,以保证序列组装和后续分析的准确。具体测序数据质量控制如下:①截除 Reads 中的测序接头以及引物序列;②过滤低质量值数据[包括,单端序列中未知碱基(N)超过 10%或者低质量碱基(Q<5)超过 50%],确保数据质量。经过上述一系列的质量控制之后得到的高质量 Clean Data,后期数据分析均基于 Clean Data。

6.1.5 De-nove 组装

过滤获得高质量的 Clean Data 后,利用 Trinity 软件对序列进行组装。组装简单过程如下:构建 K-mer 库→延伸成较长的片段(Contig)→构建片段集合(Component)→对每个 Component 中的 Contig 构建 De Bruijn 图→对(4)中得到的 De Bruijn 图进行简化(合并节点,修剪边沿)→以真实的 Read 来解开 De Bruijn 图,获得转录本序列。

6.1.6 Unigene 表达量统计

利用 Bowtie 软件将 Reads 比对到 Unigene 库中,根据比对结果,利用 RSEM 进行表达量水平估计。用 FPKM 值(Fragments Per Kilobase of transcript per Million mapped reads)表示 Unigene 的表达丰度。FPKM 计算公式如下:

$$FPKM = \frac{cDNA\ Fragments}{Mapped\ Fragments(Millions) \times Transcript\ Length(kb)}$$

公式中,cDNA Fragments:比对到某一转录本上的片段数目;Mapped Fragments(Millions):比对到转录本上的片段总数,以 10^6 为单位;Transcript Length(kb):转录本长度,以 10^3 个碱基为单位。

6.1.7 Unigene 的功能注释

使用 BLAST 软件将 Unigene 序列与 NR(NCBI nonredundant protein sequences, ftp://ftp.ncbi.nih.gov/blast/db/)、Pfam（Protein family, http://pfam.xfam.org/）、KOG/COG/eggNOG（ClustersofOrthologousGroupsof proteins, ftp://ftp.ncbi.nih.gov/pub/COG/COG; http://eggnogdb.embl.de/）、Swiss-Prot（a manually annotated and reviewed protein sequence database, http://www.uniprot.org/）、KEGG（Kyoto Encyclopedia of Genes and Genomes, http://www.genome.jp/kegg/）和GO（Gene Ontology, http://www.geneontology.org/）数据库比对，使用KOBAS2.0分析Unigene在KEGG中的KEGG Orthology结果，预测Unigene的氨基酸序列之后使用HMMER软件与Pfam数据库比对，获得Unigene的注释信息。

6.1.8　SNP和SSR标记开发

利用STAR比对软件对每个样本的Reads与Unigene序列进行比对，并通过GATK软件识别单核苷酸多态性（Single Nucleotide Polymorphism, SNP）位点，识别标准如下：①35bp范围内连续出现的单碱基错配不超过3个；②经过序列深度标准化的SNP质量值大于2.0。

利用MISA（MIcroSAtellite identification tool）软件鉴定Unigene序列的SSR类型。鉴定的SSR类型分为：单碱基重复SSR（Mono-nucleotide）、双碱基重复SSR（Di-nucleotide）、三碱基重复SSR（Tri-nucleotide）、四碱基重复SSR（Tetra-nucleotide）、五碱基重复SSR（Penta-nucleotide）和六碱基重复SSR（Hexa-nucleotide）。

6.1.9　数据分析

转录组数据的整理、计算及可视化在Excle、Phython及软件中分析。

6.2　结果分析

6.2.1　色素含量的变化

圆齿野鸦椿内果皮变红可能与花青素含量的积累密切相关。在内果皮变红的过程中，总花青素含量急剧增加，伴随着叶绿素和类胡萝卜素的降解，但类胡萝卜素含量极低可忽略不计（图6-2，见彩图）。

6.2.2　RNA提取质量评价

提取圆齿野鸦椿不同发育时期果皮的总RNA，质量检测报告显示（表6-1），果皮样品的OD_{260}/OD_{280}分布在1.6~2.2之间，说明RNA纯度较高；RIN即

RNA 分子完整性指数不小于 6.5 且 28S/18S 比值分布在 1.5~2.19 之间,说明 RNA 完整性较好,无降解;RNA 总量不低于 20μg,满足转录组建库要求。

表 6-1 RNA 的提取质量

发育期	编号	浓度(ng/μL)	体积(μL)	总量/μg	OD$_{260}$/OD$_{280}$	RIN	28S/18S
绿色期	G1	110.1	10	1.1	1.61	8.7	1.94
	G2	352.7	10	3.5	1.83	9.2	2.1
	G3	70.4	15	1.1	1.71	8.9	2.19
转色期	T1	322.4	22	7.1	2.12	7.5	1.7
	T2	66.9	25	1.7	1.85	8.5	1.6
	T3	90.2	22	2.0	1.8	8.7	1.5
红色期	R1	916.5	15	13.8	2.15	8.4	1.6
	R2	156.0	25	3.9	2.03	8.7	1.7
	R3	354.3	25	8.9	2.09	8.5	1.7

6.2.3 数据产出和组装结果统计

由表 6-2 可知,经过测序质量控制,共得到 68.78Gb Clean Data,各样品的比对率分布在 79.74%~81.26% 之间,GC 含量分布在 44.18%~44.87% 之间,Q30 碱基百分比均不小于 92.70%。

表 6-2 转录组数据清理统计

编号	总碱基数	Clean Reads	Mapped Reads	比对率(%)	GC 含量(%)	≥Q30(%)
G1	7020158270	23443700	18842381	80.37	44.19	93.87
G2	7111073208	23745618	18955315	79.83	44.36	93.49
G3	8243760788	27531705	21954967	79.74	44.54	93.64
T1	7465331562	24937255	20047989	80.39	44.55	93.67
T2	7919588956	26451891	21232346	80.27	44.79	93.33
T3	8188830748	27343360	22202345	81.20	44.60	94.31
R1	6775156558	22622532	18199728	80.45	44.18	92.70
R2	7474012766	24966233	20045779	80.29	44.87	93.71
R3	8578294548	28642870	23276116	81.26	44.76	93.86

注:GC 含量,Clean Data 中 G 和 C 两种碱基占总碱基的百分比;%≥Q30,Clean Data 质量值大于或等于 30 的碱基所占的百分比。下同。

利用 Trinity 软件对序列进行组织。组装共获得 205987 条 Transcript 和 86120 条 Unigene,其 N50 分别为 2352 和 1642,平均长度分别为 1467.94bp 和 893.34bp。长度在 1000bp 以上的 Unigene 占 24.39%,共有 21009 条,而长度在 500bp 以下的 Unigene 占 52.59%,共有 45287 条。以上说明该转录组组装较好,完整性较高(表 6-3)。

表 6-3 重头组装统计

Unigene length/bp	Transcript	Unigene
200~300	28805(13.98%)	25983(30.17%)
300~500	28084(13.63%)	19304(22.42%)
500~1000	43886(21.31%)	19824(23.02%)
1000~2000	51612(25.06%)	11058(12.84%)
2000+	53600(26.02%)	9951(11.55%)
Total Number	205987	86120
Total Length	302376973	76934761
N50 Length	2352	1642
Mean Length	1467.94	893.34

注:Length Range 为 Unigene 长度区间;Total Number 为 Unigene 总数;Total Length 为 Unigene 总长度; N50 Length 为 UnigeneN50 的长度;Mean Length 为 Unigene 平均长度。

6.2.4 Unigene 的功能注释

使用 BLAST 软件将 Unigene 序列对比到 NR、Swiss-Prot、GO、COG、KOG、eggNOG、KEGG、Pfam 等数据库中,本研究通过选择 BLAST 参数 E-value 不大于 10^{-5} 和 HMMER 参数 E-value 不大于 10^{-10},最终获得 39658 个有注释信息的 Unigene,占总数的 46.05%。其中,COG、GO、KEGG、KOG、Pfam、Swiss-Prot、egg-NOG 和 NR 分别获得 11263(13.08%)、22278(26.46%)、12763(14.82%)、21407(24.86%)、22822(26.50%)、21755(25.26%)、35683(41.43%)和 37726(43.81%)的注释信息(表 6-4)。

表 6-4 Unigene 注释统计表

各功能数据库	Unigenes 的数量	百分比(%)	300≤长度<1000	长度≥1000
COG	11263	13.08	2474	5500
GO	22787	26.46	6844	10206
KEGG	12763	14.82	3843	5619
KOG	21407	24.86	6070	10050
Pfam	22822	26.50	5542	12349

(续)

各功能数据库	Unigenes 的数量	百分比(%)	300≤长度<1000	长度≥1000
Swiss-Prot	21755	25.26	6515	11253
eggNOG	35683	41.43	10867	15810
Nr	37726	43.81	12071	16392
合计	39658	46.05	12462	16495

图 6-3(见彩图)为 Unigene 的 NR 注释信息物种分布图,其中葡萄(*Vitis vinifera*)和可可(*Theobroma cacao*)基因组信息最多,分别占 15.44% 和 8.41%;柑橘(*Citrus sinensis*)、麻风树(*Jatropha curcas*)、青梅(*Prunus mume*)、蔷薇科的李(*Prunus perscia*)、蓖麻(*Ricinus communis*)和毛果杨(*Populus trichocarpa*)均占比约 3%;胡杨(*Populus euphratica*)和桑树(*Morus notabilis*)均占比约 2%;而大部分基因组信息,约 50.08% 注释到其他物种中。

6.2.5 SSR 和 SNP 预测分析

利用 MISA(MIcroSAtellite identification tool)软件筛选得到的 1kb 以上的 Unigene 做 SSR 分析,共得到 16107 个分子标记。大部分为单碱基重复 SSR(p1,Mono-nucleotide),共有 11441 个(占 71.03%),其次是双碱基重复 SSR(p2,Di-nucleotide)共有 2398 个,三碱基重复 SSR(p3,Tri-nucleotide)共 1096 个,复合型重复 SSR(c)共 1066 个,其余的四碱基重复 SSR(p4,Tetra-nucleotide)、五碱基重复 SSR(p5,Penta-nucleotide)、六碱基重复 SSR(p6,Hexa-nucleotide)、复合型重复 SSR(c*)数量极少(图 6-4)。

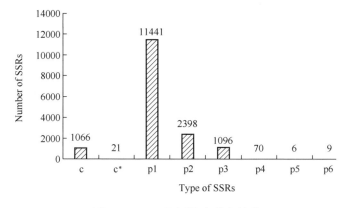

图 6-4　SSR 预测位点信息统计

利用 STAR 软件对每个样本的 Reads 与 Unigene 序列进行比对,并利用

GATK 的 SNP 识别流程,识别 RNA-Seq 的单核苷酸多态性(Single Nucleotide Polymorphism,SNP)位点。表 6-5 为各个样品的 SNP 数量统计,SNP 总数随着果实的发育而减少,而在不同的样品中纯合型均比杂合型 SNP 多。

表 6-5 样品的 SNP 统计

样品号	纯合型 SNP 数目	杂合型 SNP 数目	合　　计
G1	99763	69242	169005
G2	91612	72897	164509
G3	94047	73075	167122
T1	95060	62008	157068
T2	90240	67885	158125
T3	91303	68463	159766
R1	90320	56941	147261
R2	87470	63490	150960
R3	90312	67683	157995

6.2.6　内果皮变色过程差异表达基因筛选及分析

6.2.6.1　差异表达基因的筛选

利用 DESeq 软件,以 FDR(false discovery rate,错误发现率)<0.01,FC(fold change,差异倍数)≥2 作为差异表达基因的筛选标准,共得到 4804 差异基因(differentially expressed gene,DEG)。在绿色期和转色期、绿色期和红色期以及转色期和红色期中,分别有 2175,3935 和 936 个差异基因。为了鉴定内果皮颜色调控的相关基因,进一步分析了这三个阶段的上、下调控基因,结果表明,在不同时期,下调基因比上调基因更丰富(图 6-5,见彩图)。

6.2.6.2　差异表达基因的 GO 注释

基因本体数据库(GO)涵盖了基因的细胞组分(cellular component)、分子功能(molecular function)、生物学过程(biological process)。在绿色期和转色期、绿色期和红色期以及转色期和红色期中,分别有 1129,2107 和 543 个差异基因(DEGs)映射到不同的 GO 功能节点(Term)上,如图 6-6(见彩图)。其中在生物学过程中,参与代谢过程(Metabolic process)的 DEGs 占比最高,其次为细胞过程(Cellular process)和单一有机体过程(Single-organism process);在细胞组分分类中,细胞分裂(Cell part)、细胞(Cell)和细胞器(Organelle)的占比最高;在分子功能类别中,绝大部分的 uningenes 归类到催化功能(Catalytic activity)和结合功能(Binding)中。

6.2.6.3　差异表达基因的共表达分析与 KEGG 富集

对 4804 个 DEGs 进行共表达分析,结果表明所有的 DEGs 被分成 9 类(图 6-7)。根据共表达结果进行富集分析,以进一步检测与圆齿野鸦椿内果皮着色相关的基因,结果表明与内果皮颜色相关的上调基因(Cluster 1 和 Cluster2)在花色苷生物合成、类黄酮生物合成和异黄酮生物合成中富集;下调基因(Cluster 3、4、5、7 和 8)富含光合作用、光合天线蛋白和花青素生物合成相关的基因;先下降后上升的基因(Cluster 6)不出现内果皮着色相关的任何基因;先上升后下降的基因(Cluster 9)在光合作用-天线蛋白和类胡萝卜素生物合成中富集(图 6-8,见彩图)。

6.2.6.4　差异表达基因的转录因子分布

利用 iTAKE1.6(http://itak.feilab.net/cgi-bin/itak/online_itak.cgi)在线数据库,对不同果实发育期的差异基因进行转录因子注释,共有 322 条差异基因对比到 44 个转录因子家族成员。其中,差异表达基因数量最多的是 ERF 转录因子,共有 32 个,占所有差异转录组的 9.94%,其次是 bHLH(26)占 8.07%,MYB_related(26)占比 8.07%,WRKY(24)占比 7.45%,MYB(20)占比 6.21%,NAC(19)占比 5.90%,bZIP(14)占比 4.35% 和 C2H2(13)占比 4.04%。转录因子的数量均与果实发育间隔期密切相关,即果实间隔期越长转录因子数量越多(图 6-9,见彩图)。

6.2.6.5　与花青素生物合成相关的差异表达基因分析

注释到与花青素合成相关的差异基因共 23 个,包括六种主要参与花青素合成的酶,即查尔酮合成酶基因(chalcone synthase, CHS)、查尔酮异构酶(chalcone isomerase, CHI)、黄烷酮羟化酶基因(flavanone 3-hydroxylase, F3H)、二氢黄酮醇还原酶基因(dihydroflavonol-4-reductase, DFR)、花青素合成酶(leucoanthocyanidin dioxygenase, ANS)和糖苷转移酶(UDP-glucose flavonoid 3-O-glucosyltransferase, UFGT)。除 DFR 外,5 种与花青素生物合成相关的基因均包含与花青素积累密切相关的上调基因,包括 2 个 CHS(*c50541_c0* 和 *c54700_c0*),2 个 CHI(*c69442_c0* 和 *c72737_c0*),2 个 F3H(*c64532_c1* 和 *c69338_c3*),2 个 ANS(*c60763_c0* 和 *c73249_c0*)和 7 个 UFGT(*c38069_c0*、*c55350_c0*、*c55350_c1*、*c60134_c0*、*c68714_c1*、*c73011_c0* 和 *c73089_c0*)。此外,我们还鉴定了一个上调的黄酮醇合成酶基因(Flavonol synthase, FLS, *c66996_c0*),该基因可能与 DFR 基因的下调有关。

花青素转运受一系列基因的调控,本试验共鉴定出 23 个可能与花青素转运相关的基因(图 6-10,见彩图),包括 12 个 GST(glutathione S-transferase)、5 个 MATE

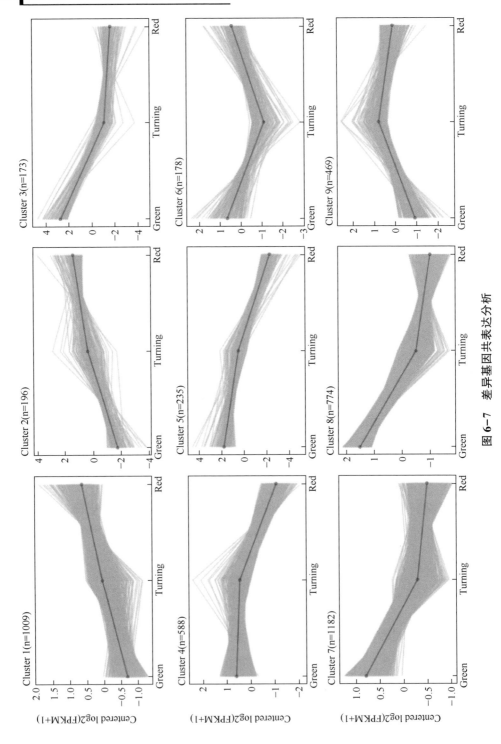

图6-7 差异基因共表达分析

(multidrug and toxic compound extrusion)和 6 个 ABC(ABC-ATP-binding cassette)。其中,4 个 GST(*c48398_c0*、*c56420_c1*、*c64524_c2* 和 *c55124_c0*)、1 个 MATE(*c68306_c2*)和 2 个 ABC(*c64922_c0* 和 *c63386_c0*)在果实发育期表达上调。因此,这些上调的基因可能是花青素转运的候选关键基因。

我们还鉴定了大量的转录因子(transcription factors,TF),这些基因的表达量在不同的发育阶段差异显著。大多数上调或先升后降的 TF,包括 MYB、hHLH、WD40、WRKY、NAC、ERF 和锌指,可以调节花青素的生物合成。在圆齿野鸦椿内果皮变红的过程中,有 76 个 MYBs(Transcription factor MYB)、34 个 bHLH(basic helix-loop-helix)、4 个 WD40、23 个 WRKY、17 个 NAC 和 32 个 NAC 表达量差异显著,但上调基因的变化显著小于下调基因,仅 13 个 MYB、5 个 bHLHs、2 个 WD40、1 个 NAC 和 5 个 ERF 是表达量上调的基因,只有 8 个 MYB、1 个 bHLH 和 2 个 ERF 是表达量先升后降的基因。

6.2.6.6　R2R3-MYB 基因家族分析

利用 126 个拟南芥 R2R3-MYB 转录因子家族成员和候选圆齿野鸦椿 MYB 转录因子成员构建系统发育树(图 6-11,见彩图)。在该系统发生树中,两个具有控制所有组织中黄酮醇(Flavonol)生物合成的功能且高度同源的拟南芥基因(*AtMYB11* 和 *AtMYB12*)与圆齿野鸦椿的 *c58440_c0* 和 *c66827_c2* 基因聚在一起;4 个调控花青素(Anthocyanins)生物合成的拟南芥的同源基因(*AtMYB75*、*AtMYB90*、*AtMYB113*、*AtMYB114*)与圆齿野鸦椿的 *c72761_c1* 基因聚在一起;控制拟南芥种皮原花青素(Proanthocyanidins)生物合成的 *AtMYB123* 与 *c61353_c2* 聚类。

6.2.6.7　蛋白网络互作筛选候选基因

利用在线 String(https://string-db.org/)数据库,构建 235 个基因(186 个转录因子、26 个结构基因和 23 个转运基因)的蛋白互作网络,然后利用 Cytoscape 构建了共表达网络图(图 6-12,见彩图)。结果表明,在拟南芥数据库中共有 204 个圆齿野鸦椿基因有注释信息并构建了蛋白网络互作。蛋白网络互作将与花青素生物合成紧密相关的基因分成了三个模块,即大多数转录因子(蓝色模块)、GST 转运基因(绿色模块)和大部分花青素生物合成相关结构基因(黄色模块)都分别紧密相连。除 DFR 外,花青素相关的主要结构基因(包括 CHS、CHI、F3H、FLS、ANS 和 UFGT)均紧密相连。1 个候选转运基因(GST,*c48398_c0*)和 2 个转录因子(*MYB12*,*c58440_c0*;*MYB113*,*c72761_c1*)与基因结构互作性强。而表达量下调的 DFR(*c57877_c0*)与 2 个表达量下调的 MYB 基因(*c51686_c0* 和 *c63076_c0*)互作。

6.2.6.8　叶绿素降解相关的差异基因分析

在圆齿野鸦椿果实成熟过程中,由于叶绿素的快速降解,果皮褪绿明显。在本研究中,从圆齿野鸦椿果皮转录组中仅鉴定出 5 个与叶绿素分解有关的候选基因(图 6-13,见彩图),包括 4 个叶绿素酶基因(chlorophyllase,CLH)和 1 个镁脱螯合酶基因(Mg-dechelatase,MCS)。其中在内果皮变红过程中只有 1 个 CLH($c66184\_c4$)基因表达量低且不断下降,2 个 CLH($c56088\_c0$ 和 $c69667\_c2$)基因表达量急剧上升,1 个 CLH($c48268.graph\_c0$)在转色期急剧下降但在红色期急剧上升高。而 MCS($c70181\_c0$)呈现增加后减少的变化。

6.3 讨论与结论

6.3.1 花青素生物合成的候选基因

在拟南芥中,与类黄酮生物合成相关的结构基因可分为"早期"基因(包括 CHS、CHI、F3H 和 FLS)和"晚期"基因(包括 DFR、ANS、UFGT、LAR 和 ANR)。在类黄酮生物合成过程中,结构基因的转录水平主要受相关转录因子(如 MYB、bHLH、WD 40、WRKY、NAC、ERF 和 zinc finger)的调控,例如在拟南芥中,黄酮合成途径的"早期"基因(导致黄酮醇的产生)由 R2R3-MYB 转录因子调控,而"晚期"基因(导致原花青素和花青素的产生)由 MBW(MYB-bHLH-WD40)复合物激活。

本研究中,圆齿野鸦椿内果皮变红与花青素的积累密切相关,对不同发育期果皮的转录组分析发现,参与花青素生物合成的结构基因(包括 CHS、CHI、F3H、DFR、ANS/LDOX 和 UFGT)都能在转录组数据集中找到;随着内果皮变红,除了 DFR 外其余花青素合成相关基因都有上调的基因,包括 2 个 CHS($c50541\_c0$ 和 $c54700\_c0$),2 个 CHI($c69442\_c0$ 和 $c72737\_c0$),2 个 F3H($c64532\_c1$ 和 $c69338\_c3$),2 个 ANS($c60763\_c0$ 和 $c73249\_c0$)和 7 个 UFGT($c38069\_c0$、$c55350\_c0$、$c55350\_c1$、$c60134\_c0$、$c68714\_c1$、$c73011\_c0$ 和 $c73089\_c0$)(图 6-11),这些基因可能与圆齿野鸦椿内果皮变红有关。

"早期"上调基因(CHS、CHI、F3H 和 FLS)可能由控制黄酮醇生物合成的 R2R3-MYB 型基因($c58440\_c0$ 和 $c66827.graph\_c2$)调控,并促进黄酮醇合成,抑制下游 DFR 基因的表达(图 6-13),而表达量下调的 DFR($c57877\_c0$)可能受到两个表达量下调的 MYB 基因($c51686\_c0$ 和 $c63076\_c0$)的调控,说明圆齿野鸦椿内果皮黄酮醇的合成可能对花青素的积累有极大的影响;同时,调控花青素合成的关键 MYB 转录因子 $c72761.graph\_c1$ 与拟南芥的 *AtMYB*75、*AtMYB*90、*AtMYB*113、*AtMYB*114 高度同源,而且 $c72761.graph\_c1$ 在蛋白互作分析中与结构基因紧密联系,说明 $c72761.graph\_c1$ 极可能是圆齿野鸦椿内果皮变红的关键转录因子。

在细胞中,花青素在内质网的细胞质表面合成,然后运输到液泡内积累,花青素转运受到一系列酶的调控,包括 GST、ABC 和 MATE。GSTs 是重要的花青素转运蛋白,其功能缺失导致拟南芥和荔枝色素的明显缺失。在本研究中,4 个 GST 的表达量在内果皮成熟和花青素积累过程中急剧增加,用蛋白互作网络进一步分析表明,一个 GST 转运基因(*c48398. graph-c0*)与基因结构有很强的相互作用。以上结果表明,*c48398. graph-c0*(GST)可能对花青素的转运起正向调节作用,并可能促使圆齿野鸦椿液泡花青素含量的升高。

6.3.2 叶绿素降解的候选基因

叶片衰老褪绿和果实成熟是一个常见的自然现象,有关叶绿素降解的研究已被广泛关注。叶绿素 a 首先在叶绿素酶(CLH,Chlase)的催化下形成脱植基叶绿素 a(Chlorophyllide a),然后在脱镁螯合物(MCS,Mg-chelatase)的作用下去除中心 Mg^{2+}。在本研究中,圆齿野鸦椿果皮转录组数据集中只有两个上调的 CLH 基因和一个先上调后下调的 MCS 基因,这些基因与其内果皮叶绿素降解可能密切相关。

6.3.3 小　结

圆齿野鸦椿内果皮变红与花青素积累和叶绿素降解密切相关。利用转录组技术分析与内果皮变红有关的候选基因,这项研究提供了大量与圆齿野鸦椿内果皮着色相关的转录本和基因表达信息,包括花青素生物合成和叶绿素分解。发现了参与花青素的生物合成途径的大量基因,但却只有少数基因参与了叶绿素的降解,还筛选出可能调控花青素生物合成的候选转录因子 R2R3-MYB,和可能参与花青素转运的关键 GST 转运基因。总之,本研究揭示了圆齿野鸦椿内果皮变红的分子机制,同时为其果色变红的功能基因研究提供了基础。

参 考 文 献

Alfenito M R, Souer E, Goodman C D, et al. Functional complementation of anthocyanin sequestration in the vacuole by widely divergent glutathione S-transferases. [J]. Plant Cell, 1998, 10(7): 1135-1149.

Altschul S F, Madden T L, Schaffer A A, et al. Gapped BLAST and PSI-BLAST: a new generation of protein database search programs[J]. Nucleic Acids Res, 1997, 25(17): 3389-3402.

Camila G, Geneviève C, Laurent T, et al. In vivo grapevine anthocyanin transport involves vesicle-mediated trafficking and the contribution of anthoMATE transporters and GST[J]. Plant Journal, 2011, 67(6): 960-970.

Camila G, Nancy T, Laurent T, et al. Grapevine MATE-type proteins act as vacuolar H+-dependent acylated anthocyanin transporters[J]. Plant Physiology,2009,150(1):402-415.

Eddy S R. Profile hidden Markov models[J]. Bioinformatics,1998,14(9):755-763.

Gonzalez A,Zhao M,Leavitt J A. Regulation of the anthocyanin biosynthetic pathway by the TTG1/bHLH/Myb transcriptional complex inArabidopsis seedlings[J]. Plant Journal,2010,53(5):814-827.

Grabherr M G,Haas B J,Yassour M,et al. Full-length transcriptome assembly from RNA-Seq data without a reference genome[J]. Nat Biotechnol,2011,29(7):644-652.

Hortensteiner S. Chlorophyll degradation during senescence[J]. Annu Rev Plant Biol,2006,57:55-77.

Hu B,Zhao J,Lai B,et al. LcGST4 is an anthocyanin-related glutathioneS-transferase gene in Litchi chinensis Sonn[J]. Plant Cell Reports,2016,35(4):831-843.

Langmead B,Trapnell C,Pop M,et al. Ultrafast and memory-efficient alignment of short DNA sequences to the human genome[J]. Genome Biology,2009,10(3):R25.

Lepiniec L,Debeaujon I J M,Baudry A,et al. Genetics and biochemistry of seed flavonoids[J]. Annual Review of Plant Biology,2006,57(1):405-430.

Li B,Dewey C N. RSEM:accurate transcript quantification from RNA-Seq data with or without a reference genome[J]. BMC Bioinformatics,2011,12(1):323.

Lin-Wang K,Bolitho K,Grafton K,et al. An R2R3 MYB transcription factor associated with regulation of the anthocyanin biosynthetic pathway in Rosaceae[J]. BMC Plant Biol,2010,10:50.

Mckenna A, Hanna M E, Sivachenko A, et al. The Genome Analysis Toolkit: a MapReduce framework for analyzing next-generation DNA sequencing data[J]. Genome Research,2010, 20(9):1297-303

Petroni K,Tonelli C. Recent advances on the regulation of anthocyanin synthesis in reproductive organs[J]. Plant Sci,2011,181(3):219-229.

Rita Maria F,Ana R,Agnès A,et al. ABCC1,an ATP binding cassette protein from grape berry, transports anthocyanidin 3-O-Glucosides[J]. Plant Cell, 2013,25(5):1840-1854.

Springob K,Nakajima J,Yamazaki M,et al. Recent advances in the biosynthesis and accumulation of anthocyanins[J]. Nat Prod Rep,2003,20(3):288-303.

Stracke R,Ishihara H G,Barsch A,et al. Differential regulation of closely related R2R3-MYB transcription factors controls flavonol accumulation in different parts of theArabidopsis thaliana seedling[J]. Plant Journal,2007,50(4):660-677.

Sun Y,Li H,Huang J R. Arabidopsis TT19 Functions as a Carrier to Transport Anthocyanin from the Cytosol to Tonoplasts[J]. Molecular Plant,2012,5(2):387-400.

Valencia A. STAR:ultrafast universal RNA-seq aligner[J]. Bioinformatics. 2014,29(1):15-21.

Xie C,Mao X,Huang J,et al. KOBAS 2.0:a web server for annotation and identification of enriched pathways and diseases[J]. Nucleic Acids Res,2011,39:316-322.

第七章 野鸦椿内参基因及花青素代谢关键基因

随着高通量测序技术的快速发展及测序成本的不断下降,不少植物相继开展了多组学测序分析,使得研究者在较短的时间内获得了大量丰富多样的特异性状基因,为挖掘植物遗传信息奥秘和开展后续基因功能研究奠定了基础。众所周知,植物的生长发育、代谢调控等都与基因表达的变化密切相关,因此对基因表达的精确定量是十分关键的。在转录水平上,检测基因表达常用的方法有 RNA 印迹(Northern blotting)、基因芯片(Gene chip)、实时定量 PCR(Quantitative real-time polymerase chain,qRT-PCR)等。其中,qRT-PCR 技术因具灵敏度高、特异性强、快速准确等优点已被广泛运用于基因表达分析的研究中。运用 qRT-PCR 技术进行基因定量表达分析,需要内参基因以校正转录效率和 cDNA 的用量,避免其对表达分析结果造成的偏差。早期内参基因的筛选主要是依据看家基因的功能,但后期研究发现,许多看家基因在不同的试验条件下(不同组织、不同发育期及不同处理等)或亲缘关系近的物种中表达量有较大的差异。因此,针对不同试验条件,从多个候选内参基因中筛选出表达相对稳定的一个或一个以上的内参基因,是准确定量目标基因的关键。现今利用基因表达数据库筛选稳定的内参基因为更准确全面地筛选稳定的内参基因提供了新的思路。Czechowski 等(2005)利用拟南芥(*Arabidopsis thaliana*)基因芯片,结果表明蛋白磷酸酶 2A(protein phosphatase 2A,PP2A)作为内参基因有利于定量表达丰度较低的目标基因;Coker 和 Davies 分析了番茄(*Lycopersicon esculentum*)表达序列标签数据库,筛选获得了 3 个表达较稳定的内参基因,即 TUA(Tubulin alpha)、CYP(Cyclophilin)和 GAPDH(Glyceraldehyde-3-phosphate dehydrogenase);此外,研究者利用转录组数据库分别来筛选油棕(*Elaeis guineensis*)、茄子(*Populus trichocarpa*)、毛果杨(*Populus trichocarpa*)的最佳内参基因。

最近 Liang 等(2018)已对圆齿野鸦椿枝条、叶片及果实转录组进行测定,并以此转录组为基础较全面地筛选了不同组织(根、茎、叶、果皮和种子)及不同发育期(果皮、种子)的内参基因,为鉴定圆齿野鸦椿大量的特异性状基因奠定了基础,但该结果仅基于不同组织(枝条、叶片和果实)的转录组进行筛选,并不能全面地筛选不同发育期果皮的稳定内参。因此,本研究基于圆齿野鸦椿内果皮不同着色期(绿色期、转色期和红色期)转录组数据库筛选稳定的内参基因,通过对不同发育时期的果皮表达谱中基因差异表达分析的研究发现,大量基因的变异系数(coefficient of variation,CV)<0.2,推测这些基因可能是潜在的内参基因,可用于 qRT-PCR 结果的校正和标准化,但需要进一步验证。本试验筛选的内参基因可为 Liang 等(2018)内参基因筛选的结果作进一步验证和补充,也是精确定量与果实相关的目标基因,揭示其遗传信息奥秘的关键,并为后续挖掘和利用相关的特异性状基因奠定基础。

7.1 材料与方法

7.1.1 试验材料

选取绿色期(Green,盛花期后 50d)、转色期(Turning,盛花期后 70d)和红色期(Red,盛花期后 115d)果实为实验材料。

7.1.2 RAN-Seq 数据库分析及引物设计

从三个内果皮着色期的转录组数据集(共 86120 条 unigenes)中,设置筛选条件,以筛选出高表达且稳定性较优的候选内参基因,并利用 NCBI-blast (https://blast.ncbi.nlm.nih.gov/Blast.cgi)筛查候选内参基因的假阳性,以确保候选内参基因的准确性和可靠性。根据候选内参基因的 DNA 序列,参考 qRT-PCR 的引物设计的原则,利用 Primer Premier 6.0 软件设计内参基因引物。

7.1.3 总 RAN 的提取和 cDNA 的合成

利用植物 RNA 试剂盒(天根,DP441)提取圆齿野鸦椿果皮总 RNA,以各样品的 200ng 总 RNA 为模板,利用反转录合成试剂盒(赛默飞世尔科技公司,RevertAid First Strand cDNA Synthesis Kit #K1622)反转录合成 cDNA,存放于-80℃储藏备用。

7.1.4 候选内参基因目的半定量 PCR 扩增

半定量 PCR 扩增体系为 50μL,分别为混合 cDNA 5μL,2×EasyTaq © PCR SuperMix 25μL,Forward Primer 0.4μL(浓度为 10μmol/L),Reverse Primer 0.4μL (浓度为 10μmol/L),Nuclease-free Wster 19.2μL。PCR 反应程序为:预变性(94℃,3min)→变性(94℃,30s)→退火(56℃,10s)→延伸(72℃,30s),反应 40 个循环,最后 72℃延伸 7min。反应结束后,将产物在 1.2%琼脂糖凝胶上进行电泳,GoldView 染色后用凝胶成像系统拍照观测。

7.1.5 内参基因荧光定量 PCR 扩增

qRT-PCR 的总反应体系为 10μL,分别为 5μL 的 PowerUpTM SYBRTM

Green Master Mix(赛默飞世尔科技公司,Thermo Scientific),3μL 各样品的 cDNA (阴性对照加 3μL ddH$_2$O),Forward Primer 和 Reverse Primer(浓度 10μmol/L) 各 0.4μL,用 ddH$_2$O 补足体积。qRT-PCR 反应程序为:预变性(95℃,2min)→ 变性(95℃,5s)→退火(60℃,30s),反应 40 个循环,在 60~95℃进行溶解曲线分析。共 3 个技术重复。加样结束后迅速放入 QuantStudio^{TM} Real–Time PCR System 仪上进行检测。

7.1.6 数据分析

qRT-PCR 结束后,仪器自动得出各样品 Ct 值,并用 BestKeeper、GeNorm 和 NormFinder 软件进行各内参基因稳定性分析,结合分析结果运用 ReFinder 计算出候选基因的稳定性综合排名。

7.2 结果与分析

7.2.1 候选内参基因筛选及引物设计

候选基因筛选的方法参考 Stanton 等(2017)并稍作改动。如图 7-1,从 86120 条 unigenes 中,去除 FPKM<5 的基因,因为低表达的基因作为内参并不能

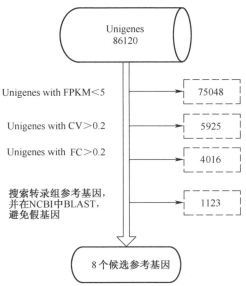

图 7-1 候选内参基因筛选示意图

注:FPKM,每一百万条 Reads 中,对基因的每 1000 个 Base 而言,比对到该 1000 个 base 的 Reads 数; CV 为变异系数;FC 为差异倍数

很好地检测和量化目标基因的表达量,获得11072条中高表达的 unigene,再去除变异系数(coefficient variation,CV)>0.2和基因差异倍数(Fold change,FC)>0.2的基因,获得1131条稳定表达的基因,最后在1131条 unigene 中筛选常用的内参基因并在 NCBI(https://www.ncbi.nlm.nih.gov/)中进行 blast 排除假阳性基因,最后获得8条常用的候选内参基因,结果见表7-1,包括1个高表达的甘油醛-3-磷酸-脱氢酶(glyceraldehyde-3-phosphate dehydrogenase,GAPDH)和4个中等表达量的微管蛋白(α-tubulin,TUA)、泛素(ubiquitin,UBQ)、苹果酸脱氢酶(malate dehydrogenase,mMDH)肌动蛋白(actin,ACT),以及3个低表达的亲环素(cyclophilin,CYP)、泛素接合酶(ubiquitin-conjugating enzyme,UBC)、苹果酸脱氢酶(malate dehydrogenase,MDH)。运用 Primer Premier 6.0 软件,设计8条候选内参基因引物,结果见表7-2。

表7-1 候选内参基因转录组测序结果及表达分析

基因编号	拟南芥同源基因	基因名称	FPKM 均值	标准差	变异系数	差异倍数		
						FC-1	FC-2	FC-3
c71660.graph_c1	AT1G13440.1	GAPDH2	1418.24	145.33	0.10	0.13	0.08	0.05
c67439.graph_c2	AT5G19770.1	TUA3	165.32	18.28	0.11	0.12	0.05	0.08
c67539.graph_c0	AT3G01480.1	CYP38	19.10	3.07	0.16	0.08	0.08	0.01
c67010.graph_c0	AT2G16920.1	UBC23	18.30	2.05	0.11	0.19	0.13	0.04
c62586.graph_c0	AT3G52590.1	UBQ1	230.36	21.98	0.10	0.19	0.00	0.18
c65728.graph_c0	AT3G15020.2	mMDH2	187.30	18.88	0.10	0.11	0.20	0.08
c63030.graph_c0	AT3G47520.1	MDH	19.87	1.95	0.10	0.16	0.14	0.03
c63658.graph_c0	AT5G09810.1	ACT7	407.67	35.20	0.09	0.09	0.17	0.08

注:FC 为差异倍数;GAPDH2 为甘油醛-3-磷酸-脱氢酶;TUA3 为微管蛋白-3;CYP38 为亲环素 38;UBC23 为泛素接合酶 23;UBQ1 为泛素延伸蛋白 1;mMDH2 为苹果酸脱氢酶;MDH 为苹果酸脱氢酶;ACT7 为肌动蛋白。

表7-2 引物序列及内参基因信息

基因 ID	基因名称	引物序列(5'-3')	长度(bp)	距离 3' 端(bp)	退火温度(℃)
c71660.graph_c1	GAPDH2	F:CCGTGTTCCTACTGTTGATGT	95	1244	62.0
		R:CCTCCTTGATAGCAGCCTTAAT		1338	61.9
c67439.graph_c2	TUA3	F:GGGTGGTAGCAAACCCTATTAC	103	203	62.4
		R:CCGAAGGTGCAGATGATGAA		305	62.2
c67539.graph_c0	CYP38	F:ATCTGTTGGAACTCCTCCATTC	114	2251	62.0
		R:AGCCCTGAAGCAAGGTAAAG		2364	62.2

（续）

基因 ID	基因名称	引物序列(5'-3')	长度(bp)	距离 3' 端(bp)	退火温度(℃)
c67010.graph_c0	UBC23	F:AGCCACATAATCTCCGTGTAAG	105	4161	62.0
		R:GCTGACCATGTTCGAGTAGTT		4265	62.0
c62586.graph_c0	UBQ1	F:ACGAGCCAAAGCCATCAA	105	1435	62.0
		R:GGCCGAACTCTTGCTGATTA		1539	62.2
c65728.graph_c0	mMDH2	F:CATCGTAAGTCCCTGCTTTCT	104	956	61.9
		R:TGCCAAGTACTGCCCTAATG		1059	62.0
c63030.graph_c0	MDH	F:ATGAAGAAGTCCACGAGCTAAC	97	995	62.1
		R:GCCATAGACAGAGTAGCAGAAC		1091	62.0
c63658.graph_c0	ACT7	F:GATCTGGCATCACACCTTCTAC	112	394	62.3
		R:CTGAGTCATCTTCTCCCTGTTG		505	62.0

注:F 为正向引物;R 为反向引物。

7.2.2 RNA 提取效果及内参基因的半定量 PCR 检测

本实验采用试剂盒的方法提取圆齿野鸦椿不同发育时期果皮的总 RNA，通过超微量分光光度计 RNA 的 OD_{260}/OD_{280} nm 比值都在 1.8~2.0 之间，琼脂糖凝胶电泳进行 RNA 纯度检测（图7-2）。图中 18S 与 28S 两条核糖体清晰，质量较好，可以用于后续试验进行反转录。

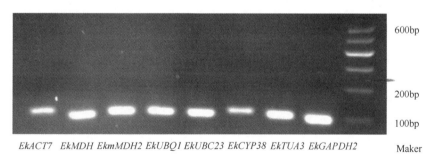

EkACT7 EkMDH EkmMDH2 EkUBQ1 EkUBC23 EkCYP38 EkTUA3 EkGAPDH2   Maker

图 7-2 候选内参基因 RT-PCR 扩增

由图 7-3 可知，8 个候选内参基因的 PCR 结果与产物的大小预期相同（表7-2），且条带单一，不存在引物二聚体和非特异性扩增，可用于后续 qRT-PCR 分析。

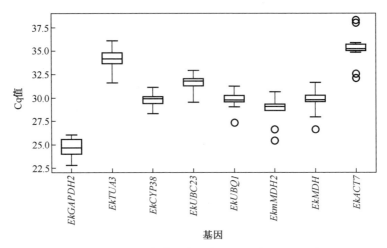

图 7-3　候选内参基因在 9 个样品中的 Cq 值分布

7.2.3　候选内参基因表达谱

8 个候选内参基因在 9 个样品中的 Cq 值分布情况如图 7-3。8 个候选内参基因的 Cq 值分布在 24.65（*EkGAPDH2*）~35.27（*EkACT7*）之间，波动范围较大。且 *EkmMDH2*、*EkMDH* 和 *EkACT7* 出现较多的异常值，说明这 3 个候选内参基因的 Cq 值波动较大，稳定性较差。

7.2.4　内参基因荧光定量 PCR 分析

荧光定量 PCR 结果表明，8 个候选内参基因在不同发育期下溶解曲线只有单一的主峰，重复样品之间扩增曲线重复性高（图 7-4）。

7.2.5　内参基因表达稳定性评估

GeNorm、NormFinder、BestKeeper 和 ReFinder 是常用的内参分析软件，其中 NormFinder 程序是结合组内方差与组间方差计算候选内参基因的稳定值（SV）来对其进行评价，SV 值越小，内参基因表达就越稳定。NormFinder 结果表明，在不同发育期中，*EkGAPDH2* 的稳定性最好，其次是 *EkUBC23* 和 *EkCYP38*（图 7-5a）。

GeNorm 程序是根据候选内参基因在不同样品中的表达稳定性（M）来确定最稳定的内参基因，M 值越小，稳定性越高。运用 GeNorm 程序分析候选内参基因的稳定性，当 M 值<1.0 时，认为候选内参基因可以作为内参基因使用，M 值越低越好，本试验结果表明，*EkACT7*、*EkmMDH2*、*EKMDH* 和 *EkTUA3* 的 M 值大于 1.0，稳定性较差，*EkUBQ1* 的 M 值最低，其稳定性最好，其次是 *EkUBC23*、*Ek-CYP38* 和 *EkGAPDH2*（图 7-5b）。

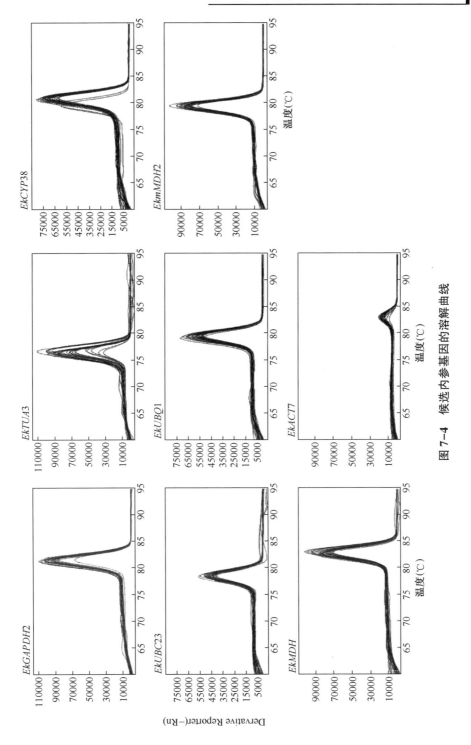

图7-4 候选内参基因的溶解曲线

BestKeeper 程序主要通过计算标准偏差(SD)来筛选最稳定的内参基因,SD 值越小,稳定性越好。由图 7-5c 可知,*EkACT7*、*EkmMDH2*、*EkMDH*、*EkTUA3* 和 *EkGAPDH2* 的标准差都大于 1,根据 BestKeeper 的选择标准,这些基因的表达都不稳定,*EkUBC23*、*EkUBQ1* 和 *EkCYP38* 的 SD 值较小,稳定性较好。

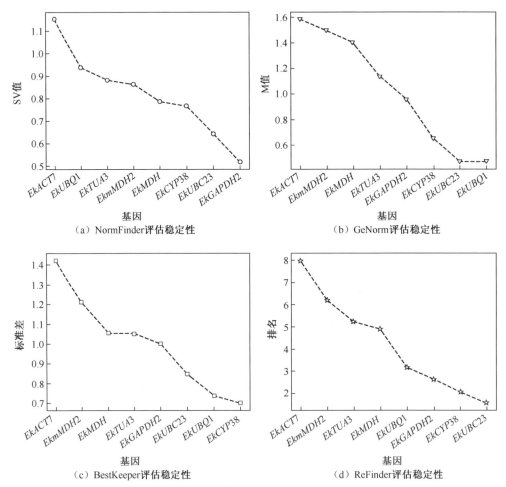

图 7-5 内参基因表达稳定性分析 NormFinder、
GeNorm、BestKeeper 和 RefFinder

ReFinder 程序是对 GeNorm、NormFinder、BestKeeper 软件分析得到的稳定性进行综合指数排名,指数越小,说明内参基因表达越稳定。由图 7-5d 可见,基于不同发育期圆齿野鸦椿果皮转录组数据开发得到的 8 个候选内参基因,经 RefFinder 综合分析得出的综合排名如下:*EkUBC23* 的稳定性最高,综合排名系数为 1.570,其次为 *EkCYP38*,综合排名系数为 2.060,*EkGAPDH2* 为 2.630,*EkUBQ1* 为 3.150,*EkMDH* 为 4.900,*EkTUA3* 为 5.230,*EkmMDH2* 为 6.190,*Ek-*

ACT7 最不稳定,其综合排名系数为 8.000。且稳定性较好的 *EkUBC23* 和 *EkC-YP38* 是低表达丰度的基因,有利于定量圆齿野鸦椿果皮表达丰度较低的目标基因,而 *EkGAPDH2* 是高表达的基因,可选择 *EkGAPDH2* 作为定量高丰度表达的内参基因进行后续试验。

7.2.6 内参基因适用性验证及花青素相关酶基因的验证

8 个内参基因经稳定性试验筛选后,明确 *EkUBC23* 和 *EkCYP38* 可作为定量低丰度表达的内参基因,而 *EkGAPDH2* 可选择 *EkGAPDH2* 作为定量高丰度表达的内参基因进行后续试验。因为 *EkUBC23* 和 *EkCYP38* 在圆齿野鸦椿不同发育期中表达量较为一致,所以选择稳定性最高的 *EkUBC23* 作为低丰度内参基因的适用性验证。试验结果表明,不同内参基因定量 9 个花青素相关的基因表达量与转录组测序的表达量有一定的差异(图 7-6)。其中以 *EkUBC23* 作为内参基因的定量结果与转录组中的表达量趋势基本一致,而以 *EkGAPDH2* 作为内参基因在定量低表达基因 *c57877. graph_c0*(DFR)、*c59825. graph_c0*(CHS)和 *c69862. graph_c1*(UFGT)中与转录组的表达量趋势有一定的偏差,但 *EkGAPDH2* 作为内参基因在定量高表达基因 *c72659. graph_c0*(CHS)和 *c72737. graph_c0*(CHI)的准确性高于 *EkUBC23*。因此,选择内参基因时,其稳定性和表达量都应作为重要的参考依据。

7.3 讨论与结论

许多研究表明,利用转录组可以更快速高效地筛选出理想的内参基因,而且根据材料本身转录组测序设计的基因引物比直接用其他材料引物的稳定性更好。杨丹等(2017)利用转录组数据筛选出榛属(*Corylus*)植物 8 个不同组织器官中最为稳定的 2 个内参基因 *Actin* 和 *18S rRNA*。Jian 等(2013)利用转录组数据筛选出了适合分析东南景天(*Sedum alfredii*)的内参基因 *UBC9* 和 *TUB*;郭晓娟等(2018)通过转录数据分析认为 *Actin*、*EF-1α*、*GAPDH* 可以作为巨龙竹(*Dendrocalamus sinicus*)秆形发育研究中目的基因定量分析的内参基因。本研究以 3 个不同发育期的圆齿野鸦椿果皮的 RNA-Seq 数据库为基础,最终得到了 3 个较稳定的内参基因(*EkUBC23*、*EkCYP38* 和 *EkGAPDH2*),该结果进一步验证和补充了 Liang 等(2018)内参基因筛选的结果,为今后提高不同发育期果实基因表达分析研究的稳定性和可靠性具有重要意义,同时也为发现新的表达稳定内参基因提供了参考。

内参基因的表达与器官类型、发育阶段和外界环境条件均有关系,这些条件的改变都会引起内参基因的特异性表达。*ACT* 是较为常用的内参基因,例如在

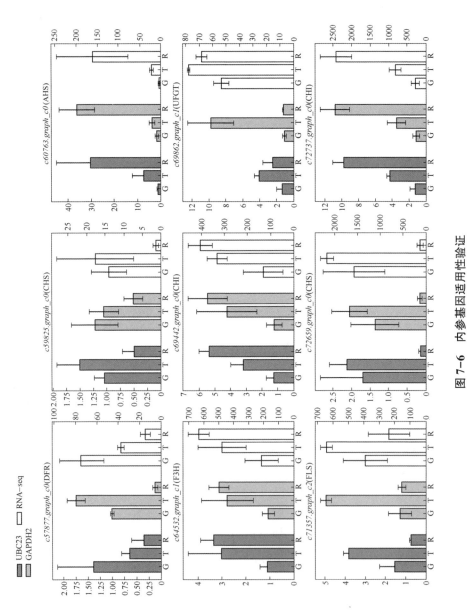

图7-6 内参基因适用性验证

注：G为绿果期；T为转色期；R为红果期

大豆（*Glycine max*）的不同胁迫条件下是较稳定的内参基因，但 *ACT* 在本研究中稳定性最差，与狗尾巴草（*Setaria viridis*）及 Liang 等（2018）在圆齿野鸦椿的研究结果一致。泛素接合酶（ubiquitin-conjugating enzyme，*UBC*）基因参与蛋白质泛素化反应，也是常用的内参基因。*UBC* 在中国樱桃（*Prunus pseudocerasus*）ABA 处理和花芽休眠解除过程中表达稳定，但在籼粳稻（*Oryza sativa*）胚乳中表达变化较明显，在本研究中，*UBC* 基因是不同果皮发育期中稳定性最好且表达量较低的内参基因，说明 *UBC* 作为内参基因有利于定量圆齿野鸦椿果皮表达丰度较低的目标基因。*CYP* 适合作为油棕（*Elaeis guineensis*）和苹果（*Malus domestica*）果实发育的内参基因，本研究中，*CYP* 在不同果皮发育期中表达较为稳定且其表达量较低，可作为圆齿野鸦椿果皮发育的定量低表达目标基因的内参基因。*GAPDH* 是常用的内参基因，在甜橙（*Citrus sinensis*）果肉中，在不同植物病毒侵染条件下的番茄中均被认为是最稳定的内参基因，然而 *GAPDH* 是狗尾巴草和柳枝稷（*Panicum virgatum*）最不稳定的内参基因。*GAPDH* 在本研究中较为稳定且表达量较高，与 Liang 等（2018）的结果一致，可选择 *EkGAPDH2* 作为定量高丰度表达的内参基因进行后续试验。

利用 *EkUBC23* 和 *EkGAPDH2* 定量 9 个花青素合成途径相关的基因，不同的内参基因相关的表达量与转录组测序的表达量有一定的差异。其中以 *EkUBC23* 作为内参基因的定量结果与转录组中的表达量趋势基本一致，而以 *EkGAPDH2* 作为内参基因在定量低表达基因 *c57877.graph_c0*（DFR）、*c59825.graph_c0*（CHS）和 *c69862.graph_c1*（UFGT）中与转录组的表达量趋势有一定的偏差，但 *EkGAPDH2* 作为内参基因在定量高表达基因 *c72659.graph_c0*（CHS）和 *c72737.graph_c0*（CHI）的准确性高于 *EkUBC23*。因此，选择内参基因时，其稳定性和表达量都应作为重要的参考依据。

总结：随着高通量测序技术的发展，分子生物技术将成为野鸦椿属植物资源利用和育种创新方面重要的研究手段，将在特异性状基因挖掘和分子辅助育种工作中发挥精准、高效的研究优势，具有重要的研究意义。本研究基于不同发育时期圆齿野鸦椿果皮样品的 RNA-Seq 数据，构建了圆齿野鸦椿内参基因的筛选体系，分析了 8 个候选内参基因表达稳定性，最终筛选出了 3 个较稳定的内参基因 *EkUBC23*、*EkCYP38* 和 *EkGAPDH2*，其中 *EkUBC23* 和 *EkCYP38* 表达量较低，有利于定量表达丰度较低的目标基因，而 *EkGAPDH2* 的表达量较高，可作为定量高丰度表达的目标基因。利用 *EkUBC23* 和 *EkGAPDH2* 精确定量 9 个花青素合成途径相关的基因，其中以 *EkUBC23* 作为内参基因的定量结果与转录组中的表达量趋势基本一致，而 *EkGAPDH2* 作为内参基因定量低表达的基因时准确性较低，但在定量高表达基因的准确性才高于 *EkUBC23*。因此，选择内参基因时，其稳定性和表达量都应作为重要的参考依据。研究结果为后续挖掘和利用相关的特异性状基因提供可参考的稳定内参基因。

参 考 文 献

蒋晓梅,张新全,严海东,等.柳枝稷根组织实时定量PCR分析中内参基因的选择[J].农业生物技术学报,2014,22(1):55-63.

郭晓娟,陈凌娜,杨汉奇.巨龙竹秆形发育过程实时荧光定量PCR内参基因的筛选[J].林业科学研究,2018,31(2):120-125.

李钱峰,蒋美艳,于恒秀,等.水稻胚乳RNA定量RT-PCR分析中参照基因选择[J].扬州大学学报(农业与生命科学版),2008,29(02):61-66.

庞强强,李植良,罗少波,等.高温胁迫下茄子qRT-PCR内参基因筛选及稳定性分析[J].园艺学报,2017,44(03):475-486.

苏晓娟,樊保国,袁丽钗,等.实时荧光定量PCR分析中毛果杨内参基因的筛选和验证[J].植物学报,2013,48(05):507-518.

吴建阳,何冰,杜玉洁,等.利用geNorm、NormFinder和BestKeeper软件进行内参基因稳定性分析的方法[J].现代农业科技,2017(5):278-281.

杨丹,李清,王贵禧,等.平欧杂种榛实时荧光定量PCR内参基因的筛选与体系建立[J].中国农业科学,2017(12).

袁伟,万红建,杨悦俭.植物实时荧光定量PCR内参基因的特点及选择[J].植物学报,2012,47(04):427-436.

朱友银,王月,张弘,等.中国樱桃实时定量PCR(qRT-PCR)内参基因的筛选与鉴定[J].农业生物技术学报,2015,23(05):690-700.

Andersen C L, Jensen J L, ørntoft T F. Normalization of Real-Time Quantitative Reverse Transcription-PCR Data: A Model-Based Variance Estimation Approach to Identify Genes Suited for Normalization, Applied to Bladder and Colon Cancer Data Sets[J]. Cancer Research, 2004, 64(15):5245.

Bustin S A. Quantification of mRNA using real-time reverse transcription PCR(RT-PCR): trends and problems[J]. J Mol Endocrinol, 2002, 29(1):23-39.

Coker J S, Davies E. Selection of candidate housekeeping controls in tomato plants using EST data [J]. Biotechniques, 2003, 35(4):748.

Czechowski T, Stitt M, Altmann T, et al. Genome-Wide Identification and Testing of Superior Reference Genes for Transcript Normalization in Arabidopsis[J]. Plant Physiology, 2005, 139(1):5.

Derveaux S, Vandesompele J, Hellemans J. How to do successful gene expression analysis using real-time PCR[J]. Methods, 2010, 50(4):227-230.

Jian S, Xiaojiao H, Mingying L, et al. Selection and validation of reference genes for real-time quantitative PCR in hyperaccumulating ecotype of Sedum alfredii under different heavy metals stresses[J]. PloS ONE, 2013, 8(12):e82927.

Keertan D, Huggett J F, Bustin S A, et al. Validation of housekeeping genes for normalizing RNA expression in real-time PCR[J]. BioTechniques, 2004, 37(1): 112-4, 116, 118-9.

Kumar G, Singh A K. Reference gene validation for qRT-PCR based gene expression studies in different developmental stages and under biotic stress in apple[J]. Scientia Horticulturae, 2015, 197: 597-606.

Liang W, Ni L, Carballar-Lejarazú R, et al. Comparative transcriptome amongEuscaphis konishii Hayata tissues and analysis of genes involved in flavonoid biosynthesis and accumulation[J]. BMC Genomics, 2019, 20(1): 24.

Liang W, Zou X, Carballar-Lejarazú R, et al. Selection and evaluation of reference genes for qRT-PCR analysis inEuscaphis konishii Hayata based on transcriptome data[J]. Plant Methods, 2018, 14(1): 42.

Ma S, Niu H, Liu C, et al. Expression Stabilities of Candidate Reference Genes for RT-qPCR under Different Stress Conditions in Soybean[J]. PloS ONE, 2013, 8(10): e75271.

Martins P K, Mafra V, Souza W R D. Selection of reliable reference genes for RT-qPCR analysis during developmental stages and abiotic stress inSetaria viridis. [J]. Scientific Reports, 2016, 6(1): 28348.

Mascia T, Santovito E, Gallitelli D, et al. Evaluation of reference genes for quantitative reverse-transcription polymerase chain reaction normalization in infected tomato plants[J]. Molecular Plant Pathology, 2010, 11(6): 805-816.

Nolan T, Hands R E, Bustin S A. Quantification of mRNA using real-time RT-PCR[J]. Nature Protocols, 2006, 1: 1559.

Pfaffl M W, Tichopad A, Prgomet C, et al. Determination of stable housekeeping genes, differentially regulated target genes and sample integrity: BestKeeper-Excel-based tool using pair-wise correlations[J]. Biotechnology Letters, 2004, 26(6): 509-515.

Stanton K A, Edger P P, Puzey J R, et al. A Whole-Transcriptome Approach to Evaluating Reference Genes for Quantitative Gene Expression Studies: A Case Study in Mimulus[J]. G3(Bethesda). 2017, 7(4): 1085-1095.

Vandesompele J, De Preter K, Pattyn F, et al. Accurate normalization of real-time quantitative RT-PCR data by geometric averaging of multiple internal control genes[J]. Genome Biology, 2002, 3(7): 31-34.

Wu J, Su S, Fu L, et al. Selection of reliable reference genes for gene expression studies using quantitative real-time PCR in navel orange fruit development and pummelo floral organs[J]. Scientia Horticulturae, 2014, 176(2): 180-188.

Xia W, Mason A S, Xiao Y, et al. Analysis of multiple transcriptomes of the African oil palm(Elaeis guineensis) to identify reference genes for RT-qPCR[J]. Journal of Biotechnology, 2014, 184: 63-73.

Yeap W C, Jia M L, Wong Y C, et al. Evaluation of suitable reference genes for qRT-PCR gene expression normalization in reproductive, vegetative tissues and during fruit development in oil palm[J]. Plant Cell Tissue & Organ Culture, 2014, 116(1): 55-66.

第三篇 野鸦椿主要化合物提取、鉴别与代谢过程研究

第八章 圆齿野鸦椿果皮化学成分研究

野鸦椿药材来源于省沽油科野鸦椿属，是我国民间的传统中药材，又名鸡肾果、鸡眼睛、狗头椒等，其根、根皮、果、花皆可入药。主要分布于福建、广东、广西、海南、江西、浙江等地，具有治头痛、眩晕、感冒、荨麻疹、漆过敏、风湿、腰痛，胃痛、月经不调、膀胱疝气、痢疾泄泻等疗效。现代药理研究表明圆齿野鸦椿具有抗炎、抗肿瘤等活性。

目前，从野鸦椿属植物中分离得到化合物共 84 个，主要有三萜类、酚酸类、黄酮类及其他类化合物，但化合物的分离主要集中在野鸦椿，而圆齿野鸦椿的研究尚少。圆齿野鸦椿系福建省乡土树种，为常绿物种，与野鸦椿存在较大差异，且其 4 年生植株即可开花结果，果量大，果实除了种子用于播种育苗之外，尚未发现其他有效的利用方式。而且，课题组在前期研究中发现，圆齿野鸦椿果皮醇提取物具有较好的抗肝癌作用，但其机制尚不明确。因此，对圆齿野鸦椿果皮进行开发研究，筛选活性成分对扩大圆齿野鸦椿植物资源的开发利用，提高圆齿野鸦椿的林业附加价值具有深远的意义。本章拟对圆齿野鸦椿果皮的化学成分进行分离鉴定，为后续的活性成分筛选及指纹图谱构建提供物质基础。

8.1 材料与方法

8.1.1 材料

8.1.1.1 植物材料

圆齿野鸦椿果皮于 2015 年 11 月采自福建省三明市清流县灵地镇。

8.1.1.2 试剂及填料

硅胶:100~200目、160~200目、200~300目(青岛海洋化工厂)、薄层层析硅胶GF254(青岛海洋化工厂)、凝胶柱层析sephadex LH-20(瑞典Amersham Pharmacia公司)、硅藻土(青岛海洋化工厂)、大孔吸附树枝D101(青岛海洋化工厂)。

无水甲醇、无水乙醇、丙酮、二氯甲烷、三氯甲烷、二甲基亚砜、石油醚、乙酸乙酯(分析纯,国药集团有限公司);乙酸、甲酸、磷酸(分析纯,国药集团有限公司);甲醇、乙腈(色谱纯,德国Mreck公司);屈臣氏蒸馏水;氘带甲醇、氘带二甲基亚砜、氘带氯仿、氘带吡啶(德国Sigma公司)。

8.1.1.3 主要仪器

紫外光谱仪:JASCO V650型紫外分光光度计

核磁共振仪:Mercury-300、400核磁共振仪、TMS为内标;BRUKER AV500-Ⅲ核磁共振仪、TMS为内标;INOVA-500核磁共振仪,TMS为内标

高效液相色谱仪:Waters 600高效液相色谱仪

旋转蒸发仪:上海亚荣生化仪器厂

超声波清洗机:昆山超声仪器公司

制备液相色谱:岛津制备液相

8.1.2 提取分离流程

圆齿野鸦椿果皮10kg于40℃烘干粉碎过20目筛,以料液比1∶10的比例加入70%乙醇,80℃条件下冷凝回流提取2h,过滤,得滤液,重复3次,合并滤液,减压浓缩得浓缩液,共得到浸膏2.7kg,得率为27%。将上述浓缩液经聚酰胺柱洗脱,洗脱液分别为水、70%乙醇洗脱,得水洗脱部分及乙醇洗脱部分;将水洗脱部分经大孔吸附树脂D101色谱柱洗脱,洗脱液分别为水、30%、60%、95%乙醇、丙酮,得不同洗脱部分;70%乙醇洗脱部分与硅藻土拌样,乙酸乙酯回流2次,甲醇回流1次;经过各种溶剂提取、硅胶柱层析、PRP-512A树脂柱层析、凝胶柱层析(Sephadex LH-20)、高效液相制备色谱(RpC-18)分离得到化合物共30个具体分离流程如图8-1。

8.2 化合物结构鉴定

8.2.1 新化合物结构鉴定

化合物1,无色油状物,HRESIMS显示准分子离子峰为m/z 413.2152 [M + Na]$^+$(计算值为413.2146),结合NMR数据,推断分子式为$C_{19}H_{34}O_8$,不饱和度

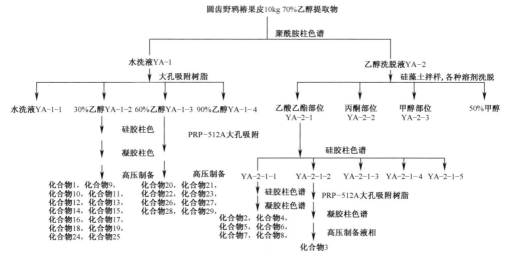

图 8-1 圆齿野鸦椿果皮提取物化学成分分离流程图

为 3。红外光谱显示有双键($3391cm^{-1}$)和羟基($1643cm^{-1}$)的特征吸收峰。

^1H 和 ^{13}C NMR 数据(表 8-1)表明该化合物具有 1 个 β-glucose 信号[δ_H 4.13(1H,d,J=7.7Hz,H-1');δ_C 99.5(C-1'),73.4(C-2'),77.1(C-3'),70.1(C-4'),77.1(C-5'),61.1(C-6')]和 13 个碳原子的碳苷配基。糖苷配基与 4 个甲基[δ_H 1.09,0.70,1.00(3H each,all s,H-11,12,13);1.15(3H,d,J=6.5Hz,H-15)],3 个具有氧光能团的次甲基和 1 个反式构型双键[δ_H 5.94(1H,d,J=15.4,H-7);5.54(1H,dd,J=15.4,7.0Hz,H-8)],以及三个亚甲基和三个季碳(包括两个氧原子)相连。这些光谱特征表明该化合物为降异戊二烯倍半萜苷类。2D NMR 色谱进一步证实了该化合物的平面结构,^1H,^1H COSY 谱显示 H-2/H-3/H-4 和 H-7/H-8/H-9/H$_3$-10 两两相关,HMBC 谱显示 H$_3$-12 与 C-1(δ_C 38.1),C-2(δ_C 37.5)和 C-6(δ_C 78.3)相关,H$_3$-13 与 C-4(δ_C 37.1),C-5(δ_C 73.5)和 C-6 相关,H-7 与 C-6,C-9(δ_C 72.1),H$_3$-10 与 C-9 相关,H-9 [δ_H 4.43(1H,m')与 C-1'(δ_C 99.5)]相关,H-1' [δ_H 4.13(1H,d,J=7.7Hz)]与 C-9 相关。

综合以上信息及文献查阅,确定该化合物为降异戊二烯倍半萜苷类,命名为 koniside,由于该化合物获得的量比较少,未能进行更多的实验确定其绝对构型。

表 8-1 化合物 1 的 ^1H 和 ^{13}C NMR 数据

No.	δ_H^a(mult. J/Hz)	δ_C^b	No.	δ_H^a(mult. J/Hz)	δ_C^b
1		38.1	4	1.55,m	37.1
2	1.43,m	37.5	5		73.5
3	1.72,m;1.28,m	17.9	6		78.3

(续)

No.	δ_H^a (mult. J/Hz)	δ_C^b	No.	δ_H^a (mult. J/Hz)	δ_C^b
7	5.94,d,(15.4)	37.1	1'	4.13,d,(7.7)	99.5
8	5.54,dd,(15.4,7.0)	73.5	2'	2.96,m	73.4
9	44.43,m	72.1	3'	3.03,m	77.0
10	1.15,d,(6.5)	22.1	4'	3.02,m	70.1
11	1.09,s	24.3	5'	2.92,m	77.1
12	0.70,s	28.1	6'	3.64,m;3.40,m	61.1
13	1.00,s	27.0			

a In DMSO-d_6(500). b In DMSO-d_6(125).

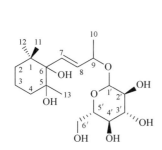 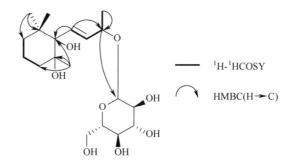

图 8-2 化合物 1 结构式　　图 8-3 化合物 1 ^{1}H-^{1}H COSY,HMBC 相关图

8.2.2 已知化合物结构鉴定

8.2.2.1 三萜类化合物

化合物 2,白色粉末(甲醇),^{1}H-NMR(pyridine-d_5,600MHz)δ:5.23(1H,s,H-12),4.16(1H,m,H-2),3.27(1H,d,J=8.7Hz,H-3),1.34(3H,s,23-CH$_3$),1.28(3H,s,27-CH$_3$),1.09(3H,s,24-CH$_3$),1.02(3H,s,26-CH$_3$),0.98(3H,s,25-CH$_3$),0.95(3H,s,29-CH$_3$),0.88(3H,s,30-CH$_3$);^{13}C-NMR(150MHz,C$_5$D$_5$N)δ:180.5(C-28),144.1(C-13),123.4(C-12),82.9(C-3),67.9(C-2),55.2(C-5),47.5(C-9),47.3(C-1),45.9(C-17,19),41.4(C-14),39.2(C-18),39.2(C-4),38.9(C-8),37.5(C-10),33.4(C-21),32.7(C-7,22,29),30.4(C-20),28.8(C-23),27.8(C-15),25.6(C-27),23.5(C-16),23.2(C-11,30),18.4(C-6),17.5(C-24),17.1(C-26),16.6(C-25)。以上数据与亢文佳等(2015)对荔枝草的化学成分报道一致,因此鉴定该化合物为马斯里酸。

化合物 3,白色晶体(甲醇),mp 292~294℃,ESI-MS m/z:457[M+H]$^+$,推测分子式为 $C_{30}H_{48}O_3$,^{1}H-NMR(pyridine-d_5,500MHz)δ:4.97(1H,brs,H-29α),4.79(1H,brs,H-29β),1.82(3H,s,H-23),1.25(3H,s,H-24),1.09(3H,s,H-30),1.08(3H,s,H-26),1.01(3H,s,H-25),0.85(3H,s,H-27);^{13}C-NMR(pyridine-d_5,125MHz)δ:179.3(C-28),151.8(C-20),110.4(C-29),78.6(C-3),57.1(C-17),56.4(C-5),51.4(C-9),50.2(C-19),48.25(C-18),43.32(C-14),41.6(C-8),40.0(C-4),39.8(C-13),39.1(C-1),38.1(C-10),38.0(C-22),35.3(C-7),33.4(C-16),31.7(C-21),30.8(C-15),29.1(C-23),28.8(C-2),26.6(C-12),21.7(C-11),20.0(C-30),19(C-6),17.0(C-24,26),16.8(C-25),15.4(C-27)。以上数据与向德标等(2015)对野鸦椿籽化学成分提取的报道基本一致,因此鉴定为白桦脂酸。

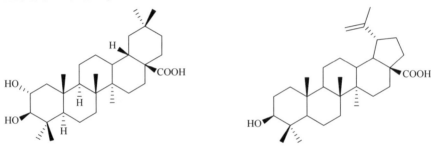

图 8-4 化合物 2 结构式   **图 8-5 化合物 3 结构式**

化合物 4,白色粉末(甲醇),ESI-MS m/z:472[M]$^+$。^{1}H-NMR(pyridine-d_5,500MHz)δ:0.92(3H,s,H-25),1.02(3H,s,H-24),1.07(3H,s,H-26),1.11(3H,s,H-30),1.18(3H,s,H-29),1.23(3H,s,H-23),1.65(3H,s,H-27),3.43(1H,dd,J=11.1,4.8Hz,H-3),3.63(2H,brs,H-18,19),5.57(1H,br s,H-12);^{13}C-NMR(125MHz,pyridine-d_5)δ:180.7(C-28),144.9(C-13),122.8(C-12),81.1(C-19),78.0(C-3),55.7(C-5),48.2(C-9),45.9(C-17),44.6(C-18),42.2(C-14),40.2(C-8),39.8(C-4),39.2(C-1),37.3(C-10),35.5(C-20),33.4(C-7),33.2(C-22),28.6(C-15),28.6(C-21),29.0(C-23),29.0(C-29),28.2(C-2),27.9(C-16),24.6(C-27),24.5(C-30),24.0(C-11),18.7(C-6),17.3(C-26),16.2(C-24),15.2(C-25)。上述数据与黄艳等(2015)对苦丁茶冬青根化学成分提取的报道一致,因此鉴定为逗罗树脂酸。

化合物 5,白色晶体(甲醇),mp 308~310℃,EI-MS m/z:456[M]$^+$,^{1}H-NMR(CDCl$_3$,500MHz)δ:5.21(1H,s,H-12),1.14(3H,s,H-23),1.01(3H,s,H-29),0.89(3H,s,H-30),0.84(3H,s,H-27),0.75(3H,s,H-26),0.70(3H,s,H-24),0.65(3H,s,H-25);^{13}C-NMR(CDCl$_3$,125MHz)δ:183.4(C-28),143.1(C-13),121.9(C-12),78.4(C-3),55.0(C-5),46.5(C-9),45.3(C-19),44.5(C-17),

41.0(C-14),40.0(C-18),39.0(C-1),38.2(C-8),37.9(C-4),37.1(C-10),32.6(C-29),32.3(C-21),31.4(C-7),31.0(C-22),30.2(C-23),29.0(C-20),28.0(C-15),26.5(C-2),26.0(C-27),24.5(C-16),22.4(C-11),22.2(C-30),19.0(C-6),16.1(C-24),15.8(C-26),14.7(C-25)。以上数据与太志刚等(2014)对翼茎羊耳菊(*Inula pterocaula*)化学成分提取的报道一致,因此,鉴定该化合物为齐墩果酸。

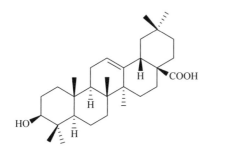

图 8-6　化合物 4 结构式

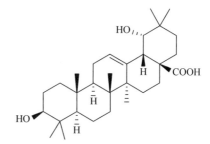

图 8-7　化合物 5 结构式

化合物 6,白色无定型粉末(甲醇),mp 283~285℃,EI-MS m/z:457[M+H]$^+$,^{1}H-NMR(CDCl$_3$,500MHz)δ:5.25(1H,s,H-12),3.15(1H,m,H-3),0.97(3H,s,H-26),0.91(3H,s,H-27),0.88(3H,s,H-25),0.80(3H,s,H-24),0.77(3H,d,J=3.3Hz,H-29),0.74(3H,s,H-23),0.71(3H,d,J=3.3Hz,H-30);^{13}C-NMR(CDCl$_3$,125MHz)δ:207.0(C-28),136.19(C-13),126.0(C-12),78.7(C-3),54.0(C-5),51.6(C-18),50.0(C-17),47.0(C-9),43.0(C-14),39.0(C-4),38.4(C-8),37.5(C-1),37.5(C-19),37.5(C-20),35.1(C-10),32.0(C-7),32.0(C-22),30.1(C-15),29.5(C-16),28.5(C-23),27.0(C-21),26.0(C-2),23.5(C-11),22.2(C-27),20.1(C-30),17.1(C-6),16.5(C-25),15.8(C-29),15.1(C-26),14.3(C-24)。以上数据与太志刚等(2014)对翼茎羊耳菊化学成分提取的报道一致,因此鉴定为乌索酸。

化合物 7,白色针晶,EI-MS m/z:511 [M+Na]$^+$,^{1}H-NMR(pyridine-d_5,600MHz)δ:0.91,0.99,1.12,1.28,1.43,1.66(each 3H,s),3.06(1H,s),3.77(1H,brs),4.33(1H,m),5.60(1H,brs);^{13}C-NMR(150MHz,pyridine-d$_5$)δ:181.0(C-27),140.3(C-13),128.3(C-12),79.7(C-3),73.0(C-19),66.5(C-2),55.0(C-18),49.2(C-5),48.7(C-17),48.0(C-9),43.3(C-1),42.8(C-20),42.6(C-14),41.9(C-8),39.2(C-4),39.0(C-10),33.9(C-7),29.8(C-23),29.6(C-15),27.4(C-28),27.3(C-21),26.8(C-16),25.1(C-27),24.5(C-11),22.7(C-24),19.0(C-6),17.7(C-26),17.2(C-25),17.1(C-30)。上述数据与高微等(2013)对尖尾枫化学成分提取的报道基本一致,因此鉴定该化合物为野鸦椿酸。

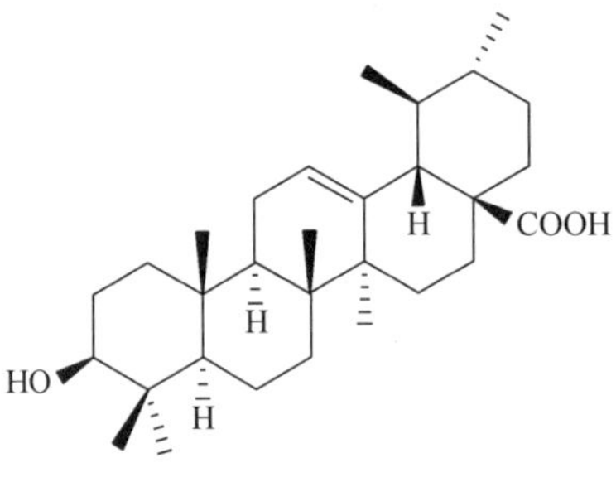

图 8-8 化合物 6 结构式 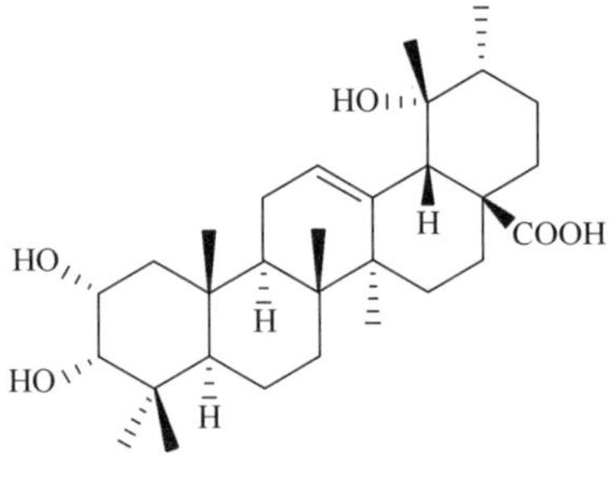　　　　　　　图 8-9 化合物 7 结构式

8.2.2.2 黄酮及黄酮苷类化合物

化合物 8, mp301~304℃, ESI-MS m/z:316[M]$^+$,^{1}H-NMR(400MHz, DMSO-d_6)δ:12.45(1H,s,5-OH),7.75(1H,d,J=2Hz,H-2'),7.70(1H,dd,J=6.0,2.0Hz),6.19(1H,d,J=2.0Hz,H-6),6.47(1H,d,J=2.0Hz,H-8),7.76(1H,t,J=2.5Hz,H-2'),6.95(1H,d,J=8.5Hz,H-5'),7.75(1H,d,J=2.0Hz,H-6'),3.84(3H,s,-OCH$_3$)。^{13}C-NMR(100MHz,DMSO-d_6)δ:175.9(C-4),164.0(C-7),160.7(C-5),156.2(C-9),147.4(C-4'),146.8(C-2),146.6(C-3'),135.8(C-3),122.0(C-1'),121.7(C-6'),115.5(C-5'),111.71(C-2'),103.0(C-10),98.2(C-6),55.7(C-OCH3)。上述数据与雷军等(2012)对糯米藤化学成分提取报道一致,因此鉴定为异鼠李素。

化合物 9,淡黄色粉末,mp176~178℃, EI-MS m/z:611 [M+H]$^+$。^{1}HNMR(DMSO-d_6,500MHz)δ:12.56(1H,s,5-OH),10.78(1H,s,7-OH),9.62(1H,s,4'-OH),9.13(1H,s,3'-OH),7.55(1H,d,J=2.5Hz,H-2'),7.53(1H,dd,J=2.0,8.1Hz,H-6'),6.84(1H,d,J=8.4Hz,H-5'),6.39(1H,d,J=2.5Hz,H-8),5.35(1H,d,J=7.0Hz,H-1"),4.39(1H,d,J=2.0Hz,H-1),3.04~3.72(糖基质子),0.99(3H,d,J=6.0Hz,-CH3);^{13}CNMR(DMSO-d_6,125MHz)δ:156.4(C-2),133.7(C-3),177.4(C-4),161.2(C-5),98.7(C-6),164.1(C-7),93.6(C-8),

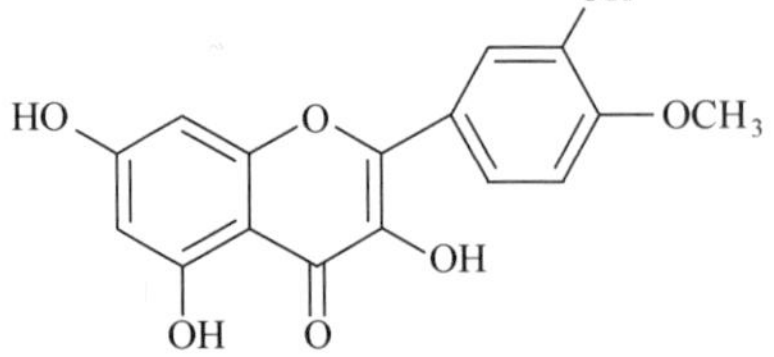

图 8-10 化合物 8 结构式 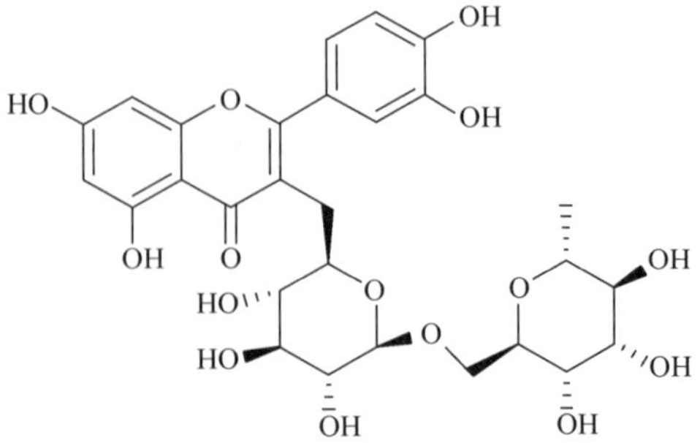　　　　　　　图 8-11 化合物 9 结构式

156.6(C-9),104.0(C-10),121.2(C-1'),115.2(C-2'),144.7(C-3'),148.4(C-4'),116.3(C-5'),121.6(C-6'),101.2(Glc-C-1),74.1(Glc-C-2),76.4(Glc-C-3),70.6(Glc-C-4),75.9(Glc-C-5),67.0(Glc-C-6),100.8(Rha-C-1),70.4(Rha-C-2),70.0(Rha-C-3),71.9(Rha-C-4),68.3(Rha-C-5),17.6(Rha-C-6)。以上数据与白杰等(2016)对恰麻古化学成分报道的基本一致,因此鉴定该化合物为芦丁。

化合物10,黄色粉末,ESI-MS m/z 287.5 [M+H]$^+$,相对分子质量为286。根据^{1}H-NMR、^{13}C-NMR数据,推测其分子式为$C_{15}H_{10}O_6$。^{1}H-NMR(DMSO-d_6,500MHz)δ:12.48(1H,s,5-OH),8.04(2H,d,J=9.0Hz,H-2',6'),6.92(2H,d,J=9.0Hz,H-3',5'),6.43(1H,d,J=2.0Hz,H-8),6.19(1H,d,J=2.0Hz,H-6);^{13}C-NMR(DMSO-d_6,125MHz)δ:175.9(C-4),163.9(C-7),160.7(C-5),159.2(C-4'),156.2(C-8a),146.8(C-2),135.7(C-3),129.5(C-2'),129.5(C-6'),121.7(C-1'),115.5(C-3'),115.5(C-5'),103.0(C-4a),98.2(C-6),93.5(C-8)。上述数据与李丽等(2013)对冻绿(*Rhamnus utilis*)化学成分报道的基本一致,因此鉴定为山柰酚。

化合物11,黄色粉末,mp 314~315℃,ESI-MS m/z 303 [M+H]$^+$,推测分子式为$C_{15}H_{10}O_7$。^{1}H-NMR(DMSO-d_6,400MHz)δ:12.5(1H,s,C5-OH),9.40(2H,s,C3',4'-OH),7.67(1H,d,J=2.2Hz,H-2'),7.54(1H,dd,J=8.5,2.2Hz,H-6'),6.88(1H,d,J=8.5Hz,H-5'),6.40(1H,d,J=1.9Hz,H-5'),6.18(1H,d,J=2.5Hz,H-6);^{13}C-NMR(DMSO-d_6,100MHz)δ:175.7(C-4),162.1(C-7),161.6(C-9),156.6(C-5),147.8(C-4'),146.8(C-2),144.3(C-3'),135.8(C-3),122.9(C-1'),121.9(C-6'),115.6(C-2'),115.3(C-5'),104.9(C-10),98.6(C-6),93.3(C-8)。以上数据与李春梅等(2010)对黄蜀葵花(*Aberlmoschus manihot*)化学成分报道的基本一致,因此鉴定该化合物为槲皮素。

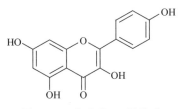

图8-12 化合物10结构式   图8-13 化合物11结构式

化合物12,黄色粉末,mp 215~127℃,ESI-MS m/z:465 [M+H]$^+$,^{1}HNMR(DMSO-d_6,400MHz)δ:12.64(1H,s,C5-OH),7.58(1H,dd,J=2.0,9.2Hz,H-6'),6.84(1H,d,J=2.0,H-6'),6.40(1H,d,J=2.0Hz,H-8),6.20(1H,d,J=2.0Hz,H-6),5.46(1H,d,J=2.0Hz,H-1");^{13}C-NMR(DMSO-d_6,100MHz)δ:177.5(C-4),164.2(C-7),161.3(C-9),156.4(C-5),156.2(C-9),148.5(C-

4'),144.9(C-3'),133.3(C-3),121.6(C-6'),121.2(C-1'),116.2(C-2'),115.2(C-5'),104.0(C-10),100.8(C-1″),99.6(C-6),93.6(C-8),77.6(C-5″),76.5(C-3″),74.1(C-4″),70.0(C-4″),61.0(C-6″),以上数据与易衍等(2011)对剑花化学成分报道的基本一致,故鉴定为槲皮素 3-O-β-D-葡萄糖苷。

化合物 13,黄色粉末,mp 214～216℃,ESI-MS m/z:625.4 [M+H]$^{+1}$,^{1}H-NMR(500 MHZ,DMSO-d_6)δ:12.56(1H,s,5-OH),7.85(1H,d,J=2.0Hz,H-2'),7.51(1H,dd,J=8.0,2.0Hz,H-6),6.90(1H,d,J=8.0Hz,H-5'),6.40(1H,d,J=8.0Hz,H-5'),6.18(1H,d,J=2.0,H-6),5.43(1H,d,J=7.0Hz,H-1″),4.41(1H,brs,H-1‴),3.83(3H,s,3'-OCH3),0.97(3H,d,J=6.0Hz);^{13}C(125 MHZ,DMSO-d_6)δ:177.2(C-4),164.2(C-7),161.2(C-5),156.5(C-9),156.3(C-2),149.4(C-3'),146.9(C-4'),133.0(C-3),122.2(C-6'),121.0(C-1'),115.2(C-2'),113.2(C-5'),101.2(C-1″),100.9(C-1‴),98.9(C-6),93.9(C-8),76.4(C-3″),75.9(C-5″),74.3(C-2″),71.8(C-4‴),70.6(C-4″),70.3(C-3‴),70.1(C-2‴),68.3(C-5‴),66.8(C-6″),55.6(C-3'OCH3),17.7(C-6‴),以上数据与易衍等(2011)对剑花化学成分报道的基本一致,因此鉴定该化合物为异鼠李素 3-O-β-D-芸香糖苷。

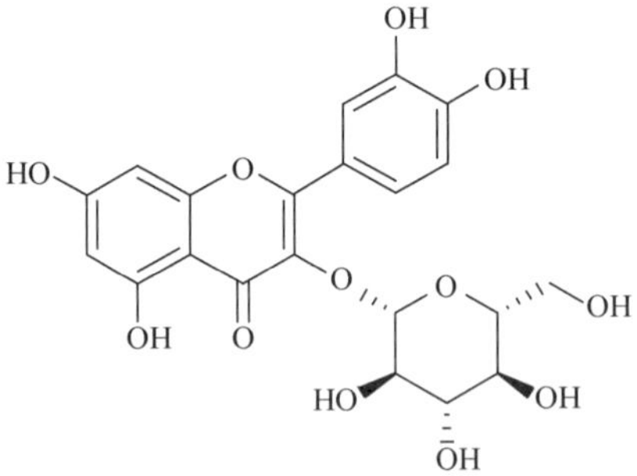

图 8-14 化合物 12 结构式 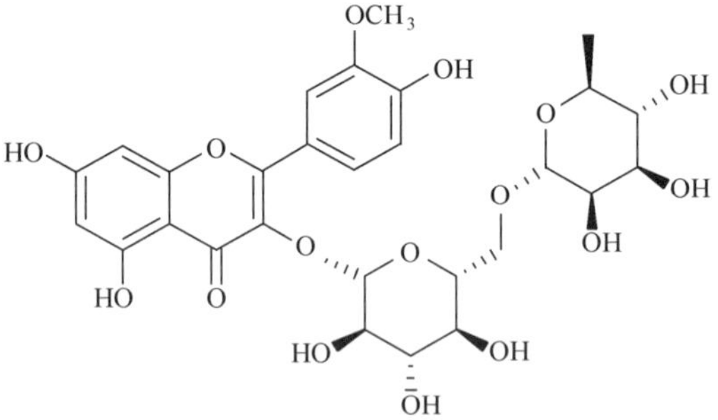　　图 8-15 化合物 13 结构式

化合物 14,黄色粉末,ESI-MS m/z:565.5 [M+H]$^{+1}$,^{1}H-NMR(500 MHZ,DMSO-d_6)δ:13.69(1H,s,5-OH),10.26(1H,brs,7-OH),9.25(1H,brs,4'-OH),8.05(2H,d,J=8.8Hz,H-2',6'),6.97(2H,d,J=8.8Hz,H-3',5'),6.84(1H,s,H-3),4.77(1H,d,J=9.9Hz,H-1‴),4.73(1H,d,J=9.6Hz,H-1″);^{13}C(125 MHZ,DMSO-d_6)δ:182.3(C-4),164.1(C-2),161.5(C-7),161.2(C-4'),158.2(C-5),155.1(C-4a),129.0(C-2',6'),121.5(C-1'),115.9(C-3',5'),108.1(C-6),105.1(C-8),103.7(C-8a),102.6(C-3),81.9(C-5″),78.9(C-3″),74.2(C-3‴),73.8(C-1‴),73.3(C-1″),70.9(C-2″),70.5(C-5‴),70.1(C-4″),69.6(C-2‴),68.4(C-4‴),61.2(C-6″),以上数据与杜树山等(2005)对天南星(*Arisaema heterophyl-*

lum)化学成分报道的基本一致,因此鉴定为化合物夏佛托苷。

化合物 15,黄色粉末,^{1}H-NMR(500 MHZ,DMSO-d_6)δ:13.69(1H,s,5-OH),8.23(1H,brs,7-OH),7.55(1H,dd,J = 8.2Hz,2.0Hz,H-6'),7.48(1H,d,J = 2.0Hz,H-2'),6.88(1H,d,J = 2.0Hz,H-5'),6.69(1H,d,J = 2.0Hz,H-3),4.75(1H,d,J = 2.0Hz,H-1'''),4.72(1H,d,J = 2.0Hz,H-1''); ^{13}C(125 MHZ,DMSO-d_6)δ:182.2(C-4),164.3(C-2),161.1(C-7),158.2(C-5),155.1(C-4a),149.7(C-4'),145.9(C-3'),121.9(C-1'),119.5(C-6'),115.6(C-5'),114.1(C-2'),108.1(C-6),105.1(C-8),103.7(C-8a),102.6(C-3),82.1(C-5''),79.0(C-3''),74.2(C-1'''),73.8(C-3'''),73.3(C-1''),70.8(C-4''),70.7(C-5'''),70.1(C-2''),69.6(C-2'''),68.4(C-4'''),61.6(C-6'')。以上数据与 Wagner 等(1980)对小麦(*Triticum aestivum*)化学成分报道的基本一致,因此鉴定该化合物为木犀草素-6-C-β-D-吡喃葡萄糖苷-8-C-α-吡喃阿拉伯糖苷。

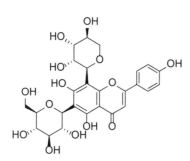
图 8-16 化合物 14 结构式

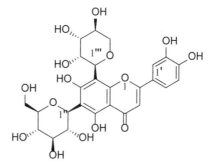
图 8-17 化合物 15 结构式

8.2.2.3 酚酸类化合物

化合物 16,无定型白色粉末,ESI-MS m/z:355 [M+H]$^{+1}$,^{1}H-NMR(400MHz,DMSO-d_6)δ:13.00(s,5-OH),10.52(br s,7-OH),6.23(s,6-H),6.17(s,3-H),4.63(d,J = 9.6Hz,1'-H),3.86(t,J = 8.9Hz,2'-H),3.67(dd,J = 11.4,4.4Hz,6'-H),3.41(brd,J = 11.5Hz,6'-H),3.20(t,J = 8.7Hz,3'-H),3.16(br s,4'-H,5'-H),2.34(s,2-Me); ^{13}C-NMR(125 MHZ,DMSO-d_6)δ:182.17(C-4),167.41(C-2),162.81(C-7),160.49(C-5),156.40(C-8a),107.62(C-3),104.53(C-8),103.62(C-4a),98.48(C-6),81.41(C'-5),78.62(C'-3),73.17(C'-1),70.98(C'-2),70.52(C'-4),61.46(C'-6),19.88(Me-2)。以上数据与 Yongwen 等(1997)对丁香(*Eugenia caryophyllata*)化学成分报道的基本一致,因此鉴定化合物为 isobiflorin。

化合物 17,无定型白色粉末,ESI-MS m/z:355 [M+H]$^+$,^{1}H-NMR(400MHz,DMSO-d_6)δ:13.37(s,5-OH),10.52(br s,7-OH),6.33(s,8-H),6.13(s,3-H),

4.81(d, J = 9.8Hz, 1'-H), 3.98(t, J = 9.8Hz, 2'-H), 3.65(dd, J = 11.5, 5.0Hz, 6'-H), 3.36(br d, J = 11.5Hz, 6'-H), 3.14(t, J = 8.7Hz, 3'-H), 3.06(br s, 4'-H, 5'-H), 2.31(s, 2-CH$_3$); ^{13}C-NMR(100MHz, DMSO-d_6)δ: 181.77(C-4), 167.26(C-2), 163.09(C-7), 160.51(C-5), 156.48(C-8a), 108.58(C-6), 107.70(C-3), 102.89(C-4a), 93.18(C-8), 81.39(C'-5), 78.75(C'-3), 72.79(C'-1), 70.42(C'-2), 69.94(C'-4), 61.28(C'-6), 19.67(Me-2)。以上数据与 Ghosal 等(1983)对全能花(*Pancratium biflorum*)化学成分报道的基本一致,因此鉴定为 biflorin。

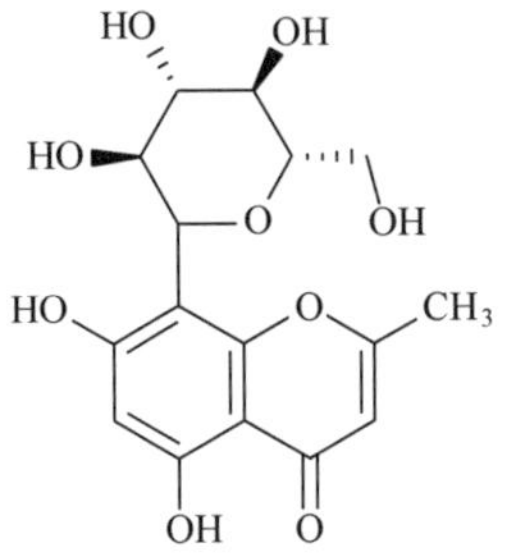

图 8-18 化合物 16 结构式

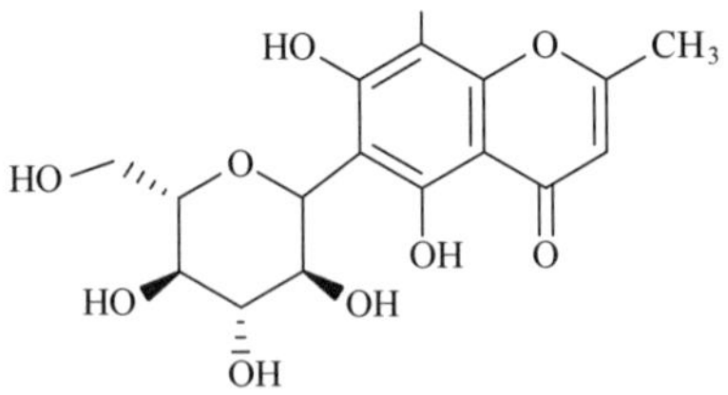

图 8-19 化合物 17 结构式

化合物 18,白色粉末,^{1}H-NMR(400MHz, DMSO-d_6)δ: 12.81(1H, 5-OH), 10.79(1H, 7-OH), 6.30(1H, H-8, d, J = 2Hz), 6.16(1H, H-6, d, J = 2Hz), 6.15(1H, H-3, s), 2.30(3H, s, CH$_3$); ^{13}C-NMR(100MHz, DMSO-d_6)δ: 181.8(C-4), 167.7(C-7), 164.1(C-8a), 161.5(C-2), 157.8(C-5), 108.0(C-3), 103.4(C-4a), 98.7(C-6), 93.7(C-8), 19.9(2-CH$_3$)。以上数据与黄云等(2014)对福建野鸦椿籽化学成分报道的基本一致,因此鉴定为 5,7-二羟基-2-甲基色原酮。

化合物 19,白色粉末,ESI-MS m/z: 123,[M+H]$^+$。^{1}H-NMR(600 MHZ, DMSO-d_6)δ: 9.78(1H, s, -CHO), 7.76(2H, d, J = 8Hz, H-2,6), 6.93(2H, d, J = 8.8Hz, H-3,5); ^{13}C(150 MHZ, DMSO-d_6)δ: 190.9(-CHO), 163.4(C-4), 132.1(C-2,6), 128.3(C-1), 115.8(C-3,5),以上数据与王亚男等(2012)对天麻水化学成分报道的基本一致,故鉴定为对羟基苯甲醛。

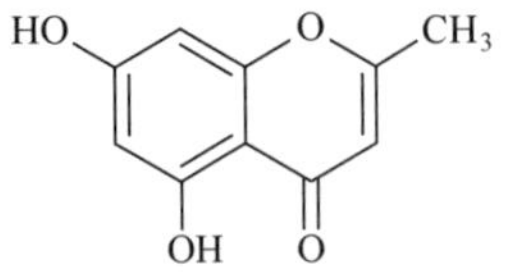

图 8-20 化合物 18 结构式

图 8-21 化合物 19 结构式

化合物 20,白色粉末(DMSO), mp 230~232℃, ESI-MS m/z: 304.4 [M+H]$^+$, ^{1}H-NMR(400MHz, DMSO-d_6)δ: 7.46(1H, s, H-5'), 7.46(1H, s, H-5), 4.03

(3H,s,H-3'),4.03(3H,s,H-3);^{13}C-NMR(100 MHZ,DMSO-d_6)δ:158.9(C-2,2'),152.5(C-5,5'),141.1(C-7,7'),140.7(C-4,4'),111.9(C-1,1'),111.8(C-3,3'),110.8(C-6,6'),60.7(C-3OCH3),60.7(C-3'OCH3)。以上数据与朱华旭等(2008)对假荠包化学成分报道的基本一致,因此鉴定该化合物为3,3'-二甲氧基鞣花酸。

化合物21,黄色絮状物(甲醇),mp 219~221℃,ESI-MS m/z:493.5[M+H]$^+$。^{1}H-NMR(400MHz,DMSO-d_6)δ:10.71(1H,s,H-OH),7.62(1H,s,H-5'),7.50(1H,s,H-5),3.94(3H,s,H-3'OCH3),3.88(3H,s,H-3OCH3);^{13}C-NMR(100 MHZ,DMSO-d_6)δ:158.6(C-7'),158.2(C-7),154.3(C-4),151.1(C-4'),141.9(C-2'),141.6(C-3),140.8(C-2),140.5(C-3'),114.3(C-1'),112.8(C-6'),111.9(C-5'),111.6(C-6),111.5(C-6),111.3(C-5),101.2(C-1''),76.9(C-3''),76.1(C-5''),73.0(C-2''),70.3(C-4''),61.6(3'-OCH3),60.8(C-3'OCH3),60.5(C-6'')。以上数据与朱华旭等(2008)对假荠包化学成分报道的基本一致,因此鉴定该化合物为3,3'-二甲基鞣花酸-4'-O-β-D-葡萄糖苷。

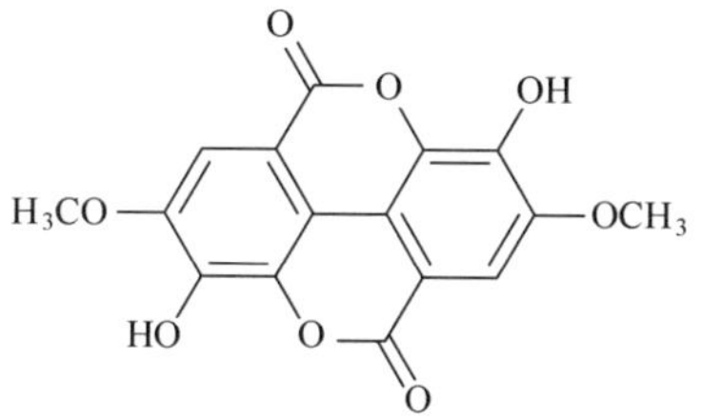

图8-22 化合物20结构式

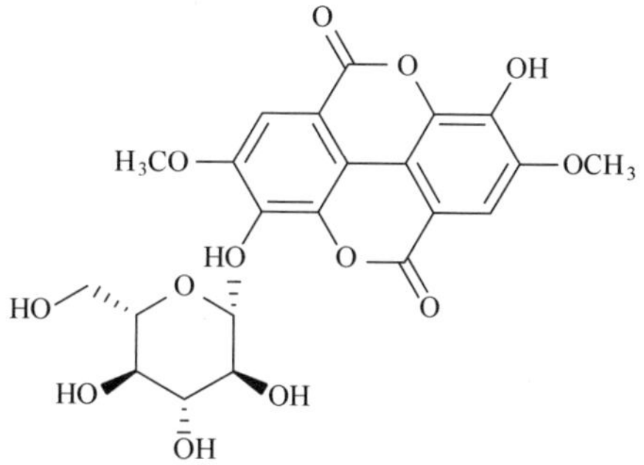

图8-23 化合物21结构式

化合物22,透明针状结晶,mp251~254℃,ESI-MS:m/z:171.3[M+H]$^{+1}$,^{1}H-NMR(500MHz,CD$_3$OD)δ:7.12(2H,s,H-2,6),^{13}C-NMR(125MHz,CD$_3$OD)δ:171.2(-COOH),146.9(C-3,5),139.1(C-4),121.9(C-1),110.0(C-2,6),以上数据与黄云等(2014)对福建野鸦椿籽化学成分报道的基本一致,因此鉴定该化合物为没食子酸。

化合物23,白色粉末,mp 150~153℃,ESI-MS m/z:168.5[M]$^+$。^{1}H-NMR(CD$_3$OD,600MHz)δ:7.44(1H,d,J=2.4Hz,H-2),7.35(1H,dd,J=7.8,1.8Hz,H-6),6.54(1H,d,J=8.4Hz,H-5),3.65(3H,s,3-OCH3);^{13}C-NMR(CD$_3$OD,150MHz)δ:174.1(-COOH),151.1(C-4),147.3(C-3),131.0(C-6),123.6(C-1),114.7(C-5),114.5(C-2),55.8(3-OCH3)。以上数据与邓雪红(2013)对爬岩红化学成分报道的基本一致,因此鉴定该化合物为香草酸。

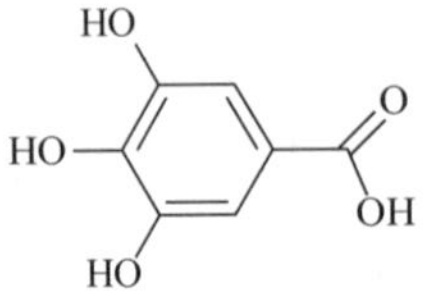

图 8-24 化合物 22 结构式 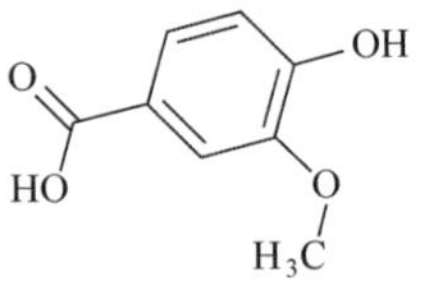　　　　　图 8-25 化合物 23 结构式

化合物 24,白色粉末,ESI-MS m/z:375.3[M+H]$^+$,^{1}H-NMR(400MHz,DMSO-d_6)δ:4.21(1H,d,J=7.6Hz,H-1'),3.82(1H,m,H-9),1.56(3H,s,H-13),1.05(1H,d,J=6.0Hz,H-1'),1.00(3H,s,H-12),0.98(3H,s,H-11);^{13}C-NMR(100MHz,DMSO-d_6)δ:136.9(C-6),123.7(C-5),101.5(C-1'),76.8(C-9),76.8(C-5'),73.5(C-3'),71.6(C-2'),70.2(C-4'),66.3(C-3),61.2(C-6'),44.9(C-2),40.3(C-4),39.8(C-1),37.2(C-8),29.6(C-12),28.2(C-11),24.1(C-7),23.5(C-10),19.5(C-13)。以上数据与 Ekabo 等(1993)对红花天料木(*Homalium ceylanicum*)化学成分报道的基本一致,因此鉴定该化合物为 3-Hydroxy-β-ionyl-β-D-glucopyranoside。

化合物 25,无定型粉末,ESI-MS m/z:385.3[M-H]$^-$,^{1}H-NMR(400MHz,DMSO-d_6)δ:7.32(1H,d,J=16.4Hz,H-7),6.13(1H,d,J=16.4Hz,H-8),4.43(1H,d,J=7.6Hz,H-1'),2.30(3H,s,H-10),1.94(1H,d,J=12.4Hz,H-2β),1.80(3H,s,H-11),1.14(3H,s,H-12),1.11(3H,s,H-13);^{13}C-NMR(100MHz,CD$_3$OD-d_4)δ:201.2(C-9),144.4(C-7),137.1(C-6),134.0(C-8),133.2(C-7),102.5(C-1'),78.1(C-5'),77.9(C-3'),75.2(C-2'),72.5(C-4'),71.7(C-3),62.7(C-6'),47.4(C-4),40.4(C-2),37.7(C-1),30.5(C-13),28.7(C-12),27.2(C-10),21.8(C-11),以上数据与 Liao 等(2012)对南川斑鸠菊(*Vernonia bockiana*)化学成分报道的基本一致,因此鉴定该化合物为 saussureosides B。

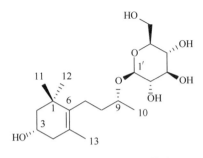

图 8-26 化合物 24 结构式 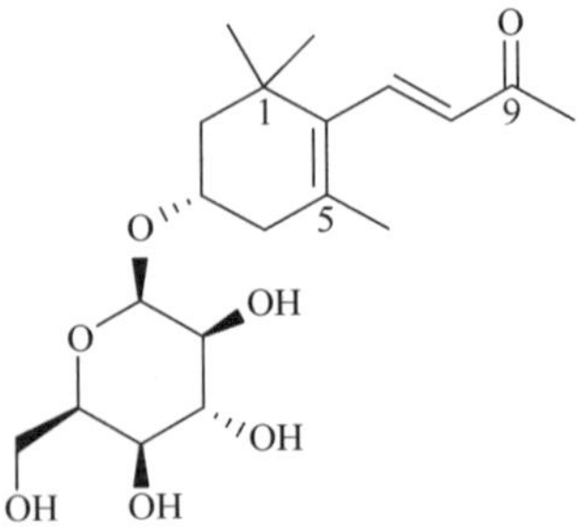　　　　　图 8-27 化合物 25 结构式

8.2.2.4 其他类化合物

化合物 26,黄色油状物(甲醇)。^{1}H NMR(400MHz,CD$_3$OD)δ:9.42(1H,s,2-CHO),7.31(1H,d,J=3.2Hz,H-3),6.49(1H,d,J=3.6Hz,H-4),4.52(2H,s,5-

CH$_2$OH);^{13}C NMR(100MHz,CD$_3$OD)δ:178.9(2-CHO),162.8(C-5),154.2(C-2),125.2(C-3),111.2(C-4),572(5-CH$_2$OH)。以上数据与廖矛川等(2016)对石菖蒲(*Acorus tatarinowii*)化学成分报道的基本一致,因此鉴定该化合物为5-羟基糠醛。

化合物27,无色晶体,ESI-MS:*m/z*。根据^{1}H NMR、^{13}C NMR 数据,推测其分子式为 C$_8$H$_{12}$O$_3$。^{1}H NMR(500MHz,DMSO-d_6)δ:1.094(3H,d,*J*=6Hz,H-8),1.481(1H,ddd,*J*=2.4,11.6,12.0Hz,H-7ax),1.33(1H,brdt,*J*=13.6,2.0Hz,H-5eq),1.48(1H,ddt,*J*=13.6,4.0,2.0Hz,H-5ax),1.68(1H,br d,*J*=13.6Hz,H-7eq),2.32(1H,dd,*J*=5.2,18.8Hz,H-3ax),2.60(1H,br d,*J*=18.8Hz,H-3eq),3.68(1H,ddq,*J*=11.2,2.4,5.6Hz,H-8),3.89(1H,br s,*J*=10Hz,H-4),4.40(1H,brs,*J*=9Hz,H-6)。^{13}C NMR(125MHz,DMSO-d_6)δ:169.5(C-2),72.6(C-6),65.31(C-4),61.4(C-8),38.1(C-1),36.1(C-3),28.7(C-5),21.3(C-9)。以上数据与Takeda 等(2000)对野鸦椿(*Euscaphis japonica*)化学成分报道的基本一致,因此鉴定该化合物为 tetraketide。

图 8-28 化合物 26 结构式   图 8-29 化合物 27 结构式

化合物28,^{1}H NMR(500MHz,DMSO-d_6)δ:5.78(1H,s,H-7),4.99(1H,d,*J*=3.5Hz,3-OH),4.08(1H,m,H-3),2.28(1H,dd,*J*=10.5,2.5Hz,H-4a),1.86(1H,dd,*J*=11.5,3.0Hz,H-2a),1.66(3H,s,H-11),1.63(1H,dd,*J*=13.5,4.0Hz,H-4b),1.41(1H,dd,*J*=14.0,3.5Hz,H-2b),1.38(3H,s,H-9),1.20(3H,s,H-10);^{13}C NMR(125 MHZ,DMSO-d_6)δ:183.1(C-6),171.0(C-8),112.1(C-7),86.5(C-5),64.9(C-3),46.6(C-4),45.3(C-2),35.7(C-1),30.4(C-9),26.8(C-11),26.2(C-10)。以上数据与肖美添等(2011)对白苞蒿(*Artemisia lactiflora*)化学成分报道的基本一致,因此鉴定为黑麦草内酯。

化合物29,^{1}H NMR(400MHz,MeOH)δ:1.30(3H,d,*J*=6.3Hz,H-9H$_3$),1.78(1H,dt,*J*=14.3,5.8Hz,H-7),2.08(1H,dd,*J*=14.2,7.1Hz,H-7),2.37(1H,m,H-5),2.52(1H,m,H-5),3.11(1H,m,H-2'),3.64(1H,m,H-6'),3.82(1H,dd,*J*=11.9,1.4Hz,H-6'),4.00(1H,dd,*J*=12.4,6.3Hz,H-8),4.29(1H,d,*J*=7.8Hz,H-1'),5.94(1H,ddd,*J*=9.7,2.5,0.8Hz,H-3),7.01(1H,ddd,*J*=9.7,6.1,2.4Hz,H-4);^{13}C NMR(100MHz,MeOH)δ:167.0(C-2),148.5(C-4),121.2(C-3),104.2(C-1'),78.1(C-3'),77.8(C-5'),77.0(C-6),75.2(C-2'),

74.5(C-8),71.5(C-3'),62.7(C-5'),42.6(C-7),30.3(C-5),22.2(C-9)。以上数据与 Takeda 等(2000)对野鸦椿(*Euscaphis japonica*)化学成分报道的基本一致,因此鉴定该化合物为 euscapholide glucoside。

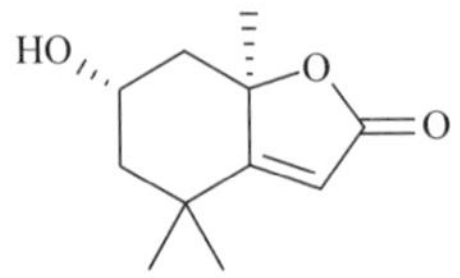

图 8-30　化合物 28 结构式

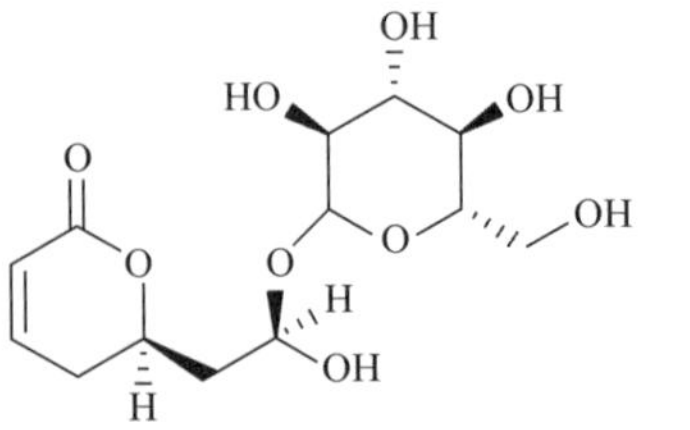

图 8-31　化合物 29 结构式

化合物 30,白色针状结晶,与 β-谷甾醇对照品共同进行 TLC 分析,在 3 种溶剂系统中展开,色谱行为完全一致,故鉴定该化合物为 β-谷甾醇。

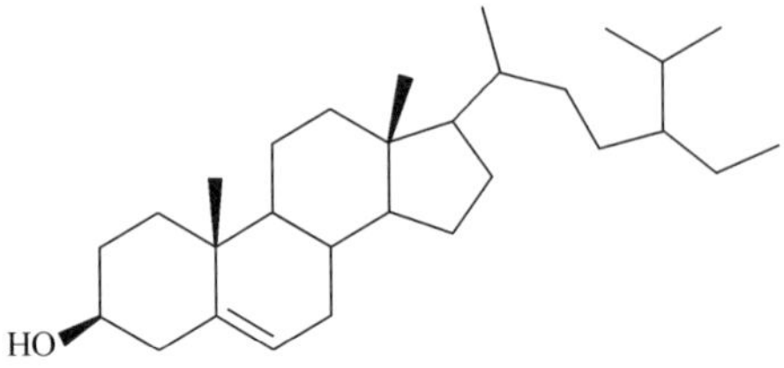

图 8-32　化合物 30 结构式

8.3　讨论与结论

药用植物体内一种或多种化合物是我国传统中药治疗的物质基础。圆齿野鸦椿是我国南方的一种传统药用植物,在民间有良好的药用基础,多用于消肿止痛,泻疾、除湿、止晕等疗效,但目前为止,关于圆齿野鸦椿的化学成分的研究尚少,未能有效为圆齿野鸦椿的药用开发提供理论指导。

本论文对圆齿野鸦椿果皮 70%乙醇提取物进行化学成分的分离鉴定,采用聚酰胺柱色谱、大孔吸附树脂色谱、凝胶柱色谱、ODS 柱色谱、高效液相色谱及制备液相等多种方法分离纯化后,从圆齿野鸦椿果皮乙醇提取物中分离得到化合物 33 个,通过 NMR,ESIMS,UV 等波谱方法鉴定了化合物 30 个。其中新化合物 1 个,已知化合物 29 个,主要为三萜类、黄酮类和酚酸类化合物等。

三萜类化合物是一类具有特殊空间结构的天然产物,其具有较好的抗炎、保肝护肾、抗肿瘤、抑菌活性。Yang 等(2018)通过体内、体外细胞试验研究白桦脂酸对肾癌细胞的抑制作用,结果表明白桦脂酸能够较好的抑制肾癌细胞的增殖,且具有时间和剂量的依赖性;Karan 等(2018)通过生物活性引导首次从夜花叶片中分离得到白桦脂酸,并对其生活活性进行研究,研究结果显示白桦脂酸具有良好的抗炎[IC50 值为 10.34μg/mL(COX-1),12.92μg/mL(COX-2),15.53μg/mL(5-LOX),15.21μg/mL(Nitrite),16.65μg/mL(TNF-α)]、抗肿瘤[IC50 值分别为 6.53(HepG2),9.34(A549),14.92(HL-60),16.90(MCF-7),17.07(HCT-116),13.27(PC-3)和12.55μM(HeLa)]和抗氧化活性(IC50 值为 18.03μg/mL)。Alvarado 等(2018)研究了从鸡蛋花中分离得到的齐墩果酸和熊果酸对 B16 鼠黑色素瘤细胞系的抗氧化和抗癌作用,结果显示齐墩果酸和熊果酸混合物对 DPPH 的抑制率较高;Su 等(2017)研究了从中草药山芝麻分离得到的 3 种三萜类化合物螺旋酸、齐墩果酸和桦木酸对结直肠癌细胞的抑制作用,结果显示提取物可以减少 HT-29 结直肠癌细胞的增殖并诱导细胞凋亡。黄维等(2018)研究了从圆齿野鸦椿中分离得到的野鸦椿酸对人肝癌细胞增殖、侵袭和迁移能力的影响及其机制,结果显示 EA 抑制人肝癌细胞 HepG2 细胞的增殖,24、48 和 72h 的 IC50 分别为 32.16±4.58、26.45±3.79、和 16.76±4.01μmol/L。

黄酮类化合物是一种在自然界中广泛存在,且具有良好生物活性且毒副性低的天然产物。黄酮类化合物具有多种生物活性,比如抗炎、抗氧化、抑菌、抗癌、提高机体免疫机能、防治心血管疾病和影响性激素的分泌和代谢,调节动物激素平衡等。Zhu 等(2018)研究了从胡颓子叶片中分离得到的槲皮素和山奈酚的抗炎、镇痛和镇咳活性,药理实验表明,它们可以显著减少小鼠的耳肿胀,减轻小鼠的扭体反应;它们还可以防止老鼠咳嗽;采用清除 DPPH 自由基、清除 ABTS 自由基和抑制体外肝脏线粒体脂质过氧化试验的方法研究了东方肉穗草中的主要黄酮类活性成分异鼠李素和槲皮素的抗氧化活性,异鼠李素和槲皮素有明显的抗氧化活性,呈浓度依赖性效应。在清除 DPPH 自由基、清除 ABTS 自由基和抑制体外肝脏线粒体脂质过氧化试验中,异鼠李素的体系终浓度 IC50 分别为 32,14.54,6.67μmol/L,槲皮素的体系终浓度 IC50 分别为 4,3.64,6.67μmol/L。Zahoor 等(2018)研究了从七叶树果实中分离得到的槲皮素和扁桃酸的抗氧化和清除自由基活性,实验表明在 62.5~1000μg/mL 浓度范围内对 DPPH 和 ABTS 自由基具有良好的抗氧化活性,与扁桃酸相比,槲皮素的自由基清除潜力百分比更高,IC50 值为 78μg/mL(IC50=118μg/mL)。

植物分类学是植物科学中最古老,最全面的分支。经典分类学基于标本的形态学和解剖学研究,这是生物学中最基本的学科之一。植物分类学在很大程度上依赖于来自许多其他学科的证据,并且不断增加新证据以改进以前的研究结果。例如,化学分类学是一种在分子水平上研究植物群及其关系的方法。近年来,由于各种分离和分析方法的发展,植物群体的化学分裂已被广泛研究,这为植物分类提供了许多新的证据。

植物化学分类学主要依据小分子化合物和生物大分子化合物。小分子化合物是指植物体内的一些次生代谢产物,包括萜类、生物碱、挥发油、黄酮、香豆素和皂苷等,生物大分子化合物包含核酸、酶和蛋白质等。化学分类学已经被广泛地应用到植物的分类中。

将从圆齿野鸦椿中分离得到的化合物与已报道的从同属植物野鸦椿中分离得到的化合物进行对比可以发现,两个物种中的化合物既有共性也存在差异。首先,部分化合物在两个物种中均有发现,比如野鸦椿酸、乌索酸、齐墩果酸、euscapholide glucoside、tetraketide、5,7-二羟基-2-甲基色原酮等,但在圆齿野鸦椿中分离得到了两个含量较大的色原酮碳苷化合物:isobiflorin 和 biflorin,在野鸦椿中并没有发现。另外,从圆齿野鸦椿和野鸦椿中均分离得到了化合物 tetraketide,该化合物尚未在其他植物中发现,其是否为野鸦椿属植物或省沽油科植物的特征性化合物有待进一步进行研究。

总结:本章节对圆齿野鸦椿果皮的化合物进行分离鉴定,从圆齿野鸦椿中分离得到了具有较好的广谱生物活性的化合物,但这些化合物是否为圆齿野鸦椿药用活性的基础物质有待进一步进行研究。另外,从圆齿野鸦椿中分离得到的化合物具有不同的生物活性,也为挖掘圆齿野鸦椿的不同药用价值提供了一定的理论参考,同时为圆齿野鸦椿果皮指纹图谱的构建提供了物质基础。

参 考 文 献

白杰,马秀琴,陈卓尔,等. 恰麻古化学成分的研究[J]. 华西药学杂志,2016,31(03):221-223.

邓雪红,郑承剑,吴宇,等. 爬岩红化学成分研究[J]. 中国药学杂志,2013,48(10):777-781.

杜树山,雷宁,徐艳春,等. 天南星黄酮成分的研究[J]. 中国药学杂志,2005,39(19):1457-1459.

高微,刘布鸣,黄艳,等. 尖尾枫化学成分研究[J]. 中国实验方剂学杂志,2013,19(19):153-155.

黄维,邹小兴,丁卉,等. 圆齿野鸦椿醇提物抗肝癌作用研究[J]. 中国现代中药,2018,20(02):179-183.

黄艳,郑金燕,杨刚劲,等. 苦丁茶冬青根的化学成分研究[J]. 中草药,2015,46(16):2371-2376.

黄云,向德标,胡乔民,等. 福建野鸦椿籽中的酚酸类化学成分[J]. 中草药,2014,45(18):2611-2613.

亢文佳,富艳彬,李达翃,等. 荔枝草的化学成分研究[J]. 中草药,2015,46(11):1589-1592.

雷军,肖云川,王文静,等. 糯米藤中黄酮类化学成分研究[J]. 中国中药杂志,2012,37(04):478-482.

李春梅,王涛,张祎,等. 中药黄蜀葵花化学成分的分离与鉴定(Ⅱ)[J]. 沈阳药科大学学报,

2010,177(10):803-807.

李娇妹,郑纺,翟丽娟,等. 三萜类化合物抗肿瘤活性研究进展[J]. 中草药,2014,45(15):2265-2271.

李丽,鲍官虎. 冻绿茎部化学成分的研究[J]. 天然产物研究与开发,2013,25(11):1519-1521,1586.

梁文贤,倪林,邹小兴,等. 野鸦椿属植物化学成分和药理活性研究进展[J]. 中草药,2018,49(05):1220-1226.

廖矛川,陈凤,张雨馨,等. 石菖蒲正丁醇部位化学成分研究[J]. 中南民族大学学报(自然科学版),2016,35(01):64-66,74.

太志刚,陈安逸,秦本逵,等. 翼茎羊耳菊三萜类化学成分研究[J]. 昆明理工大学学报(自然科学版),2014,(05):70-75.

王亚男,林生,陈明华,等. 天麻水提取物的化学成分研究[J]. 中国中药杂志,2012,37(12):1775-1781.

向德标,胡乔铭,谭洋,等. 野鸦椿籽中三萜类化合物的分离与鉴定[J]. 中成药,2015,37(04):793-796.

肖美添,叶静,洪本博,等. 白苞蒿化学成分研究[J]. 中国药学杂志,2011,46(06):414-417.

易衍,巫鑫,王英,等. 霸王花黄酮类成分研究[J]. 中药材,2011,34(05):712-716.

朱华旭,唐于平,龚祝南,等. 假夌包叶化学成分研究(Ⅲ)[J]. 中草药,2008,39(11):1612-1616.

Alvarado H L, Calpena A C, Garduno-Ramirez M L, et al. Nanoemulsion strategy for ursolic and oleanic acids isolates from Plumeria obtusa improves antioxidant and cytotoxic activity in melanoma cells[J]. Anti-Cancer Agents in Medicinal Chemistry,2018.

Bik H M. Let's rise up to unite taxonomy and technology [J]. Plos Biology, 2017, 15(8):e2002231.

Dussert S, Laffargue A, Kochko A D, et al. Effectiveness of the fatty acid and sterol composition of seeds for the chemotaxonomy of Coffea subgenus Coffea[J]. Phytochemistry,2008,69(17):2950-2960.

Ekabo O A, Farnsworth N R, Santisuk T, et al. Phenolic, iridoid and ionyl glycosides from Homalium ceylanicum[J]. Phytochemistry,1993,32(3):747-754.

Fraga B M. Phytochemistry and chemotaxonomy ofSideritis species from the Mediterranean region [J]. Phytochemistry,2012,76:7-24.

Ghosal S, Kumar Y, Singh S, et al. Biflorin, a chromone-C-glucoside from Pancratium biflorum[J]. Phytochemistry,1983,22(11):2591-2593.

Haliński Ł P, Samuels J, Stepnowski P. Multivariate analysis as a key tool in chemotaxonomy of brinjal eggplant, African eggplants and wild related species[J]. Phytochemistry, 2017, 144:87-97.

Karan B N, Maity T K, Pal B C, et al. Betulinic Acid, the first lupane-type triterpenoid isolated via bioactivity-guided fractionation, and identified by spectroscopic analysis from leaves of Nyctanthes arbor-tristis: its potential biological activities in vitro assays[J]. Natural Product Research,2018:1-6.

Liao S-G, Wang Z, Li J, et al. Cytotoxic sesquiterpene lactones from Vernonia bockiana [J]. Chinese Journal of Natural Medicines,2012,10(3):230-233.

Ni L,Zhang X M,Zhou X,et al. Megastigmane Glycosides from the Leaves of Tripterygium wilfordii [J]. Natural Product Communications,2015,10(12):2023.

Ni L, Zhou X, Ma J, et al. Wilfordonols A-D: four new norsesquiterpenes from the leaves of Tripterygium wilfordii [J]. Journal of Asian Natural Products Research, 2015, 17 (6): 615-624.

Norström E,Katrantsiotis C,Smittenberg R H,et al. Chemotaxonomy in some Mediterranean plants and implications for fossil biomarker records[J]. Geochimica Et Cosmochimica Acta,2017, 219:96-110.

Singh R,Geetanjali. Chemotaxonomy of Medicinal Plants:Possibilities and Limitations[J]. Natural Products and Drug Discovery,2018:119-136.

Su D,Gao Y Q. Helicteric Acid,Oleanic Acid,and Betulinic Acid,Three Triterpenes fromHelicteres angustifolia L. ,Inhibit Proliferation and Induce Apoptosis in HT-29 Colorectal Cancer Cells via Suppressing NF-kappaB and STAT3 Signaling[J]. Evidence-based Complementary and Alternative Medicine,2017,2017:5180707.

Suleimen E M,Gorovoi P G,Dudkin R V,et al. Constituent Composition and Biological Activity of Essential Oil From Phlomis maximowiczii[J]. Chemistry of Natural Compounds,2017,53(6): 1186-1188.

Triana J,Eiroa J L,Ortega J J,et al. Chemotaxonomy of Gonospermum and related genera[J]. Phytochemistry,2010,71(5):627-634.

Wagner H,Obermeier G,Chari V M,et al. Flavonoid-C-Glycosides From Triticum aestivum L[J]. Journal of Natural Products,1980,43(5):583-587.

Yang C,Li Y,Fu L,et al. Betulinic acid induces apoptosis and inhibits metastasis of human renal carcinoma cells in vitro and in vivo[J]. Journal of Cellular Biochemistry,2018.

Yongwen Z,Yuwu C. Isobiflorin,a chromone C-glucoside from cloves(Eugenia caryophyllata)[J]. Phytochemistry,1997,45(2):401-403.

Zahoor M,Shafiq S,Ullah H,et al. Isolation of quercetin and mandelic acid from Aesculus indica fruit and their biological activities[J]. BMC Biochemistry,2018,19(1):5.

Zhu J X,Wen L,Zhong W J,et al. Quercetin,Kaempferol and Isorhamnetin in Elaeagnus pungens Thunb. Leaf:Pharmacological Activities and Quantitative Determination Studies[J]. Chem Biodivers,2018,15(8):e1800129.

Zizka G, Schneider J V. Phylogeny, taxonomy and biogeography of Neotropical Quiinoideae (Ochnaceae s. l.)[J]. Taxon,2017,66(4):855-867.

第九章　圆齿野鸦椿 HPLC 指纹图谱构建

液相色谱指纹图谱是一种顺应中药多组分、多靶点的现代中药质量控制方法，现已成为国内外广泛接受的中药质量控制评价模型。液相色谱指纹图谱方法已经被广泛应用于中药材的质量控制及评价。

圆齿野鸦椿是我国传统中药材，课题组长期致力于圆齿野鸦椿开发运用研究，但由于缺乏药用价值的整体评价技术体系，在药用品种筛选、栽培管理效果评价时均大多采用生长性状和生理性状等或单一化学组分作为指标，为了建立更全面的评价体系，本章拟建立圆齿野鸦椿果皮 HPLC 指纹图谱。通过对圆齿野鸦椿果皮 HPLC 色谱条件进行考察(流动相系统、检测波长、梯度洗脱程序等)，筛选较优的色谱条件，对采集的 12 批次样品进行检测，并通过相似性分析、聚类分析和主成分分析对样品进行评价，建立圆齿野鸦椿果皮 HPLC 指纹图谱。

9.1　材　　料

9.1.1　植物材料

圆齿野鸦椿果皮样品(表 9-1)，共收集福建省内 12 批次的圆齿野鸦椿果皮样品。标本存放于福建农林大学福建省高校生物资源保育利用工程研究中心。

表 9-1　圆齿野鸦椿样品来源

序　号	采集地	日　期	备　注
S1	泉州市德化 1	2016 年 11 月	
S2	福州市仓山区	2016 年 11 月	
S3	泉州市德化 2	2016 年 11 月	
S4	三明市泰宁	2016 年 11 月	
S5	龙岩市武平	2016 年 11 月	
S6	福州市闽侯	2016 年 11 月	
S7	三明市清流	2016 年 11 月	
S8	南平市建阳 4	2017 年 4 月	
S9	南平市建阳 2	2016 年 11 月	清流种源
S10	南平市建阳 3	2016 年 11 月	邵武种源

(续)

序 号	采集地	日 期	备 注
S11	福州市闽清	2016年11月	
S12	南平市建阳1	2016年11月	

9.1.2 主要试剂及仪器

仪器:高效液相色谱仪:Waters 600 高效液相色谱仪;旋转蒸发仪:上海亚荣生化仪器厂;超声波清洗机:昆山超声仪器公司;主要试剂:色谱级甲醇(sigma,德国),乙醇,乙酸(分析纯,国药公司),纯净水。

9.2 试验方法及结果

9.2.1 供试品的准备

根据前期实验结果,圆齿野鸦椿果皮指纹图谱供试品的制备方法如下:准确称取圆齿野鸦椿果皮干燥粉末 5.0g,置于圆底烧瓶中,以料液比 1:10 的比例加入 70%乙醇 50mL,于 80℃冷凝回流 1h,过滤,得滤液,重复 2 次,合并滤液,减压浓缩干燥,甲醇溶解,并定容至 50mL,经 0.45μm 滤膜过滤,作为供试品待用。

9.2.2 色谱条件考察

HPLC 指纹图谱主要考察流动相系统、波长、流动相的洗脱梯度、检测时间等几个因素,并以柱效、图谱基线、色谱峰分离度、色谱峰数量作为考察评价指标。

9.2.2.1 流动相系统的选择

流动相主要考察:①甲醇-水流动相系统,②甲醇-0.1%乙酸水流动相系统,结果如图 9-1,使用甲醇-0.1%乙酸水流动相系统的分离效果较好,所以选择甲醇-0.1%乙酸水流动相系统。

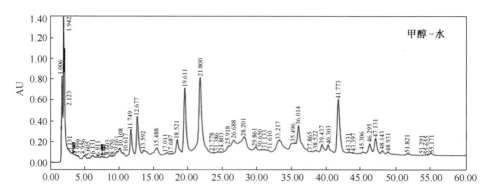

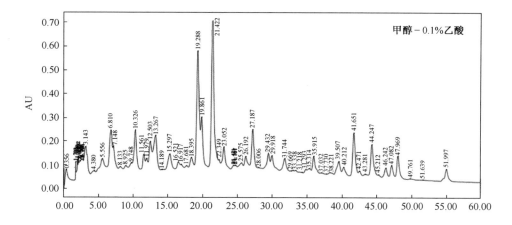

图9-1 不同流动相系统色谱图(254nm)

9.2.2.2 检测波长的选择

对样品进行200~400nm扫描,根据图9-2(见彩图)3D图谱选择5种波长进行比较(210nm、235nm、254nm、280nm、320nm),以图谱基线、分离度、色谱峰数量作为选择指标,选择圆齿野鸦椿指纹图谱的最适宜波长。

从图9-3和图9-4可以看出,5种不同波长条件下,谱图的基线、峰形及峰数

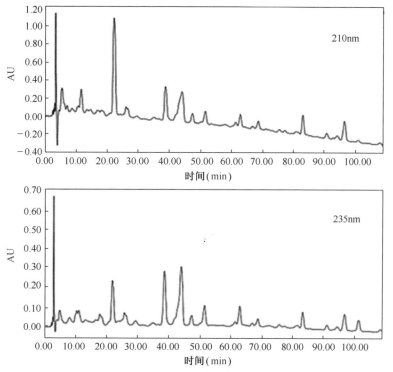

图9-3 不同波长色谱图

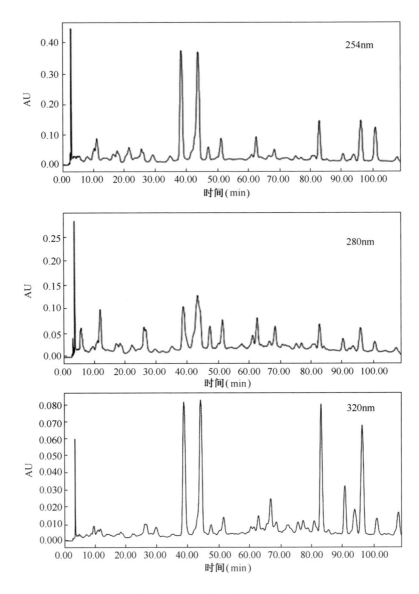

图 9-3　不同波长色谱图(续)

量呈现较大的差异,在254nm波长条件下,谱图的基线较平稳、峰形对称性好,峰数量较多,故选择254nm为圆齿野鸦椿指纹图谱构建的检测波长。

9.2.2.3　流动相梯度选择

吸取一定量的圆齿野鸦椿供试液,过 0.45μm 滤膜,根据上述结果确定色谱条件:色谱柱为 Dikma Diamonsil(C_{18} 400×4.6nm,5μm);柱温为30℃;流速为 1.0mL/min;检测波长为254nm;进样体积为20μL;流动相中 A 为甲醇,B 为 0.1%乙酸水。

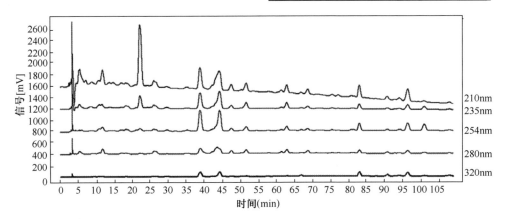

图 9-4 不同波长条件下色谱图比较

设置不同的梯度进行洗脱,筛选圆齿野鸦椿 HPLC 指纹图谱最佳洗脱梯度。

不同洗脱梯度条件及结果分别见表 9-2 至表 9-7、如图 9-5 至图 9-10(见彩图),在梯度 6 条件下,色谱图的峰数量及峰的分离度均较优,因此选择梯度 6 作为圆齿野鸦椿 HPLC 指纹图谱流动相洗脱梯度。

表 9-2 HPLC 流动相洗脱梯度 1

流动相	0	10	25	40	100	100.01	105
A(%)	5	10	20	20	60	100	100
B(%)	95	90	80	80	40	0	0

表 9-3 HPLC 流动相洗脱梯度 2

流动相	0	20	50	80	130	150
A(%)	5	10	16	16	55	100
B(%)	95	90	84	84	45	0

表 9-4 HPLC 流动相洗脱梯度 3

流动相	0	15	30	60	110	150
A(%)	5	10	16	16	55	100
B(%)	95	90	84	84	45	0

表 9-5 HPLC 流动相洗脱梯度 4

流动相	0	15	30	60	130	150
A(%)	5	10	16	16	55	100
B(%)	95	90	84	84	45	0

表 9-6 HPLC 流动相洗脱梯度 5

流动相	0	20	60	130	150
A(%)	10	16	30	55	100
B(%)	90	84	70	45	0

表 9-7 HPLC 流动相洗脱梯度 6

流动相	0	30	40	80	150
A(%)	10	16	16	30	60
B(%)	90	84	84	70	40

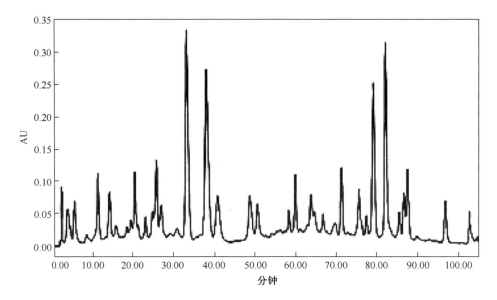

图 9-5 洗脱梯度 1 条件下色谱图

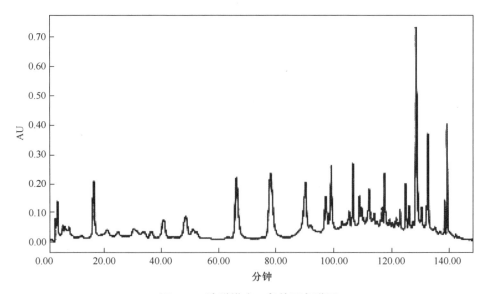

图 9-6 洗脱梯度 2 条件下色谱图

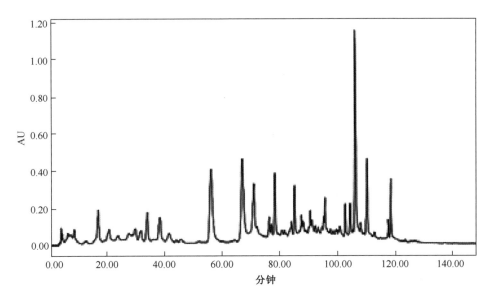

图 9-7 洗脱梯度 3 条件下色谱图

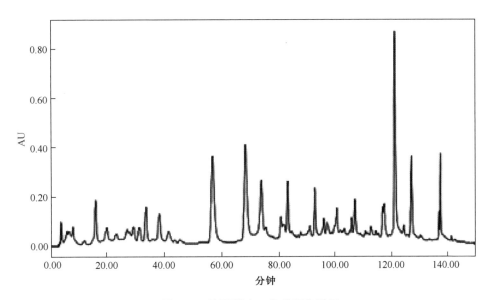

图 9-8 洗脱梯度 4 条件下色谱图

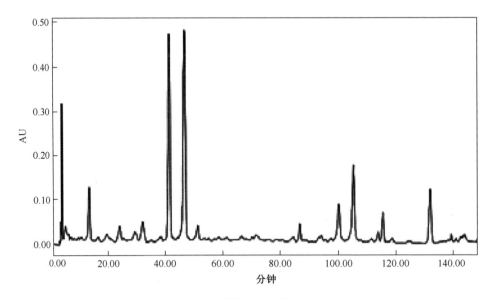

图 9-9　洗脱梯度 5 条件下色谱图

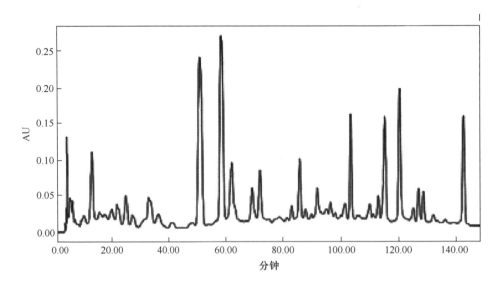

图 9-10　洗脱梯度 6 条件下色谱图

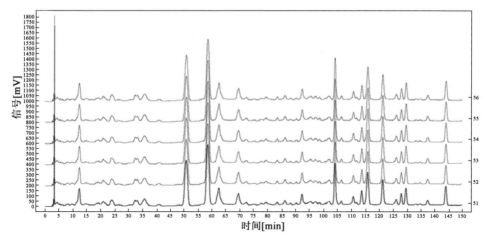

图 9-11　稳定性试验色谱图($n=6$)

9.2.3　圆齿野鸦椿果皮 HPLC 指纹图谱色谱条件

综上所述,圆齿野鸦椿果皮 HPLC 指纹图谱的色谱条件:色谱柱为 Dikma Diamonsil(C_{18} 400×4.6nm,5μm)柱;流动相中 A 为甲醇,B 为 0.1%乙酸水;柱温为 30℃;流速 1.0mL/min;进样量为 20μL;检测波长为 254nm。

洗脱梯度见表 9-8。

表 9-8　流动相洗脱梯度条件

时间(min)	流动相 A(%)	流动相 B(%)
0~30	10~16	90~84
30~40	16~16	84~84
40~80	16~30	84~70
80~150	30~60	70~40

9.2.4　方法学考察

9.2.4.1　稳定性实验

精密称取 S1 样品 5.0g,根据 9.2.1 的方法制备得稳定性实验供试样品,分别在 0、3、6、9、12、24h 进行 HPLC 检测分析,色谱条件参照 9.2.3,进样量为 20μL,考察各色谱峰的相对保留时间及相对峰面积,计算 RSD,并利用中药色谱指纹图谱相似性评价系统对 6 次进样的相似度进行评价。

稳定性试验结果分别见表 9-9 至表 9-11 和如图 9-11,6 个不同时间段进样,指纹图谱相似度均得到 99.9%以上,且 15 个共有峰的相对保留时间和相对峰面积的 RSD 分别为 0.541%和 2.450%,均小于 5%,供试品在 24h 内稳定性良好,符合 HPLC 指纹图谱稳定性试验的要求。

表 9-9 稳定性试验色谱图共有峰相对保留时间($n=6$)

峰号	0h	3h	6h	9h	12h	24h	RSD(%)	平均 RSD(%)
1	0.238	0.242	0.251	0.240	0.241	0.248	2.074	
2(S)	1.000	1.000	1.000	1.000	1.000	1.000	0.000	
3	1.136	1.145	1.147	1.154	1.146	1.154	0.584	
4	1.237	1.223	1.221	1.229	1.234	1.241	0.643	
5	1.351	1.364	1.372	1.364	1.367	1.369	0.534	
6	1.677	1.681	1.689	1.696	1.688	1.682	0.405	
7	1.789	1.804	1.816	1.809	1.801	1.807	0.503	
8	2.026	2.049	2.038	2.045	2.049	2.038	0.431	0.541
9	2.250	2.267	2.275	2.261	2.267	2.275	0.416	
10	2.360	2.371	2.390	2.363	2.379	2.373	0.461	
11	2.448	2.460	2.451	2.472	2.459	2.461	0.344	
12	2.485	2.499	2.508	2.495	2.498	2.490	0.318	
13	2.515	2.531	2.519	2.541	2.549	2.529	0.508	
14	2.609	2.627	2.641	2.628	2.627	2.648	0.512	
15	2.789	2.807	2.817	2.804	2.808	2.819	0.383	

表 9-10 稳定性试验色谱图共有峰相对峰面积

峰号	0h	3h	6h	9h	12h	24h	RSD(%)	平均 RSD(%)
1	0.264	0.260	0.254	0.259	0.261	0.257	1.324	
2(S)	1.000	1.000	1.000	1.000	1.000	1.000	0.000	
3	1.205	1.200	1.185	1.200	1.195	1.197	0.567	
4	0.370	0.365	0.352	0.370	0.355	0.349	2.589	
5	0.236	0.216	0.225	0.219	0.224	0.229	3.175	
6	0.068	0.061	0.064	0.063	0.061	0.064	4.076	
7	0.170	0.155	0.160	0.165	0.159	0.161	3.218	
8	0.501	0.485	0.491	0.494	0.489	0.500	1.273	2.450
9	0.521	0.502	0.511	0.514	0.518	0.500	1.661	
10	0.367	0.349	0.357	0.352	0.359	0.361	1.802	
11	0.089	0.088	0.079	0.084	0.087	0.085	4.236	
12	0.137	0.129	0.127	0.126	0.131	0.135	3.364	
13	0.207	0.194	0.201	0.197	0.202	0.205	2.417	
14	0.062	0.061	0.057	0.059	0.054	0.058	4.925	
15	0.259	0.244	0.249	0.248	0.252	0.255	2.128	

表 9-11 稳定性试验色谱图相似度($n=6$)

	0h	3h	6h	9h	12h	24h
0h	1.000					
3h	1.000	1.000				
6h	0.999	0.999	1.000			
9h	0.999	1.000	1.000	1.000		
12h	1.000	1.000	1.000	0.999	1.000	
24h	1.000	0.999	1.000	1.000	0.999	1.000
对照指纹图谱	0.999	1.000	1.000	0.999	1.000	1.000

9.2.4.2 精密性实验

精密称取 S1 样品 5.0 g，根据 9.2.1 的方法制备得稳定性实验供试样品，连续进样 6 次，色谱条件参照 9.2.3，进样量 20μL，考察各色谱峰的相对保留时间及相对峰面积，计算 RSD，并利用中药色谱指纹图谱相似性评价软件对 6 次进样的相似度进行评价。

精密性试验结果分别见表 9-12 至表 9-14，连续 6 次进样所得的指纹图谱的相似度均在 99.9% 以上，且共有峰的相对保留时间和相对峰面积平均 RSD 分别为 0.476% 和 3.438%，均小于 5%，表明该用于指纹图谱的仪器精密性良好，符合指纹图谱的精密性考察要求。

表 9-12 精密性试验色谱图共有峰相对保留时间($n=6$)

峰号	1	2	3	4	5	6	RSD(%)	平均 RSD(%)
1	0.238	0.24	0.247	0.245	0.243	0.248	1.617	
2(S)	1	1	1	1	1	1	0.000	
3	1.136	1.141	1.145	1.151	1.143	1.144	0.431	
4	1.237	1.233	1.225	1.224	1.234	1.243	0.586	
5	1.351	1.354	1.362	1.366	1.357	1.362	0.415	
6	1.677	1.671	1.679	1.686	1.681	1.684	0.319	
7	1.789	1.801	1.796	1.799	1.791	1.797	0.258	
8	2.026	2.039	2.034	2.041	2.046	2.038	0.334	0.476
9	2.25	2.257	2.265	2.259	2.261	2.271	0.316	
10	2.36	2.359	2.369	2.361	2.372	2.371	0.252	
11	2.448	2.454	2.459	2.466	2.454	2.46	0.253	
12	2.485	2.479	2.518	2.475	2.488	2.496	0.621	
13	2.515	2.501	2.529	2.545	2.529	2.509	0.635	
14	2.609	2.617	2.631	2.648	2.637	2.618	0.555	
15	2.789	2.817	2.821	2.798	2.818	2.829	0.541	

表 9-13 精密性试验色谱图共有峰相对峰面积

峰号	1	2	3	4	5	6	RSD(%)	平均 RSD(%)
1	0.264	0.247	0.244	0.259	0.255	0.261	3.127	3.438
2(S)	1	1	1	1	1	1	0.000	
3	1.205	1.217	1.195	1.236	1.199	1.247	1.729	
4	0.37	0.355	0.342	0.363	0.385	0.359	4.002	
5	0.236	0.206	0.215	0.231	0.224	0.229	4.988	
6	0.068	0.063	0.065	0.062	0.067	0.064	3.573	
7	0.17	0.151	0.164	0.161	0.154	0.169	4.808	
8	0.501	0.495	0.481	0.514	0.482	0.534	4.045	
9	0.521	0.502	0.511	0.514	0.518	0.5	1.661	
10	0.367	0.359	0.343	0.382	0.349	0.351	3.967	
11	0.089	0.083	0.078	0.081	0.086	0.085	4.639	
12	0.137	0.129	0.147	0.136	0.13	0.131	4.980	
13	0.207	0.199	0.205	0.199	0.209	0.215	2.992	
14	0.062	0.06	0.058	0.06	0.057	0.063	3.801	
15	0.259	0.264	0.249	0.268	0.272	0.255	3.262	

表 9-14 精密性试验色图谱相似度($n=6$)

	精密性1	精密性2	精密性3	精密性4	精密性5	精密性6
精密性1	1.000					
精密性2	0.999	1.000				
精密性3	0.999	0.999	1.000			
精密性4	0.999	0.999	0.999	1.000		
精密性5	0.999	0.999	0.999	0.999	1.000	
精密性6	0.999	0.999	0.999	0.999	0.999	1.000
对照指纹图谱	0.999	0.999	0.999	0.999	0.999	0.999

9.2.4.3 重复性实验

精密称取 S1 样品 5.0g,根据 9.2.1 的方法制备得 6 份重复性试验供试样品,色谱条件参照 9.2.3,进样量为 20μL,考察各色谱峰的相对保留时间及相对峰面积,计算 RSD,并利用中药色谱指纹图谱相似性评价软件对 6 次进样的相似度进行评价。

重复性试验结果分别见表 9-15 至表 9-17,从表中可以看出 6 次重复性试验,指纹图谱的共有峰保留时间、共有峰峰面积 RSD 分别为 0.648% 和 3.419%,指纹图谱的相似性均在 0.999 以上,说明试验重复性良好,符合指纹图谱的重复性考察要求。

表 9-15　重复性试验指纹图谱共有峰相对保留时间($n=6$)

峰号	1	2	3	4	5	6	RSD(%)	平均 RSD(%)
1	0.238	0.244	0.242	0.235	0.246	0.246	1.857	
2(S)	1	1	1	1	1	1	0.000	
3	1.136	1.131	1.145	1.151	1.161	1.154	0.986	
4	1.237	1.223	1.235	1.214	1.251	1.24	1.059	
5	1.351	1.344	1.36	1.364	1.359	1.365	0.599	
6	1.677	1.661	1.669	1.696	1.685	1.691	0.795	
7	1.789	1.811	1.792	1.795	1.801	1.811	0.529	
8	2.026	2.033	2.044	2.051	2.066	2.048	0.689	0.648
9	2.25	2.259	2.268	2.269	2.271	2.265	0.349	
10	2.36	2.359	2.369	2.361	2.372	2.371	0.252	
11	2.448	2.454	2.459	2.466	2.454	2.46	0.253	
12	2.485	2.479	2.518	2.475	2.488	2.496	0.621	
13	2.515	2.521	2.524	2.535	2.559	2.546	0.660	
14	2.609	2.618	2.632	2.628	2.647	2.638	0.520	
15	2.789	2.821	2.823	2.798	2.828	2.819	0.557	

表 9-16　重复试验指纹图谱共有峰相对峰面积

峰号	1	2	3	4	5	6	RSD(%)	平均 RSD(%)
1	0.258	0.243	0.241	0.252	0.255	0.264	3.506	
2(S)	1	1	1	1	1	1	0.000	
3	1.215	1.207	1.185	1.236	1.189	1.257	2.283	
4	0.365	0.358	0.352	0.361	0.375	0.369	2.247	
5	0.226	0.216	0.235	0.23	0.224	0.239	3.597	
6	0.068	0.061	0.062	0.064	0.065	0.067	4.246	
7	0.172	0.154	0.168	0.165	0.158	0.165	4.028	
8	0.501	0.495	0.481	0.514	0.482	0.534	4.045	3.419
9	0.521	0.502	0.511	0.517	0.528	0.499	2.181	
10	0.367	0.349	0.353	0.372	0.348	0.361	2.766	
11	0.089	0.081	0.079	0.08	0.084	0.087	4.840	
12	0.137	0.128	0.141	0.133	0.139	0.145	4.384	
13	0.217	0.196	0.215	0.196	0.21	0.208	4.406	
14	0.06	0.061	0.056	0.063	0.059	0.064	4.762	
15	0.269	0.261	0.247	0.278	0.271	0.265	3.994	

表 9-17　重复性试验指纹图谱相似度($n=6$)

	重复性 1	重复性 2	重复性 3	重复性 4	重复性 5	重复性 6
重复性 1	1.000					
重复性 2	0.999	1.000				
重复性 3	0.999	0.999	1.000			
重复性 4	1.000	1.000	0.999	1.000		
重复性 5	0.999	0.999	0.999	0.999	1.000	
重复性 6	0.999	0.999	1.000	0.999	0.999	1.000
对照指纹图谱	0.999	0.999	0.999	0.999	0.999	0.999

9.2.5　圆齿野鸦椿果皮 HPLC 指纹图谱的构建

9.2.5.1　供试样品的制备

精密称取圆齿野鸦椿果皮干燥粉末 5.0g,根据 9.2 所述方法制备得指纹图谱供试样品。

9.2.5.2　样品检测

将 9.2.5.1 制备得的样品根据 9.2.3 所述的 HPLC 色谱条件进行检测。

9.2.5.3　对照品溶液的制备

称取一定量的 biflorin、isobiflorin 和芦丁对照品,色谱级甲醇溶解,配制成一定浓度的对照品溶液,并经 0.22μm 滤膜过滤。根据 9.2.3 所述的色谱条件进行检测。

9.2.6　12 批次圆齿野鸦椿样品图谱数据分析

使用"中药色谱指纹图谱相似度评价系统(2004A 版)"对 12 批次圆齿野鸦椿果皮指纹图谱进行分析(图 9-12),选定 2 号峰为参照峰,共确定 15 个共有峰,采用中位数法,生成对照,如图 9-13,并计算各图谱之间的相似度。

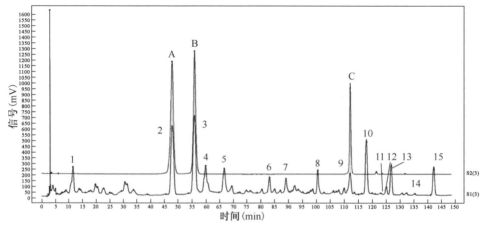

图 9-12　对照品及供试品色谱重叠图
A:isobiflorin;B:biflorin;C:芦丁

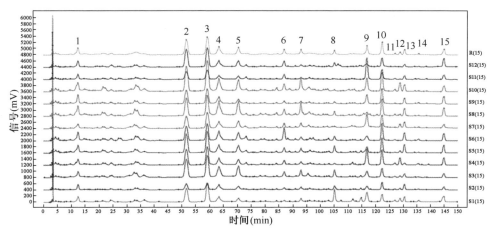

图9-13 12批次圆齿野鸦椿样品特征指纹图谱

12批次圆齿野鸦椿果皮样品指纹图谱相似度见表9-18,12批次圆齿野鸦椿果皮样品指纹图谱相似度在0.71~0.98之间,其中S11与其他批次样品之间的相似度较低,其余批次样品之间的相似度均较高。

12批次圆齿野鸦椿果皮样品指纹图谱15个共有峰相对峰面积结果见表9-19,从表中数据可以看出,12批次圆齿野鸦椿果皮样品指纹图谱共有峰峰面积存在较大差异,说明12批次样品间化学成分含量存在较大的差异,这种差异的原因可能是由于种源、种植地气候环境、土壤、人工抚育措施、采集时间等差异造成的,具体原因有待进一步研究。

表9-18 12批次圆齿野鸦椿样品指纹图谱相似度

	S1	S2	S3	S4	S5	S6	S7	S8	S9	S10	S11	S12	对照指纹图谱
S1	1.00	0.92	0.95	0.94	0.97	0.89	0.94	0.86	0.94	0.94	0.83	0.95	0.96
S2	0.92	1.00	0.93	0.91	0.96	0.96	0.94	0.96	0.96	0.95	0.82	0.90	0.97
S3	0.95	0.93	1.00	0.92	0.97	0.93	0.94	0.95	0.93	0.98	0.76	0.97	0.98
S4	0.94	0.91	0.92	1.00	0.95	0.91	0.98	0.86	0.96	0.96	0.91	0.93	0.97
S5	0.97	0.96	0.97	0.95	1.00	0.96	0.96	0.93	0.98	0.97	0.80	0.98	0.99
S6	0.89	0.96	0.93	0.91	0.96	1.00	0.93	0.94	0.96	0.94	0.80	0.93	0.97
S7	0.94	0.94	0.94	0.98	0.96	0.93	1.00	0.90	0.97	0.98	0.91	0.93	0.98
S8	0.86	0.96	0.95	0.86	0.93	0.94	0.90	1.00	0.92	0.95	0.71	0.90	0.95
S9	0.94	0.96	0.93	0.96	0.98	0.96	0.97	0.92	1.00	0.96	0.87	0.95	0.98
S10	0.94	0.95	0.98	0.96	0.97	0.94	0.98	0.95	0.96	1.00	0.82	0.95	0.99
S11	0.83	0.82	0.76	0.91	0.80	0.80	0.91	0.71	0.87	0.82	1.00	0.76	0.85
S12	0.95	0.90	0.97	0.93	0.98	0.93	0.93	0.90	0.95	0.95	0.76	1.00	0.97
对照指纹图谱	0.96	0.97	0.98	0.97	0.99	0.97	0.98	0.95	0.98	0.99	0.85	0.97	1.00

表 9-19　12 批次圆齿野鸦椿果皮指纹图谱共有峰相对峰面积

	S1	S2	S3	S4	S5	S6	S7	S8	S9	S10	S11	S12	RSD(%)
1	0.264	0.574	0.185	0.208	0.350	0.577	0.277	0.595	0.478	0.338	0.427	0.224	40.416
2(S)	1.000	1.000	1.000	1.000	1.000	1.000	1.000	1.000	1.000	1.000	1.000	1.000	0.000
3	1.205	1.032	1.070	1.095	1.050	1.037	1.157	1.170	1.005	1.239	1.098	0.967	7.634
4	0.370	0.903	0.581	0.441	0.401	0.641	0.505	1.082	0.511	0.648	0.489	0.333	38.481
5	0.236	0.529	0.505	0.288	0.334	0.478	0.471	0.798	0.293	0.470	0.338	0.296	37.149
6	0.068	0.230	0.188	0.185	0.169	0.603	0.225	0.232	0.120	0.244	0.401	0.214	58.043
7	0.170	0.332	0.266	0.126	0.174	0.193	0.293	0.417	0.127	0.442	0.166	0.088	50.080
8	0.501	0.399	0.224	0.047	0.209	0.184	0.054	0.124	0.086	0.072	0.044	0.119	84.534
9	0.521	0.472	0.251	0.749	0.268	0.289	0.764	0.148	0.476	0.426	1.882	0.192	87.281
10	0.367	0.789	0.328	0.635	0.530	0.824	0.687	0.592	0.729	0.553	0.869	0.298	32.182
11	0.089	0.044	0.034	0.078	0.020	0.053	0.016	0.055	0.025	0.060	0.054	0.017	52.588
12	0.137	0.122	0.043	0.269	0.068	0.012	0.162	0.054	0.004	0.225	0.015	0.006	96.526
13	0.207	0.523	0.112	0.070	0.260	0.338	0.269	0.256	0.253	0.177	0.290	0.073	53.008
14	0.062	0.072	0.015	0.057	0.010	0.069	0.032	0.023	0.056	0.015	0.062	0.014	54.458
15	0.259	0.312	0.133	0.319	0.264	0.331	0.205	0.307	0.363	0.162	0.386	0.328	28.030

9.2.7　聚类分析

使用 SPSS 软件对 12 批次圆齿野鸦椿果皮样品指纹图谱共有峰峰面积进行聚类分析,结果如图 9-14 所示,从图中可以看出,12 批次样品可分为 3 大类,其中 S8 和 S10(建阳,2017 年 4 月)为Ⅰ组,S2、S11 样品为Ⅱ组,S7、S9、S4、S1、S5、S3、S6、S12 批次样品为Ⅲ组。以上聚类结果与"中药色谱指纹图谱相似度评价系统(2004A 版)"计算出的相似度结果基本一致。

9.2.8　主成分分析

以圆齿野鸦椿指纹图谱中共有峰的峰面积作为变量,用 SPSS 19.0 软件进行主成分分析,以主成分的特征根及贡献率作为选择主成分的依据,一般认为主成分的特征值大于 1 或方差累积贡献率大于 70%,则保留该主成分,否则就去掉该主成分。

对圆齿野鸦椿 12 批次样品得 15 个共有峰进行主成分分析,主成分的提取结果见表 9-20,共提取出 5 个主成分,累积贡献率达 90.086%。其中第 1 主成分特征值为 6.878,贡献率为 45.854%;第 2 主成分特征值为 2.281,贡献率为

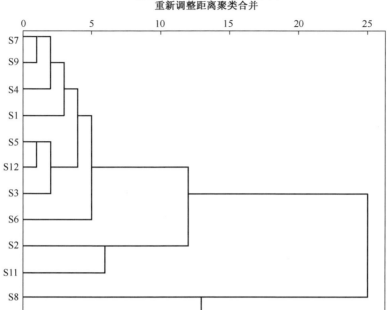

图 9-14　12 批次圆齿野鸦椿果皮样品聚类树状图

15.206；第 3 主成分特征值为 1.760，贡献率为 11.734；第 4 主成分特征值为 1.485，贡献率 9.901%；第 5 主成分特征值为 1.109，贡献率为 7.390%。公共因子负荷矩阵见表 9-21。

表 9-20　主成分分析结果

主成分	特征值	贡献率(%)	累计贡献率(%)
Prin. 1	6.878	45.854	45.854
Prin. 2	2.281	15.206	61.061
Prin. 3	1.760	11.734	72.795
Prin. 4	1.485	9.901	82.696
Prin. 5	1.109	7.390	90.086

表 9-21　圆齿野鸦椿果皮因子负荷矩阵

	成分				
	1	2	3	4	5
峰 1	0.118	-0.174	0.196	0.019	0.072
峰 2	0.123	0.040	-0.140	0.095	-0.313
峰 3	0.130	0.079	-0.159	0.069	-0.165
峰 4	0.132	-0.089	-0.076	-0.072	0.039
峰 5	0.129	-0.111	-0.126	-0.104	-0.015

（续）

	成　分				
	1	2	3	4	5
峰6	0.092	-0.052	0.237	-0.045	-0.005
峰7	0.130	0.017	-0.173	-0.151	0.183
峰8	0.004	-0.088	-0.277	0.528	0.210
峰9	-0.007	0.374	0.085	-0.220	0.061
峰10	0.118	0.073	0.280	-0.097	0.059
峰11	0.095	0.237	-0.051	0.267	0.128
峰12	0.082	0.316	-0.107	-0.035	0.096
峰13	0.081	-0.199	0.162	-0.008	0.466
峰14	-0.009	0.165	0.349	0.405	0.208
峰15	0.061	-0.041	0.230	0.212	-0.632

选取前3个主成分得分做三维投影图,结果如图9-15所示,其分类结果与聚类结果基本一致。

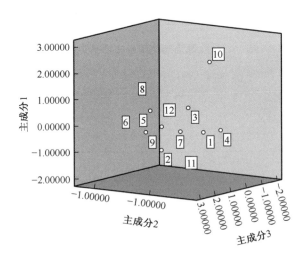

图9-15　12批次圆齿野鸦椿化合物主成分得分图

9.3　讨论与结论

9.3.1　讨　论

指纹图谱是一种综合的、可量化的鉴别模式,与中药的"整体性""模糊性"

两大特性完美地契合,因此被广泛地应用于药用植物的质量评价和真伪鉴别,同时也可被应用于药用植物的栽培管理效果的评价体系中。范俊安等(2009)采集不同条件下种植的重庆垫江牡丹皮样品,高效液相色谱法绘制指纹图谱,对不同栽培品种、种植土壤、海拔高度、生长年限、采收月份进行相似度计算和色谱数据分析。结果显示不同栽培品种、种植土壤、海拔高度、生长年限、采收月份等因素对重庆垫江牡丹皮质量均具有明显的影响,刘伟等(2009)采用HPLC-ELSD指纹图谱来分析不同施肥对柴胡质量的影响,将其作为优选柴胡施肥方案的参考指标;刘大会(2007)等将HPLC指纹图谱作为菊花施肥效果评价的一个有效的技术体系。

HPLC指纹图谱构建需要多种步骤的综合,包括色谱条件建立、样品处理、指纹图谱测定及指纹图谱处理。指纹图谱的稳定性和重现性是指纹图谱的前提和基本要求。指纹图谱构建过程中每一个步骤的微小差异都有可能造成最后的结果产生差异,而且,每一种中药材在化学成分上存在较大的差异,所需的药材处理方法、色谱条件也不尽相同,因此,在构建指纹图谱时,应该根据实验需求筛选合适的药材的处理方法和色谱条件。

本研究中,在色谱条件优化的基础上,构建了圆齿野鸦椿果皮HPLC指纹图谱,并指认出3个共有峰,分别为isobiflorin、biflorin和芦丁,这3个化合物均具有较好的生物活性,且从指纹图谱的相对峰面积可以看出,isobiflorin和biflorin为圆齿野鸦椿果皮的主要成分,可作为圆齿野鸦椿果皮的药用价值评价指标性成分。建立的HPLC指纹图谱可被应用于后续的圆齿野鸦椿药用品种筛选及栽培抚育效果的评价体系。但是色原酮化合物生物合成途径研究尚少,且圆齿野鸦椿及其相近物种的基因信息缺乏,限制了对其生物合成关键酶基因的挖掘。

9.3.2 小 结

(1)圆齿野鸦椿果皮HPLC指纹图谱色谱条件如下:色谱柱:Dikma Diamonsil(C18 400×4.6 nm,5 μm)柱;流动相:A为甲醇,B为0.1%乙酸水;柱温:30℃;流速1.0mL/min;进样量:20μL;检测波长:254nm。色谱条件的稳定性、精密性和重复性试验的RSD均小于5%,表明建立的圆齿野鸦椿果皮HPLC指纹图谱测定方法符合指纹图谱构建的要求,可用于圆齿野鸦椿果皮HPLC指纹图谱的测定。

(2)利用"中药色谱指纹图谱相似度评价系统(2004A版)"对福建省采集的12批次指纹图谱进行相似性评价,共得到15个共有峰,12批次圆齿野鸦椿果皮指纹图谱相似性在0.71~0.98之间,利用SPSS软件对12批次样品进行聚类分析和主成分,12批次样品可分为3大类。并采用第二章节分离得到的化合物作为对照品进行色谱峰的指认,根据保留时间和紫外吸收特性,共确定了3个化合物,分别为 isobiflorin(共有峰 2)、biflorin(共有峰 3)和芦丁(共有峰 9)。

本研究建立的圆齿野鸦椿 HPLC 指纹图谱可作为后续的圆齿野鸦椿药用品种筛选及栽培抚育管理效果的一种量化的评价体系。

参 考 文 献

童芬美,刘杭,王金洲. 正天丸 HPLC 特征指纹图谱研究及多指标成分—测多评法分析[J]. 药物分析杂志,2018,38(01):79-88.

王丹丹,闫艳,张福生,等. 远志药材 UPLC 指纹图谱及多指标性成分测定方法的建立[J]. 中草药,2018,49(05):1150-1159.

徐柯心,尹泽楠,张文婷,等. 鸡骨草 UPLC 指纹图谱研究[J]. 药物分析杂志,2018,38(01):168-174.

范俊安,夏永鹏,邱宗荫,等. 重庆垫江牡丹皮 HPLC 指纹图谱研究(Ⅰ)——不同因素的影响及牡丹皮最适宜种植条件选择[J]. 中国药房,2009,20(21):1667-1670.

刘伟,董诚明,范婷,等. 不同施肥方法柴胡 HPLC-ELSD 指纹图谱研究[J]. 中成药,2009,31(11):1790-1792.

刘大会. 矿质营养对药用菊花生长、次生代谢和品质的影响及其作用机理研究[D]. 武汉:华中农业大学,2007.

高婧,王领弟,李艳荣,等. 不同产地山楂叶 HPLC 指纹图谱比较分析[J]. 安徽医药,2018,22(01):38-42.

何丹,张舒涵,王佳凤,等. 千年健 HPLC 指纹图谱研究[J]. 中草药,2018,49(05):1165-1168.

吴亚超,刘佩文,李德坤,等. 不同产地栀子的 UPLC 指纹图谱[J]. 中国实验方剂学杂志,2018,24(02):74-78.

第十章 圆齿野鸦椿色原酮化合物生物合成途径

转录组是植物基因与外界环境的有机结合,是反映生物个体在特定器官、组织或者某一特定发育、生理阶段细胞中所有基因表达水平的数据,可用来比较不同组织或者生理状况下基因表达的差异,发现与特定生理功能相关的基因,推测未知基因的功能。近年来,转录组在研究药用植物方面得到了广泛的应用,通过转录组学研究药用植物功能基因,主要是为了发现药用植物天然活性成分合成功能基因及其表达规律,确定有效药用成分的生物合成途径,了解其调控机制,同时研究其基因组多样性,并将所得到的序列信息用于品种鉴定、资源保护、种质资源繁育等多个方面。目前为止,圆齿野鸦椿所在科属尚未见分子生物学研究的报道,限制了活性成分生物合成途径关键酶基因的挖掘。

本章节以圆齿野鸦椿叶片、枝条、果皮为材料,通过转录组的方法筛选圆齿野鸦椿不同组织部位的差异表达基因,并对黄酮化合物生物合成累积关键酶基因进行挖掘,了解圆齿野鸦椿黄酮化合物变化的分子机制。

10.1 材料与方法

10.1.1 材 料

10.1.1.1 植物材料

圆齿野鸦椿叶片、果皮、枝条于2016年11月采于福建农林大学科技园,采集的为8年生圆齿野鸦椿苗木,树高4.12m,胸径3.93cm。与样品采集后即刻用蒸馏水清洗、擦干,冻于液氮中,带回实验室零下80℃保存用于后续的RNA提取。每个组织3个生物学重复。

10.1.1.2 试剂和仪器

RNA提取试剂盒(Tiangen DP441)、反转录试剂盒(ROCHE)、实时荧光定量PCR试剂盒(Roche),无水乙醇、离心机、旋涡震荡仪、荧光定量PCR仪(ABI Fast7500)、NanoDrop 2000c 分光光度计(Thermo Scientific, US)、LabChip GX生物大分子分析仪和Agilent Bioanalyzer 2100生物芯片分析系统。

10.1.2 试验方法

10.1.2.1 RNA 提取及质量检测

圆齿野鸦椿枝条、叶片、果皮的 RNA 提取使用天根植物提取试剂盒,详细步骤参照试剂盒说明书,采用 Nanodrop 2000 微量紫外分光光度计(Thermo Scientific,USA)检测所得 RNA 样品的纯度和浓度,采用 Agilent Bioanalyzer 2100 对所提取的 RNA 样品进行如下指标的检测:RNA Integrity Number(RIN)值、28S/18S 比值、图谱基线有无上抬以及 5S 峰。

10.1.2.2 RNA 文库构建及测序

RNA 文库构建参照采用 Illumina Hiseq 2000 进行高通量测序。

10.1.2.3 测序质量控制及 De novo 组装

在进行后续分析之前,首先需要确保所用 Reads 有足够高的质量,以保证序列组装和后续分析的准确。另外,一般 Raw Data 中会有极少部分的 Reads 带有测序引物、接头等人工序列,需要将其从 Reads 中截除。具体测序数据质量控制如下:

(1)截除 Reads 中的测序接头以及引物序列;
(2)过滤低质量值数据,确保数据质量。

10.1.2.4 功能注释

使用 BLAST 软件将 Unigene 序列与 NR、Swiss-Prot、GO、COG、KOG、eggNOG4.5、KEGG 数据库比对,使用 KOBAS2.0 得到 Unigene 在 KEGG 中的 KEGG Orthology 结果,预测完 Unigene 的氨基酸序列之后使用 HMMER 软件与 Pfam 数据库比对,获得 Unigene 的注释信息。

10.1.2.5 差异表达基因的鉴定

采用 Bowtie 将测序得到的 Reads 与 Unigene 库进行比对,根据比对结果,结合 RSEM 进行表达量水平估计。利用 FPKM 值表示对应 Unigene 的表达丰度。FPKM(Fragments Per Kilobase of transcript per Million mapped reads)是每百万 Reads 中来自比对到某一基因每千碱基长度的 Reads 数目,是转录组测序数据分析中常用的基因表达水平估算方法。FPKM 能消除基因长度和测序量差异对计算基因表达的影响。FPKM 计算公式如下:

$$FPKM = \frac{cDNA Fragments}{Mapped\ Fragments(Millions) \times Transcript\ Length(kp)} \quad (10-1)$$

公式中,cDNA Fragments 表示比对到某一 unigene 序列上的片段数目,即双端 Reads 数目;Mapped Fragments(Millions)表示比对到 unigene 序列上的片段总数,以 10^6 为单位;Transcript Length(kb)表示 unigene 序列长度,以 10^3 个碱基为单位。

采用 DESeq 进行样品组间的差异表达分析,获得两个条件之间的差异表达基因集。

10.2 结果与分析

10.2.1 圆齿野鸦椿样品 RNA 质量及浓度

从表 10-1 可以看出,圆齿野鸦椿 3 个不同组织部位(叶片、枝条、果皮)提取的 RNA 样品的质量符合后续建库的要求(RIN 值在 7.1~8.5 之间,28S/18S 在 1.5~2.1 之间,OD_{260}/OD_{280} 在 2.01~2.09 之间,OD_{260}/OD_{230} 在 1.06~2.2 之间)。RNA 样品于零下 80℃保存或直接用于后续实验。

表 10-1 圆齿野鸦椿样品 RNA 浓度及质量

样品编号	样品名称	浓度(ng/μL)	RIN 值	28S/18S	OD_{260}/OD_{280}	OD_{260}/OD_{230}
1	叶片1	132.1	7.2	1.9	2.01	1.78
2	叶片2	458.7	8.1	2.2	2.05	1.23
3	叶片3	374.8	8	2.0	2.05	2.2
4	果皮1	145.5	8.2	1.9	2.01	1.75
5	果皮2	136.7	7.1	1.5	2.09	1.52
6	果皮3	156.2	8.1	1.9	2.02	2.01
7	枝条1	330.5	8.5	2.1	2.05	1.06
8	枝条2	140	7.6	1.5	2.01	1.6
9	枝条3	405.2	8.1	1.9	2.03	1.93

10.2.2 测序与序列组装

通过 Illumia 测序技术从圆齿野鸦椿叶片、枝条、果皮中获得 3 个 mRNA 文库,去除低质量的读段后分别从叶片、枝条、果皮中获得 91768881、100363012 和 100124694 clean reads,分别包含 27117135514、29612649608 和 29636461864 个碱基,GC 含量分别为 45.13%、45.62%和 45.10%。利用 Trinity 技术对获得的净读段进行组装,共获得 85342 条 unigene 序列,unigene 序列的平均长度为 893.60 bp,N50 长度为 1307nt,unigene 序列的长度分布见表 10-2、图 10-1,其中 14164(16.59%)条 unigene 序列长度在 200~300 bp 之间,22527(26.39%)条 unigene 序列长度在 300~500 bp 之间,26174(30.67%)条 unigene 序列长度在 500~1000 bp 之间,14339(16.80%)条 unigene 序列长度在 1000~2000bp 之间,另外,unigene 序列长度大于 2000 bp 的共有 8138 条,占所有 unigene 序列的 9.53%。

表 10-2 转录组组装数据概要

	叶	枝	果 皮
Clean reads	91768881	100363012	100124694
Clean nucleotides(nt)	27117135514	29612649608	29636461864
GC percentage(%)	45.13	45.62	45.10
Combined non-redundant unigene		85342	
Total length		76934761	
Mean length		893.60	
N50(nt)		1307	
200~300 bp		14164	16.59%
300~500 bp		22527	26.39%
500~1000 bp		26174	30.67%
1000~2000 bp		14339	16.80%
>2000 bp		8138	9.53%

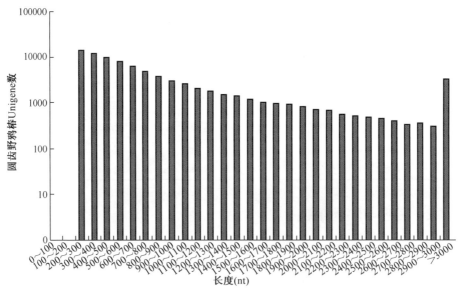

图 10-1 unigene 序列长度分布

10.2.3 unigene 序列的功能注释

使用 BLAST(e < 10-5)软件将 Unigene 序列与 NR、Swiss-Prot、GO、COG、KOG、eggNOG4.5、KEGG 数据库比对,结果见表 10-3,共有 40218(47.13%)条转录本被注释到一个或多个数据库,其中共有 39074(45.79%)条转录本比对到 Nr 数据库,23899(28%)条转录本比对到 GO 数据库,11713(13.72%)条 unigene

序列比对到 COG 数据库，24234（28.40%）条转录本比对到 Swiss-Prot 数据库，14291（16.75%）条 unigene 序列比对到 KEGG 数据库。

表 10-3　圆齿野鸦椿转录组数据注释统计

注释对数据库	注释的基因数量	300≤基因长度<1000	基因长度≥1000
COG 数据库	11713	4083	6499
GO 数据库	23899	9869	11063
KEGG 数据库	14291	6156	6297
KOG 数据库	22551	9114	10810
Pfam 数据库	25124	8909	14190
Swissprot 数据库	24234	9673	12062
eggNOG 数据库	37241	15863	17072
Nr 数据库	39074	16962	17484
All 数据库	40218	17619	17681

序列比对结果显示，共有 39074（45.78%）条 unigene 序列比对到 Nr 数据库，对 Nr 数据库注释中比对上不同物种分布进行统计，结果如图 10-2（见彩图）所示，圆齿野鸦椿转录组数据主要比对到葡萄（*Vitis vinifera*）、可可（*Theobroma cacao*）、麻风树（*Jatropha curcas*）、甜橙（*Citrus sinensis*）、中国梅（*Prunus mume*）、毛果杨（*Populus trichocarpa*）、碧桃（*Prunus persica*）、蓖麻（*Ricinus communis*）、胡杨（*Populus euphratica*）、桑树（*Morus notabilis*）十个物种中，其中葡萄所占比例最高，达 16.45%，可可占 9.68%，甜橙占 4.51%，中国梅占 4.04%。

共有 23899（28%）条 unigene 序列比对到 GO 数据库（图 10-3，见彩图）。Unigenes 被分为 3 个标准类别（分子功能，生物过程和细胞组分）的 54 个子类。在分子功能类别中，"细胞"（9600，40.17%）和"细胞部分"（9600，40.17%）为注释最多的子类；在生物过程类别中，"催化活性"（12887，53.92%）和"整合"（12430，52.01%）子类富集程度最高，"代谢过程"和"细胞过程"（16641，68.79%和13920，58.25%）是生物过程域中富集程度最高的子类。

COGs 分析结果显示总共有 11713（13.72%）条 unigene 序列注释为 COG 功能类别。"一般功能预测基因"（2998，25.6%）为富集最多的类别，其次分别为"复制,重组和修复"（1449，12.37%）、"转录"（1303，11.12%）、"翻译,核糖体结构和生物发生"（1298，11.08%）、"翻译后修饰,蛋白质周转,伴侣"（1200，10.24%）、"信号转导机制"（1125，9.6%）、"碳水化合物转运和代谢"（997，8.51%）和"能量产生和转运"（980，8.36%）（图 10-4，见彩图）。

本研究通过 KEGG 代谢通路分析了圆齿野鸦椿叶片、枝条和果皮的代谢通路。共计 14291（16.75%）条 unigene 序列被注释到 128 个 KEGG 通路（表 10-4），涵盖了细胞过程,遗传信息处理,生物系统,代谢和环境信息处理等五大类。

"核糖体"(856)是最具代表性的途径,其次是"碳代谢"(664),"氨基酸生物合成"(561),"内质网蛋白加工"(455),"植物激素信号转导"(407),"氧化磷酸化"(336),"RNA 转运"(333),"剪接体"(327)和"糖酵解/糖异生"(325)。在次生代谢物生物合成类别中,900 个 unigenes 被注释为 22 条 KEGG 次级代谢通路中,其中"苯丙素生物合成途径"(196)是富集最多的代谢通路,其次是"类萜骨架生物合成"(93),"类固醇生物合成"(62),"胡萝卜素生物合成"类(49),"莨菪烷类、哌啶和吡啶生物碱生物合成"(49),"花生四烯酸代谢"(48),"亚油酸代谢"(46),"类黄酮生物合成"(46),"硫胺素代谢"(43),异"喹啉生物碱生物合成"(40),"牛磺酸和亚牛磺酸代谢"(39),"角质素、木栓质和蜡生物代谢"(29),"二萜生物合成"(31),"生物素代谢"(30),"倍半萜类和三萜类生物合成"(30),"角质素和蜡质生物合成"(29),"叶酸生物合成"(25),"二苯乙烯类化合物,二芳基庚烷类和姜酚生物合成"(24),"单萜类生物合成"(7),"黄酮和黄酮醇生物合成"(6),"咖啡因代谢"(3),"异黄酮生物合成"(3)和"甜菜碱生物合成"(2)。

Unigene 序列共分为三类:细胞组分、分子功能和生物过程,右边的 Y-轴表示基因数量,左边 Y-轴表示基因比例。

表 10-4　圆齿野鸦椿 unigene 序列代谢通路

代谢通路	代谢通路 ID	基因数量
糖酵解/糖异生 Glycolysis / Gluconeogenesis	ko00010	325
三羧酸循环 Citrate cycle（TCA cycle）	ko00020	187
磷酸戊糖途径 Pentose phosphate pathway	ko00030	140
戊糖和葡萄糖醛酸的相互转化 Pentose and glucuronate interconversions	ko00040	160
果糖和甘露糖代谢 Fructose and mannose metabolism	ko00051	117
半乳糖代谢 Galactose metabolism	ko00052	123
抗坏血酸和醛酸代谢 Ascorbate and aldarate metabolism	ko00053	115
脂肪酸生物合成 Fatty acid biosynthesis	ko00061	99
脂肪酸生延长 Fatty acid elongation	ko00062	40
脂肪酸生降解 Fatty acid degradation	ko00071	143
酮体的合成与降解 Synthesis and degradation of ketone bodies	ko00072	16
角质、亚角质和蜡质的生物合成 Cutin, suberine and wax biosynthesis	ko00073	29
类固醇的生物合成 Steroid biosynthesis	ko00100	62
泛醌和其他萜类醌生物合成 Ubiquinone and other terpenoid-quinone biosynthesis	ko00130	52

(续)

代谢通路	代谢通路 ID	基因数量
氧化磷酸化 Oxidative phosphorylation	ko00190	336
光合作用 Photosynthesis	ko00195	136
光合作用-触角蛋白 Photosynthesis - antenna proteins	ko00196	76
嘌呤代谢 Purine metabolism	ko00230	251
咖啡因代谢 Caffeine metabolism	ko00232	3
嘧啶代谢 Pyrimidine metabolism	ko00240	169
丙氨酸、天冬氨酸和谷氨酸代谢 Alanine, aspartate and glutamate metabolism	ko00250	139
甘氨酸、丝氨酸和苏氨酸代谢 Glycine, serine and threonine metabolism	ko00260	145
半胱氨酸和蛋氨酸代谢 Cysteine and methionine metabolism	ko00270	211
缬氨酸、亮氨酸和异亮氨酸降解 Valine, leucine and isoleucine degradation	ko00280	145
缬氨酸、亮氨酸和异亮氨酸生物合成 Valine, leucine and isoleucine biosynthesis	ko00290	63
赖氨酸生物合成 Lysine biosynthesis	ko00300	24
赖氨酸降解 Lysine degradation	ko00310	106
精氨酸和脯氨酸代谢 Arginine and proline metabolism	ko00330	183
组氨酸代谢 Histidine metabolism	ko00340	59
络氨酸代谢 Tyrosine metabolism	ko00350	75
苯丙氨酸代谢 Phenylalanine metabolism	ko00360	132
色氨酸代谢 Tryptophan metabolism	ko00380	129
苯丙氨酸、络氨酸和色氨酸生物合成 Phenylalanine, tyrosine and tryptophan biosynthesis	ko00400	77
β-丙氨酸代谢 beta-Alanine metabolism	ko00410	123
牛磺酸和亚牛磺酸代谢 Taurine and hypotaurine metabolism	ko00430	39
有机含硒化合物代谢 Selenocompound metabolism	ko00450	47
氰基氨基酸代谢 Cyanoamino acid metabolism	ko00460	93
谷胱甘肽代谢 metabolism	ko00480	202
淀粉和蔗糖代谢 Starch and sucrose metabolism	ko00500	297
N-聚糖生物合成 N-Glycan biosynthesis	ko00510	70
其他聚糖生物合成 Other glycan degradation	ko00511	27
其他类型的 O-聚糖生物合成 Other types of O-glycan biosynthesis	ko00514	13

（续）

代谢通路	代谢通路 ID	基因数量
氨基酸和核苷酸糖代谢 Amino sugar and nucleotide sugar metabolism	ko00520	195
糖胺聚糖降解 Glycosaminoglycan degradation	ko00531	14
甘油酯代谢 Glycerolipid metabolism	ko00561	138
磷酸肌醇代谢 Inositol phosphate metabolism	ko00562	119
糖基磷脂肌醇（GPI）-锚生物合成 Glycosylphosphatidylinositol (GPI)-anchor biosynthesis	ko00563	24
甘油磷脂代谢 Glycerophospholipid metabolism	ko00564	162
醚酯代谢 Ether lipid metabolism	ko00565	59
花生四烯酸代谢 Arachidonic acid metabolism	ko00590	48
亚油酸代谢 Linoleic acid metabolism	ko00591	46
α-亚麻酸代谢 alpha-Linolenic acid metabolism	ko00592	131
鞘脂类代谢 Sphingolipid metabolism	ko00600	72
糖蛋白生物合成-珠蛋白系列 Glycosphingolipid biosynthesis - globo series	ko00603	16
神经节苷脂生物合成系列 Glycosphingolipid biosynthesis - ganglio series	ko00604	8
丙酮酸盐代谢 Pyruvate metabolism	ko00620	268
二羧酸代谢 Glyoxylate and dicarboxylate metabolism	ko00630	239
丙酸盐代谢 Propanoate metabolism	ko00640	86
丁酸代谢 Butanoate metabolism	ko00650	59
C5 支链二元酸代谢 C5-Branched dibasic acid metabolism	ko00660	22
叶酸一碳库 One carbon pool by folate	ko00670	41
光合生物的固碳作用 Carbon fixation in photosynthetic organisms	ko00710	222
硫胺素代谢 Thiamine metabolism	ko00730	43
核黄素代谢 Riboflavin metabolism	ko00740	10
维生素 B6 代谢 Vitamin B6 metabolism	ko00750	23
烟酸和烟酰胺代谢 Nicotinate and nicotinamide metabolism	ko00760	25
泛酸和辅酶 A 生物合成 Pantothenate and CoA biosynthesis	ko00770	50
生物素代谢 Biotin metabolism	ko00780	30
脂肪酸代谢 Lipoic acid metabolism	ko00785	10
叶酸合成 Folate biosynthesis	ko00790	25
卟啉与叶绿素代谢 Porphyrin and chlorophyll metabolism	ko00860	77

（续）

代谢通路	代谢通路 ID	基因数量
萜类骨架生物合成 Terpenoid backbone biosynthesis	ko00900	92
单萜生物合成 Monoterpenoid biosynthesis	ko00902	7
柠檬烯和蒎烯降解 Limonene and pinene degradation	ko00903	33
二萜生物合成 Diterpenoid biosynthesis	ko00904	31
油菜素甾体生物合成 Brassinosteroid biosynthesis	ko00905	19
类胡萝卜素生物合成 Carotenoid biosynthesis	ko00906	49
玉米素生物合成 Zeatin biosynthesis	ko00908	18
倍半萜和三萜生物合成 Sesquiterpenoid and triterpenoid biosynthesis	ko00909	30
氮代谢 Nitrogen metabolism	ko00910	79
硫代谢 Sulfur metabolism	ko00920	75
苯丙酸生物合成 Phenylpropanoid biosynthesis	ko00940	196
类黄酮生物合成 Flavonoid biosynthesis	ko00941	46
花青素合成 Anthocyanin biosynthesis	ko00942	4
异黄酮生物合成 Isoflavonoid biosynthesis	ko00943	3
黄酮和黄酮醇的生物合成 Flavone and flavonol biosynthesis	ko00944	6
二苯乙烯类、二芳基庚烷类和姜辣素的生物合成 Stilbenoid, diarylheptanoid and gingerol biosynthesis	ko00945	24
异喹啉生物碱的生物合成 Isoquinoline alkaloid biosynthesis	ko00950	40
托烷、哌啶和吡啶生物碱的生物合成 Tropane, piperidine and pyridine alkaloid biosynthesis	ko00960	49
β-半乳糖生物合成 Betalain biosynthesis	ko00965	2
硫苷生物合成 Glucosinolate biosynthesis	ko00966	5
氨酰 tRNA 生物合成 Aminoacyl-tRNA biosynthesis	ko00970	102
不饱和脂肪酸的生物合成 Biosynthesis of unsaturated fatty acids	ko01040	110
碳代谢 Carbon metabolism	ko01200	664
2-氧代羧酸代谢 2-Oxocarboxylic acid metabolism	ko01210	160
脂肪酸代谢 Fatty acid metabolism	ko01212	211
芳香族化合物的降解 Degradation of aromatic compounds	ko01220	29
氨基酸的生物合成 Biosynthesis of amino acids	ko01230	561
万古霉素抗药性 Vancomycin resistance	ko01502	2
ABC 转运蛋白 ABC transporters	ko02010	74

（续）

代谢通路	代谢通路 ID	基因数量
核糖体生源论在真核 Ribosome biogenesis in eukaryotes	ko03008	158
核糖体 Ribosome	ko03010	856
RNA 转运蛋白 RNA transport	ko03013	333
mRNA 监测途径 mRNA surveillance pathway	ko03015	203
RNA 降解 RNA degradation	ko03018	199
RNA 聚合酶 RNA polymerase	ko03020	53
基础转录因子 Basal transcription factors	ko03022	55
DNA 复制 DNA replication	ko03030	88
剪接体 Spliceosome	ko03040	327
蛋白酶体 Proteasome	ko03050	130
蛋白质输出 Protein export	ko03060	79
碱基切除修复 Base excision repair	ko03410	61
核酸切除修复 Nucleotide excision repair	ko03420	84
错配修复 Mismatch repair	ko03430	53
同源重组 Homologous recombination	ko03440	62
非同源末端连接 Non-homologous end-joining	ko03450	7
磷脂酰肌醇信号系统 Phosphatidylinositol signaling system	ko04070	99
植物激素信号转导 Plant hormone signal transduction	ko04075	407
泛素调节蛋白质降解 Ubiquitin mediated proteolysis	ko04120	238
硫黄继电器系统 Sulfur relay system	ko04122	27
SNARE 在膜泡运输的相互作用 SNARE interactions in vesicular transport	ko04130	51
自噬调节 Regulation of autophagy	ko04140	58
内质网蛋白加工 Protein processing in endoplasmic reticulum	ko04141	455
内吞作用 Endocytosis	ko04144	270
吞噬体 Phagosome	ko04145	193
过氧物酶体 Peroxisome	ko04146	237
植物病原相互作用 Plant-pathogen interaction	ko04626	292
植物昼夜节律 Circadian rhythm - plant	ko04712	84

10.2.4 圆齿野鸦椿不同组织间的基因差异表达

以 FDR 小于 0.01 且差异倍数 FC（Fold Change）大于等于 2 作为筛选标准，

得到每两组之间的差异基因。结果见表10-5、图10-5(见彩图),叶片和枝条(叶片和枝条)之间的差异表达基因数量最多,为4871个,其中上调表达基因2878个,下调表达基因1993个;叶片和果皮(叶片和果皮)间差异表达基因为3474个,其中上调表达1814个,下调表达1660个;枝条和果皮之间的差异表达基因为2910个,其中上调表达为1086个,下调表达为1824个。

表10-5 差异表达基因统计及注释

类 型	叶和枝	叶和果皮	枝和果皮
数量	4871	3474	2910
上调基因	2878	1814	1086
下调基因	1993	1660	1824
COG	1178	825	706
GO	2525	1786	1571
KEGG	1247	877	777
Swiss	2833	1996	1816
Nr	3889	2738	2414
所有注释的基因	3928	2755	2429

10.2.5 差异表达基因功能注释

10.2.5.1 差异基因GO功能注释

为了进一步确定差异基因的功能,将差异基因与GO和KEGG数据可进行比对。在叶片与枝条差异基因中,共有2515个基因注释到GO数据库,催化活性,细胞过程,单一生物过程,有机物质代谢过程,结合和初级代谢过程为富集最多的GO功能;在叶片与果皮差异基因中,1786个基因注释到GO数据库中,代谢过程、细胞过程、单一生物过程、有机物质代谢过程、初生代谢过程和细胞部分是注释最多的GO类别;在枝条与果皮差异基因中,共有1571个基因注释到GO数据库,代谢过程,催化活性,单一生物过程,细胞过程,结合和有机物质代谢过程是富集最显著的GO类别(图10-6,见彩图)。

10.2.5.2 差异基因KEGG功能注释

在叶片与枝条差异基因中,共有1247个基因注释到109条代谢通路,最显著富集的代谢通路分别是:苯丙素生物合成、氰基氨基酸代谢、类胡萝卜素生物合成、淀粉和蔗糖代谢、植物激素信号转导、光合作用、类黄酮生物合成、苯丙氨酸代谢、牛磺酸和亚牛磺酸代谢、二萜生物合成、维生素B_6代谢和花生四烯酸代谢;在叶片与果皮差异基因中,共有877个差异基因注释到108条代谢通路中,最显著富集的代谢通路如下:光合作用、苯丙氨酸代谢、苯丙素生物合成、氰氨基酸代谢、类黄酮生物合成、光合天线蛋白、类胡萝卜素生物合成、戊糖和葡萄糖醛酸相互转化、二萜生物合成、甘氨酸、丝氨酸和苏氨酸代谢、牛磺酸和亚牛磺酸代谢、花生四烯酸代谢、托烷,哌啶和吡啶生物碱生物合成、淀粉和蔗糖代谢、异喹啉生物碱生物合成、泛醌和其他萜类醌生物合成、以及光合生物体中的碳固定;在枝条与果皮差异基因中,777 个差异基因注释到 107 条 KEGG 代谢途径中,最显著富集的代谢途径主要有植物激素信号转导、二萜生物合成、苯丙氨酸代谢、淀粉和蔗糖代谢、牛磺酸和亚牛磺酸代谢、类胡萝卜素生物合成、氰氨基酸代谢、异黄酮生物合成、苯丙素生物合成、半乳糖代谢以及戊糖和葡萄糖醛酸盐相互转化(表 10-6)。

表 10-6　圆齿野鸦椿不同组织差异基因 KEGG 代谢通路显著富集

代谢通路	ko_ID	代谢通路的 DEG	P-value	矫正的 P-value
叶和枝				
苯丙酸生物合 Phenylpropanoid biosynthesis	ko00940	45	8.38E-11	9.14E-09
氰胺酸代谢 Cyanoamino acid metabolism	ko00460	28	4.97E-10	5.42E-08
类胡萝卜素生物合成 Carotenoid biosynthesis	ko00906	19	2.77E-09	3.02E-07
淀粉与蔗糖的代谢 Starch and sucrose metabolism	ko00500	55	3.78E-09	4.12E-07
植物激素信号转导 Plant hormone signal transduction	ko04075	66	2.70E-08	2.95E-06
光合作用 Photosynthesis	ko00195	31	9.15E-08	9.98E-06
类黄酮生物合成 Flavonoid biosynthesis	ko00941	15	1.79E-06	0.000194838
苯丙氨酸代谢 Phenylalanine metabolism	ko00360	27	5.70E-06	0.000621769
牛磺酸和次牛磺酸代谢 Taurine and hypotaurine metabolism	ko00430	12	3.77E-05	0.004104235
二萜生物合 Diterpenoid biosynthesis	ko00904	10	0.00010751	0.011718577
维生素 B6 代谢 Vitamin B6 metabolism	ko00750	8	0.00029623	0.032289453
花生四烯酸代谢 Arachidonic acid metabolism	ko00590	12	0.00033990	0.037049637
叶和果皮				
代谢通路	ko_ID	代谢通路的 DEG	P-value	矫正的 P-value
光合作用 Photosynthesis	ko00195	37	7.82E-13	8.45E-11
苯丙氨酸代谢 Phenylalanine metabolism	ko00360	32	2.96E-11	3.19E-09

（续）

叶和果皮				
代谢通路	ko_ID	代谢通路的 DEG	P-value	矫正的 P-value
苯丙酸生物合成 Phenylpropanoid biosynthesis	ko00940	40	3.26E-11	3.52E-09
氰胺酸代谢 Cyanoamino acid metabolism	ko00460	23	1.21E-08	1.31E-06
类黄酮生物合成 Flavonoid biosynthesis	ko00941	15	8.27E-08	8.94E-06
光合作用-触角蛋白 Photosynthesis - antenna proteins	ko00196	19	1.90E-07	2.05E-05
类胡萝卜素生物合成 Carotenoid biosynthesis	ko00906	14	1.38E-06	0.000149
戊糖和葡萄糖醛酸的相互转化 Pentose and glucuronate interconversions	ko00040	27	2.91E-06	0.000315
二萜生物合成 Diterpenoid biosynthesis	ko00904	10	1.39E-05	0.001501
甘氨酸、丝氨酸和苏氨酸代谢 Glycine, serine and threonine metabolism	ko00260	24	1.45E-05	0.001567
牛磺酸和低钙氨酸代谢 Taurine and hypotaurine metabolism	ko00430	11	2.17E-05	0.002343
花生四烯酸代谢 Arachidonic acid metabolism	ko00590	12	3.50E-05	0.003776
托烷、哌啶和吡啶生物碱的生物合成 Tropane, piperidine and pyridine alkaloid biosynthesis	ko00960	12	4.36E-05	0.004714
淀粉与蔗糖的代谢 Starch and sucrose metabolism	ko00500	36	0.000148	0.015944
异喹啉生物碱的生物合成 Isoquinoline alkaloid biosynthesis	ko00950	10	0.000157	0.01698
泛醌和其他萜类醌生物合成 Ubiquinone and other terpenoid-quinone biosynthesis	ko00130	11	0.000365	0.039458
光合生物的固碳作用 Carbon fixation in photosynthetic organisms	ko00710	28	0.000417	0.045059
枝和果皮				
代谢通路	ko_ID	代谢通路的 DEG	P-value	矫正的 P-value
植物激素信号转导 Plant hormone signal transduction	ko04075	61	1.23E-12	1.32E-10

(续)

枝和果皮				
代谢通路	ko_ID	代谢通路的 DEG	P-value	矫正的 P-value
二萜生物合成 Diterpenoid biosynthesis	ko00904	12	5.36E-09	5.73E-07
苯丙氨酸代谢 Phenylalanine metabolism	ko00360	19	9.82E-06	0.001050289
淀粉与蔗糖的代谢 Starch and sucrose metabolism	ko00500	31	1.80E-05	0.001927555
牛磺酸和低钙氨酸代谢 Taurine and hypotaurine metabolism	ko00430	9	5.58E-05	0.005973004
类胡萝卜素生物合 Carotenoid biosynthesis	ko00906	10	6.68E-05	0.007150963
氰胺酸代谢 Cyanoamino acid metabolism	ko00460	14	8.86E-05	0.009475411
异黄酮生物合成 Isoflavonoid biosynthesis	ko00943	3	9.92E-05	0.010615222
苯丙酸生物合成 Phenylpropanoid biosynthesis	ko00940	22	0.000105	0.011191912
半乳糖代谢 Galactose metabolism	ko00052	16	0.000169	0.018079413
戊糖和葡萄糖酸盐相互转化 Pentose and glucoronate interconversions	ko00040	18	0.000428	0.045761235

10.3 讨论与小结

10.3.1 转录组数据质量评估

圆齿野鸦椿是福建省的乡土树种,且在民间具有悠久的药用历史。近年来,关于圆齿野鸦椿的研究主要集中在生物学特性、种苗繁育技术、栽培措施和药理活性等方面,而分子生物学方面的研究尚属空白,极大地限制了圆齿野鸦椿分子生物学研究的发展。

本研究利用 Illumina Hiseq2000 平台对圆齿野鸦椿不同组织部位(枝条、叶片、果皮)进行转录组测序,对测序数据进行组装和注释,并对比不同组织部位的基因表达差异。本研究中转录组拼接共获得 85342 条 unigene 序列,unigene 序列的平均长度为 893.60 bp,N50 长度为 1307 nt,其中 unigene 序列长度大于 500 bp 的占总序列的 57.02%,仍有 42.98% 的序列长度小于 1000 bp。序列长度大于 1000bp 的基因在公共数据库的注释比例达到了 78.66%,而序列长度在 300~1000bp 的基因的注释比例只有 36.17%,结果表明 unigene 序列的长度和完整性会影响拼接所得到的序列的注释结果。另外,本研究中拼接获得的

unigene 序列只有 40218(47.13%)条获得注释,低于白芥子(97%)、灯盏细辛(61.7%)和金丝桃(68.86%),这一方面可能与转录组拼接获得的序列的长度和完整性有关,另一方面可能与圆齿野鸦椿及其相近物种的基因组信息的缺乏有关。

10.3.2 黄酮(2-苯基色原酮)化合物的生物合成途径

黄酮(2-苯基色原酮)化合物是植物中最常见且分布广泛的多酚类次级代谢产物。黄酮化合物具有许多生化特性,如抗氧化、抗癌、保肝、抗病毒、抗炎和抗菌活性。为了应对丰富的生化活动,越来越多的研究人员将注意力集中在植物中的黄酮生物合成和积累机制上。到目前为止,黄酮化合物的生物合成途径已经在一些植物如拟南芥、葡萄、玉米、蔓越橘和龙血树等植物中得到了很好的研究。鉴于不同植物,器官,起源甚至谱系中黄酮化合物的分布和含量不同,黄酮化合物生物合成,转运和调控的分子机制可能多样而复杂。因此,有必要研究黄酮化合物生物合成和调控的分子机制。

在第一章节的研究中,我们分离到了不同类型的类黄酮化合物,圆齿野鸦椿果皮中含有大量的黄酮化合物,鉴于此,我们对圆齿野鸦椿转录组数据中黄酮合成代谢途径的关键酶基因进行挖掘,以期初步了解圆齿野鸦椿黄酮化合物合成累积的分子机制。

10.3.2.1 黄酮化合物合成候选基因

黄酮化合物是在众多酶的作用下在细胞质中由 Coumaroyl-CoA 合成,Coumaroyl-CoA 由苯丙氨酸在苯丙氨酸氨裂解酶(PAL,12 unigenes)、肉桂酸羟化酶(C4H,4 unigenes)和 4-香豆酰 CoA 连接酶(4CL,16 unigenes)的作用下合成; Coumaroyl-CoA 可以在查尔酮合成酶(CHS,11unigenes)和查尔酮异构酶(CHI, 1unigene)的作用下转化为柚皮素,或在莽草酸 O-羟基肉桂酰转移酶(HCT,8 unigenes)、香豆酰喹啉 3'-单加氧酶(C3'H,3 unigenes)、咖啡酰-CoA O-甲基转移酶(CCoAMT,6 unigenes)和查尔酮合成酶(CHS,11 unigenes)作用下转化为圣草酚。柚皮素在黄烷酮 3-羟化酶(F3H,2 unigenes)的作用下合成二氢山萘酚(DHK),继而在类黄酮 3'-羟化酶(F3'H,1 unigene)的作用下形成二氢槲皮素(DHQ)或者在类黄酮 3',5'-羟化酶(F3'5'H,3 unigenes)的催化下形成二氢杨梅素(DHM)。最后,二氢槲皮素(DHQ)和二氢杨梅素(DHM)和二氢山萘酚(DHK)在黄酮醇合成酶(FLS,2 unigenes)的催化下形成黄酮醇。在花青素分支中,二氢黄酮醇 4-还原酶(DFR,2 unigenes)催化二氢槲皮素(DHQ)和二氢杨梅素(DHM)和二氢山萘酚(DHK)在二氢黄酮醇 4-还原酶(DFR,2 unigenes)的催化下形成 toleucocyanidins 或者无色飞燕草素,继而在花青素合成的作用下形成花青素或者飞燕草素。上述步骤形成了类黄酮化合物的基本结构骨架,并在酶

UDP-糖基转移酶(UGT)、细胞色素 P450(CYP)和 O-甲基转移酶(OMT)的糖基化、羟基化和甲基化的修饰反应产生各种不同类型的类黄酮化合物。在圆齿野鸦椿的转录组数据中,发现了 40 条 UGT,122 条 CYP 和 25 条 OMT unigenes(图 10-7,见彩图)。

此外,我们同时研究了上述基因在圆齿野鸦椿不用部位中的表达模式。结果如图 10-7 B 所示,不同组织部位差异表达的基因可能在圆齿野鸦椿不同组织部位的类黄酮化合物差异合成中起着重要的作用。

10.3.2.2 参与黄酮运输候选基因

在植物中,黄酮化合物在细胞溶质中合成,然后储存在液泡中或者运输到其他地方。Zhao 等(2015)提出,在植物中,存在 3 种不同的黄酮化合物运输机制,包括膜囊泡介导的转运(MVT)、膜转运蛋白介导的转运(MMT)和谷胱甘肽-S-转移酶(GST)。目前为止,已经在拟南芥、玉米和葡萄中鉴定了一些参与这些机制的基因。

ATP 结合转运蛋白(ABC)[G 型(ABCG)和多药耐药相关蛋白(MRP)型]、H^+-ATP 酶,多药和有毒化合物挤出蛋白(MATE)转运和 H^+-PPase 属于 MMT 运输途径;可溶性 N-乙基马来酰亚胺敏感因子附着蛋白受体(SNARE)和液泡分选受体(VSR)属于 MVT 运输途径。在圆齿野鸦椿转录组数据中,我们发现 29 个 Unigenes 编码 MATE,175 个 Unigenes 编码 MRP/ABCG,19 个 Unigenes 编码 H^+-ATP 酶,56 个 Unigenes 编码 GST,编码 SNARE 14 个 Unigenes 和 2 个 Unigenes 编码 VSR。

我们同时研究了上述基因在不同组织部位的表达模式。24 个 ABC/MRP、2 个 GST、1 个 H^+-ATPase 和 2 个 MATE 基因在枝条中相对于在叶片中上调表达,13 个 ABC/MRP、6 个 GST、1 H^+-ATPase 和 2 MATE 基因在果皮中相对于在叶片中上调表达。

10.3.2.3 参与黄酮生物合成和运输的转录因子

研究表明,参与黄酮生物合成的结构基因受 MYB、bHLH 和 WD40 等转录因子的调节,MYB 是最大的转录因子家族之一,在控制细胞过程中发挥着重要作用,如发育,对生物和非生物胁迫的反应、分化和新陈代谢;bHLH 是转录组因子的超级家族,已被证明在植物发育中表现出不同的生物学功能;WD40 涉及多种功能,从信号转导和转录调控到细胞周期控制,自噬和细胞凋亡。据报道,MYB-bHLH-WD40 复合物可通过错综复杂的网络调节类黄酮化合物生物合成途径。在拟南芥中,R3-MY 蛋白 *AtMYBL2* 作为转录抑制因子,负调节花色素苷的生物合成,R3-MYB 蛋白作为花青素生物合成的抑制剂。来自石首蒨的 R2R3-MYB 转录因子 TaMYB14 激活原花色素生物合成。在圆齿野鸦椿转录组数据中,共有 97 个 MYB 、84 个 bHLH 和 39 个 WD40 基因。同时分析了这些转录因子在圆齿野鸦椿不同组织部位中的表达模式,其中,20 个 MYB、12 个 bHLH 和 1 个 WD40 基因在枝条中相对于在叶片中上调表达,10 个 MYB 和 5 个 bHLH 基因在果皮中相对于在叶片中上调表达,8 个 MYB,4 个 bHLH 和 1 个 WD40 基因在果皮中相对于在枝条中上调表达,这些差异表达的基因可能在圆齿野鸦椿不同组织部位调控类黄酮生物合成起到了关键作用。

10.3.3　小　结

本章节通过 RNA-Seq 方法对圆齿野鸦椿三个不同组织部位,包括叶片、枝条、果皮进行转录组分析。得到了不同组织部位差异表达的基因,其中,枝条中差异表达的基因数量最多,果皮中差异表达的基因数量最少。通过功能注释,挖掘了参与黄酮化合物生物合成和累积相关的基因。在这些基因中,有些基因共表达,有些基因在不同组织部位中差异表达,这些差异表达的基因可能在圆齿野鸦椿不同组织部位的黄酮化合物差异合成的过程中起着重要的作用。

本研究首次对圆齿野鸦椿进行转录组学研究,对获得的转录组数据进行功能注释,填补了圆齿野鸦椿及其相关物种分子生物学研究方面的空白,为圆齿野鸦椿及其相关物种的分子生物学研究提供了一定的理论基础。实时荧光定量 PCR 技术已经成为研究目的基因表达量的最有效工具之一,目前,该技术已经在验证全基因组数据和基因诊断领域得到了广泛的应用,可用于转录组数据可靠性的验证,但是,在 qRT-PCR 分析过程中,通常需要引入一个在特定实验条件下表达相对稳定的管家基因作为内参基因对实验结果进行校正以便消除不同样品之间因 RNA 质量、酶促反应效率的不同及其他因素引起的偏差,因此,筛选圆齿野鸦椿不同实验条件下合适的内参基因对转录组数据的验证及后续的目的基因表达量的研究具有重要意义。

参 考 文 献

梁文英. 圆齿野鸦椿播种育苗技术[J]. 福建林学院学报,2010,30(01):73-76.

宋国璋. 急性病毒性肝炎时的前列腺素 E 观察[J]. 国际检验医学杂志,1994,(6).

许方宏,张倩媚,王俊,等. 圆齿野鸦椿 Euscaphis konishii Hayata 的生态生物学特性[J]. 生态环境学报,2009,18(01):306-309.

Altschul S F,Madden T L,Schaffer A A,et al. Gapped BLAST and PSI-BLAST: a new generation of protein database search programs[J]. Nucleic Acids Research,1997,25(17):3389-3402.

Ambawat S,Sharma P,Yadav N R,et al. MYB transcription factor genes as regulators for plant responses: an overview[J]. Physiology and Molecular Biology of Plants, 2013, 19(3):307-321.

Apweiler R,Bairoch A,Wu C H,et al. UniProt: the Universal Protein knowledgebase[J]. Nucleic

Acids Research,2004,32(Database issue):D115-9.

Ashburner M,Ball C A,Blake J A,et al. Gene ontology: tool for the unification of biology. The Gene Ontology Consortium[J]. Nature Genetics,2000,25(1):25-29.

Bogs J,Ebadi A,Mcdavid D,et al. Identification of the Flavonoid Hydroxylases from Grapevine and Their Regulation during Fruit Development[J]. Plant Physiology,2006,140(1):279-291.

Deng Y,Jianqi L I,Songfeng W U,et al. Integrated nr Database in Protein Annotation System and Its Localization[J]. Computer Engineering,2006,32(5):71-72.

Dubos C,Le Gourrierec J,Baudry A,et al. MYBL2 is a new regulator of flavonoid biosynthesis in Arabidopsis thaliana[J]. The Plant journal,2008,55(6):940-953.

Eddy S R. Profile hidden Markov models[J]. Bioinformatics,1998,14(9):755-763.

Finn R D,Bateman A,Clements J,et al. Pfam: the protein families database[J]. Nucleic Acids Research,2014,42(Database issue):D222.

Gerdin B,Svensjo E. Inhibitory effect of the flavonoid O-(beta-hydroxyethyl)-rutoside on increased microvascular permeability induced by various agents in rat skin[J]. International journal of microcirculation,clinical and experimental,1983,2(1):39-46.

Gomez C,Terrier N,Torregrosa L,et al. Grapevine MATE-type proteins act as vacuolar H+-dependent acylated anthocyanin transporters[J]. Plant Physiol,2009,150(1):402-415.

Hancock K R,Collette V,Fraser K,et al. Expression of the R2R3-MYB transcription factor TaMYB14 from *Trifolium arvense* activates proanthocyanidin biosynthesis in the legumes *Trifolium repens* and *Medicago sativa*[J]. Plant Physiol,2012,159(3):1204-1220.

He M,Wang Y,Hua W,et al. De novo sequencing of *Hypericum perforatum* transcriptome to identify potential genes involved in the biosynthesis of active metabolites[J]. PLoS One, 2012, 7(7):e42081.

Heim K E, Tagliaferro A R, Bobilya D J. Flavonoid antioxidants: chemistry, metabolism and structure-activity relationships[J]. The Journal of Nutritional Biochemistry, 2002, 13(10): 572-584.

Hichri I,Barrieu F,Bogs J,et al. Recent advances in the transcriptional regulation of the flavonoid biosynthetic pathway[J]. Journal of Experimental Botany,2011,62(8):2465-2483.

Hoeren F U,Dolferus R,Wu Y,et al. Evidence for a role for AtMYB2 in the induction of the *Arabidopsis* alcohol dehydrogenase gene (ADH1) by low oxygen[J]. Genetics, 1998, 149(2): 479-490.

Huerta-Cepas J,Szklarczyk D,Forslund K,et al. eggNOG 4.5: a hierarchical orthology framework with improved functional annotations for eukaryotic,prokaryotic and viral sequences[J]. Nucleic Acids Research,2016,44(D1):D286-293.

Jiang N H,Zhang G H,Zhang J J,et al. Analysis of the transcriptome of *Erigeron breviscapus* uncovers putative scutellarin and chlorogenic acids biosynthetic genes and genetic markers[J]. PLoS One,2014,9(6):e100357.

Jin M,Zhang X,Zhao M,et al. Integrated genomics-based mapping reveals the genetics underlying maize flavonoid biosynthesis[J]. BMC Plant Biology,2017,17: 17.

Kanehisa M, Goto S, Kawashima S, et al. The KEGG resource for deciphering the genome [J]. Nucleic Acids Research,2004,32(Database issue):D277-280.

Kitamura S,Shikazono N,Tanaka A. TRANSPARENT TESTA 19 is involved in the accumulation of both anthocyanins and proanthocyanidins in *Arabidopsis*[J]. The Plant Journal,2004,37(1): 104-114.

Koonin E V, Fedorova N D, Jackson J D, et al. A comprehensive evolutionary classification of proteins encoded in complete eukaryotic genomes[J]. Genome Biol,2004,5(2):R7.

Langmead B,Trapnell C,Pop M,et al. Ultrafast and memory-efficient alignment of short DNA sequences to the human genome[J]. Genome Biology,2009,10(3):R25.

Leng N, Dawson J A, Thomson J A, et al. EBSeq: an empirical Bayes hierarchical model for inference in RNA-seq experiments[J]. Bioinformatics,2013,29(8):1035-1043.

Lepiniec L,Debeaujon I,Routaboul J M,et al. Genetics and biochemistry of seed flavonoids [J]. Annual Review of Plant Biology,2006,57: 405-430.

Li B,Dewey C N. RSEM: accurate transcript quantification from RNA-Seq data with or without a reference genome[J]. BMC Bioinformatics,2011,12(1):323-323.

Lin W, Huang W, Ning S, et al. De novo characterization of the Baphicacanthus cusia (Nees) Bremek transcriptome and analysis of candidate genes involved in indican biosynthesis and metabolism[J]. PloS One,2018,13(7):e0199788.

Lloyd A,Brockman A,Aguirre L,et al. Advances in the MYB - bHLH - WD Repeat (MBW) Pigment Regulatory Model: Addition of a WRKY Factor and Co-option of an Anthocyanin MYB for Betalain Regulation[J]. Plant and Cell Physiology,2017,58(9):1431-1441.

Marrs K A,Alfenito M R,Lloyd A M,et al. A glutathione S-transferase involved in vacuolar transfer encoded by the maize gene Bronze-2[J]. Nature,1995,375(6530):397-400.

Matsui K,Umemura Y,Ohme-Takagi M. AtMYBL2,a protein with a single MYB domain,acts as a negative regulator of anthocyanin biosynthesis in *Arabidopsis*[J]. The Plant Journal,2008,55 (6):954-967.

Middleton E,Jr. ,Kandaswami C. Effects of flavonoids on immune and inflammatory cell functions [J]. Biochemical Pharmacology,1992,43(6):1167-1179.

Mishra A, Kumar S, Pandey A K. Scientific validation of the medicinal efficacy of *Tinospora cordifolia*[J]. The Scientific World Journal,2013,(11-12):292934.

Mishra A,Sharma A K,Kumar S,et al. *Bauhinia variegata* leaf extracts exhibit considerable antibacterial, antioxidant, and anticancer activities [J]. BioMed Research International, 2013, (6):915436.

Murre C,Mccaw P S,Baltimore D. A new DNA binding and dimerization motif in immunoglobulin enhancer binding,daughterless,MyoD,and myc proteins[J]. Cell,1989,56(5):777-783.

Nemesio-Gorriz M,Blair P B,Dalman K,et al. Identification of *Norway Spruce* MYB-bHLH-WDR Transcription Factor Complex Members Linked to Regulation of the Flavonoid Pathway [J].

Frontiers in Plant Science,2017,8: 305.

Rabausch U,Juergensen J,Ilmberger N,et al. Functional Screening of Metagenome and Genome Libraries for Detection of Novel Flavonoid-Modifying Enzymes[J]. Applied and Environmental Microbiology,2013,79(15):4551-4563.

Saito K,Yonekura-Sakakibara K,Nakabayashi R,et al. The flavonoid biosynthetic pathway in *Arabidopsis*:structural and genetic diversity[J]. Plant Physiology Biochemistry,2013,72: 21-34.

Sun H,Liu Y,Gai Y,*et al*. De novo sequencing and analysis of the cranberry fruit transcriptome to identifyputative genes involved in flavonoid biosynthesis,transport and regulation[J]. BMC Genomics,2015,16(1):652.

Tatusov R L,Galperin M Y,Natale D A,et al. The COG database: a tool for genome-scale analysis of protein functions and evolution[J]. Nucleic Acids Research,2000,28(1):33-36.

Trapnell C,Williams B A,Pertea G,et al. Transcript assembly and quantification by RNA-Seq reveals unannotated transcripts and isoform switching during cell differentiation[J]. Nature Biotechnology,2010,28(5):511-515.

Wu Y,Wang F,Zheng Q,et al. Hepatoprotective effect of total flavonoids from *Laggera alata* against carbon tetrachloride-induced injury in primary cultured neonatal rat hepatocytes and in rats with hepatic damage[J]. Journal of Biomedical Science,2006,13(4):569-578.

Xia J,Ma Y J,Wang Y,et al. Deciphering transcriptome profiles of tetraploid *Artemisia annua* plants with high artemisinin content[J]. Plant Physiology and Biochemistry,2018,130: 112-126.

Xie C,Mao X,Huang J,et al. KOBAS 2.0: a web server for annotation and identification of enriched pathways and diseases[J]. Nucleic Acids Research,2011,39(Web Server issue):W316-322.

Xie Z,Lee E,Lucas J R,et al. Regulation of cell proliferation in the stomatal lineage by the *Arabidopsis* MYB FOUR LIPS via direct targeting of core cell cycle genes[J]. Plant Cell,2010,22(7):2306-2321.

Zhao J,Dixon R A. The 'ins' and 'outs' of flavonoid transport[J]. Trends in Plant Science,2010,15(2):72-80.

Zhao J. Flavonoid transport mechanisms: how to go,and with whom[J]. Trends in Plant Science,2015,20(9):576-585.

Zhu J-H,Cao T-J,Dai H-F,et al. De Novo transcriptome characterization of *Dracaena cambodiana* and analysis of genes involved in flavonoid accumulation during formation of dragon's blood[J]. Scientific Reports,2016,6: 38315.

Zifkin M,Jin A,Ozga J A,et al. Gene expression and metabolite profiling of developing highbush blueberry fruit indicates transcriptional regulation of flavonoid metabolism and activation of abscisic acid metabolism[J]. Plant Physiology,2012,158(1):200-224.

第十一章 圆齿野鸦椿 qRT-PCR 内参基因筛选及转录组数据验证

实时荧光定量 PCR(qRT-PCR)的发明使生物体基因表达分析领域发生了革命性变革,与传统的 RT-PCR(reverse transcription-PCR)反应相比,qRT-PCR 的主要优势在于其具有更高的灵敏度、更强的特异性及更宽的定量范围。实时荧光定量 PCR 已经在验证全基因组数据和基因诊断领域得到了广泛的应用。但是,在 qRT-PCR 分析过程中,通常需要引入一个在特定实验条件下表达相对稳定的管家基因作为内参基因对实验结果进行校正以便消除不同样品之间因 RNA 质量、酶促反应效率的不同及其他因素引起的偏差。

为了验证转录组数据的可靠性及后续色原酮化合物生物合成途径关键酶基因表达量研究,本章节拟在前期圆齿野鸦椿转录组学测序的基础上,选取 9 种表达相对稳定一致的候选基因及 3 种传统管家基因,利用 qRT-PCR 技术选择开展 12 种基因的表达量研究,并且利用 NormFinder 和 geNorm 软件对 12 种候选基因的表达稳定性进行比较分析,以期筛选出圆齿野鸦椿不同实验条件下表达量最为稳定的内参基因,并对圆齿野鸦椿转录组数据的可靠性进行验证,同时为进一步开展圆齿野鸦椿分子生物学研究及功能基因的挖掘提供基础。

11.1 材料与方法

11.1.1 材　料

11.1.1.1　植物材料

圆齿野鸦椿不同组织样品同 9.1.1,果皮及种子从形成后开始采集,每半个月采集 1 次,共采集 6 次。上述材料采集完立刻用超纯水清洗、擦干,并用液氮冻存带回实验室置于零下 80℃保存备用。

11.1.1.2　仪器、试剂

RNA 提取试剂盒(Tiangen DP441)、反转录试剂盒(ROCHE)、荧光定量 PCR 试剂盒(Roche)、无水乙醇、离心机、旋涡震荡仪、荧光定量 PCR 仪(ABI Fast7500)、NanoDrop 2000c 分光光度计(Thermo Scientific, US)、实时荧光定量 PCR 仪。

11.1.2 试验方法

11.1.2.1 圆齿野鸦椿 RNA 的提取和 cDNA 合成

总 RNA 的提取采用植物 RNA 提取试剂盒(TIANGEN)。总 RNA 的质量用 1.2%琼脂糖凝胶电泳对其进行检测,并用 Nanodrop 检测 RNA 的纯度和浓度。cDNA 的合成采用 First Strand cDNA Synthesis Kit(Roche),具体步骤及反应体系参照试剂盒说明书,将反应获得的 cDNA 产物直接用于后续实验或保存在零下 20℃冰箱中。

11.1.2.2 内参基因筛选和引物设计

根据前期转录组数据筛选出 12 种基因,包括 9 种新的基因和 3 种传统管家基因作为候选内参基因进行 qRT-PCR 实验。12 种候选内参基因的正向及反向引物采用 primer premier 5.0 进行设计,引物的主要参数如下:Tm 值范围为 50~70℃,GC%比例为 45%~50%,引物长度为 18~25bp,产物长度为 90~200bp。所有引物均由上海生工生物有限公司进行合成,候选内参基因的名称、简称及引物信息见表 11-1。

11.1.2.3 qRT-PCR 反应条件

采用 ABI 7500 Fast Real-Time PCR 仪(Thermo Fisher)对各候选基因进行 qPCR 分析。反应体系为 20μL:SYBR Green Fast qPCR Master Mix(Roche) 10μL,cDNA 模板 1μL,10 umol/L 的上、下游引物各 0.4μL,用 ddH_2O 补足至 20 μL。每个样品设置 3 个技术重复,并设置不加模板的阴性对照。反应条件为:95℃预变性 10min,95℃变性 15s,60℃退火 20s,40 个循环;72℃延伸 15s。采集溶解曲线荧光信号,采用相对定量法进行分析。分析熔解曲线确定引物的特异性。每个样品进行 3 次生物学和 3 次技术学重复。

将反转录得到的 cDNA 样品等量混合,依次稀释 6 个梯度,每个梯度 10 倍,稀释后的浓度分别为原始混合浓度的 1/10,1/100,1/1000,1/10000,1/100000,1/1000000,并进行普通 PCR 及 qRT-PCR 扩增,根据 qRT-PCR 的结果制作 12 种候选内参基因的标准曲线。

11.1.2.4 数据分析

使用 NormFinder v 20 和 geNorm V 3.5 软件,根据 12 种候选基因在圆齿野鸦椿叶片、枝条、果皮、根、种子 5 个器官中及果皮、种子 6 个发育时期的相对表达量统计分析 12 种候选基因的表达稳定性,从而筛选出表达相对稳定的内参基因。根据公式 $Q = E\Delta Ct$ 计算各基因的相对表达量,其中 E 为基因扩增效率,当扩增效率接近 100%时,E 值一般默认为 2,$\Delta Ct = Ct(\min) - Ct(样品)$,$Ct(\min)$ 为所有组织样品中最低的 Ct 值,$Ct(样品)$ 为每个样品的 Ct 值。基因之间的稳定性(M)和成对变异(V)的值由 geNorm 产生,较低的 M 值是基因表达更稳定。

表 11-1 qRT-PCR 引物信息

基因缩写	基因名	引物序列(5'-3')	扩增子长度(bp)	引物(℃)
EkUBC	Ubiquitin-conjugating enzyme E2-17 kDa	For:TCTGCAGGTCCTTCAATTCC Rev:CCGAAACCCTAGAGAGAGTAAG	100	54.8/54.8
EkF-ACP	F-actin capping protein alpha subunit	For:CCAGTAACTCGCACCCTATTT Rev:TCACTGTCACTTTCCGATTCC	96	54.44/54.56
EkARP7	Actin-related protein 7	For:CCTTCATTACCCATCTCCCATC Rev:CTAATGAATCTCGTATGACTGGAT	100	55.03/53.41
EkEF2	Elongation factor 2	For:GAGAGCGACAAGGAATGAG Rev:TATTACTGATGTGCGCTGG	108	55.7/54.8
EkACT	Actin	For:CATTGTGAGCAACTGGGATG Rev:GATTAGCCTTCGGGTTGAGA	125	54.01/54.21
EkGAPDH	Glyceraldehyde-3-phosphate dehydrogenase	For:TGGCTTTCCCTGTTCCTACT Rev:TCCCTCTGACTCCTCCTTGA	113	56.14/57.12
EkEEF-5A-1	Eukaryoticelongation factor 5A-1	For:TCCGACATAGCTCCGATTCA Rev:GAAGAGCGGAGAGGAGAGATT	101	55.42/55.4
EkADF2	Actin-depolymerizing factor 2	For:CCGAAGAGAATGTCCAGAAGAC Rev:GTCCTTTGAGCTCGCATAGAT	98	54.97/54.48
EkTUB	β-Tubulin	For:AAAGATGAGCACCAAGGAGGT Rev:TCACACACGCTGGATTTCAC	108	56.18/55.60
EkPLAC8	PLAC8 family protein isoform 2	For:GGGAATCGGAGGTAAAGATCAA Rev:TGGATCTGAAGAAATGGGAGAC	102	54/54
EkLPP	Lonprotease-2-like protein	For:TTGCCCTCATCTATTGCTACTG Rev:GTTCTCCTGTGCCCTCTAATG	98	54.3/55.4
EkGSTU1	Glutathione-S-transferase tau 1	For:GCCCTCATCCAAACATACT Rev:GAGATTGTTTGCAGCGAATAGG	113	54.6/54
EkCAD1	Cinnamyl alcohol dehydrogenase 1	For:GTGGGCTTTCCGTCAGTGTA Rev:GGTCCGAGTTGGAGCTATCG	123	59.97/59.97

此外，通过计算两个归一化因子的配对变异产生的归一化因子被用来确定最合适的参考基因的数目。NormFinder 用于通过组内和组间变异来评估候选基因的稳定性。更稳定的参考基因将具有较低的稳定性值以及组间和组内变异。

11.1.2.5　候选内参基因验证

为了验证实验结果的准确性，选择最稳定和最不稳定的内参基因来验证肉桂醇脱氢酶（EkCAD1）基因在不同组织样品（根、枝、果皮、种子和叶）中的表达。CAD1 属于 CAD 家族，它催化对香豆醛、香芹醛和芥子醛的还原成其醇衍生物，然后聚合成木质素，CAD 是用于获得木质素含量低的植物最常用的基因之一。qRT-PCR 实验方法与 11.1.2.3 所述相同，*EkCAD1* 基因引物信息见表 11-1。使用单因素方差方法（ANOVA）对实验结果进行 t 检验。

11.1.2.6　转录组数据验证

为了验证转录组数据的准确性，筛选 15 个差异表达的基因进行 qPCR 验证（c103858.graph_c0，c111980.graph_c0，c89139.graph_c0，c111467.graph_c0，c47643.graph_c0，c105616.graph_c0，c107469.graph_c0，c111976.graph_c0，c93013.graph_c0，c100654.graph_c0，c82647.graph_c0，c101600.graph_c0，c96073.graph_c0，c79330.graph_c0，c86998.graph_c0）。以筛选出的不同组织部位的最合适内参基因作为内参基因对 qPCR 结果进行标准化，15 个差异基因的引物信息见表 11-2。

表 11-2　荧光定量 PCR 引物

基因 ID	正向引物	反向引物
c103858.graph_c0	AGTCCCTTTGTCTGGAAAGATG	CTCATCCGTCACCTTCTCATTT
c111980.graph_c0	GACTCGAGGAGAGAGTGTAGAT	CTGGAATTCCTCGTGGTCATAG
c89139.graph_c0	GTGAAGGTGAGGAAGGTTTGTA	GGTTACTGCTATGGTTGAGTCC
c111467.graph_c0	CGCCGACAAAGAGAACTACAT	TTATGGTTCGGCTTAGTTGCA
c47643.graph_c0	GGCTCTTCCGGTTCTTGATAA	TATCACGAGAGGCTGATGAAAC
c105616.graph_c0	GCCAAACGAGAATGGACAATATG	TCTTGTTCCTTCGGGTGATG
c107469.graph_c0	GGAACTCGCTGTTCTGGATAG	CCTTGTGGCCCTTAACTTCT
c111976.graph_c0	GATGGGTTGGCTCCATTCTT	GAAAGAAGGAGCCTTGTAGGTT
c93013.graph_c0	CCCAGTAAAGGAAGACCAAGAA	TAGTTTCTCTTGTCCAGCAGC
c100654.graph_c0	CCTGGATAGTTGGGTGAACAA	AGATAGCCCAGTTAATTCGGAC
c82647.graph_c0	ATTCCCTACCAACCAACCTTC	GATACAGGGTTCGGGACATTT
c101600.graph_c0	AGTTCGAGCACAAGAGCTAAA	GTATCGGAGATGTTGACGTACG
c96073.graph_c0	CCATCGGAGTTTGGACATGATA	GTACACCTGACTCCTCAATCAC
c79330.graph_c0	TCTCGGACATGTGGGTAATA	ATGTTCTTCAAGTCCTGCCC
c86998.graph_c0	TGGTTTGGGACTGGAAGAAG	AACTACTATCCCAAATGCCCTC

11.2 结果与分析

11.2.1 圆齿野鸦椿 RNA 样品浓度及质量

1.2%琼脂糖凝胶电泳显示,圆齿野鸦椿 RNA 电泳条带清晰,没有弥散,且 28S rRNA 条带亮度高于 18S rRNA(图 11-1),说明提取得到的 RNA 完整良好,无降解。Nanodrop 检测结果显示 RNA 样品 OD_{260}/OD_{280} 值在 1.9~2.1 之间(表 11-3),说明提取得到的圆齿野鸦椿 RNA 符合后续实验的要求。

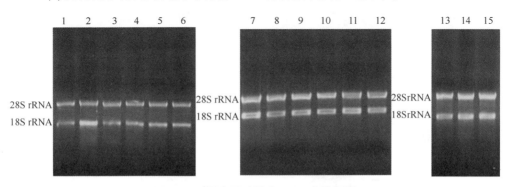

图 11-1 圆齿野鸦椿总 RNA 电泳图谱

注:图中编号与表 11-3 的编号一致

表 11-3 RNA 浓度及纯度

编号	样品名称	浓度(ng/μL)	OD_{260}/OD_{280}	编号	样品名称	浓度(ng/μL)	OD_{260}/OD_{280}
1	种子1	179.21	2.07	9	果皮3	218.42	2.03
2	种子2	170.87	2.10	10	根1	201.23	1.96
3	种子3	195.34	2.02	11	根2	215.31	2.02
4	枝条1	190.21	2.01	12	根3	195.23	2.0
5	枝条2	205.38	2.10	13	叶片1	241.34	2.09
6	枝条3	179.52	2.05	14	叶片2	262.12	1.99
7	果皮1	208	1.99	15	叶片3	219.21	2.07
8	果皮2	241.23	1.99				

注:由于篇幅关系,此处只列出不同组织部位的数据,果皮和种子不同发育时期的数据未列出。

11.2.2 引物特异性及 PCR 扩增效率

共选择 12 个候选内参基因,包括 3 个共同看家基因和来自转录组测序数据的 9 个新基因用于 qRT-PCR 归一化分析。对于所有引物组,熔解曲线均显示单一的扩增峰(图 11-2,见彩图),表明所设计的引物具有特异性。12 个候选内参基因的 qRT-PCR 扩增效率从 EkUBC 的 97.89% 到 EkACT 的 103.21%,相关系数从 0.9795 到 0.9999 不等。

11.2.3 内参基因 Cq 值分析

所有 12 个参考基因的 Cq 值如图 11-3 所示。在所有样品中 Cq 值分布范围为 15.812(*EkF-ACP*)到 30.121(*EkACT*),平均 Cq 为 18.0575(*EkF-ACP*)到 25.6685(*EkACT*)。此外,*EkACT* 表达水平变化最大,而 *EkGADPH* 变化最小,由于基因表达水平与 Cq 值呈负相关,因此 *EkF-ACP* 具有高的表达量,且 *EkACT* 表达量最低。

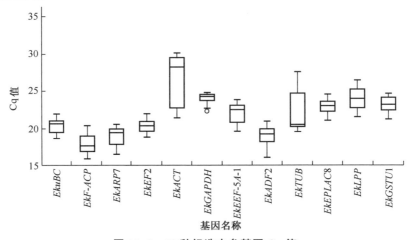

图 11-3 12 种候选内参基因 Cq 值
注:框中的线表示中值,方框表示 25/75 百分点

11.2.4 候选内参基因表达稳定性分析

通过 geNorm 和 NormFinder 两个软件分析 12 种内参基因的表达稳定性。样品共分为 4 个实验组:"5 个不同组织部位""种子的 6 个不同发育时期""果皮的 6 个不同发育时期"和"总样品组"。

11.2.4.1 圆齿野鸦椿内参基因最佳数目的确定

为了使实验结果更加可靠,通常需要多个内参基因对目的基因的表达量进行标准化分析。通过 geNorm 软件计算连续标准化因子(NFn 和 NFn+1)之间的成对变化(Vn/Vn+1),从而确定不同实验条件下所需的内参基因的最佳数目。如图 11-4(见彩图)所示,以 0.15 作为临界值,当成对的内参基因的 Vn/Vn+1 低于 0.15 时,则可以用于对应的实验处理组。从图 11-4 可以看出,在不同实验室处理组，V2/V3 的值都小于 0.15，因此，2 个内参基因足够满足圆齿野鸦椿不同器官、果皮和种子不同发育时期及总样品的目的基因表达研究的标准化。

11.2.4.2 geNorm 软件分析

在 geNorm 软件分析中，通常以 M 值来评价候选内参基因的稳定性，以 1.5 为临界值，当 M>1.5 时，则该基因不适合作为内参基因，而且，M 值越低，则该基因越稳定，反之，则越不稳定。从表 11-4 和图 11-5 可以看出，在不同实验条件下，12 种候选内参基因存在比较大的差异，在 5 个不同组织（叶片、枝条、果皮、种子、根）实验组种，12 种内参基因的 M 值均小于 1.5，*EkGSTU1* 和 *EkGADPH* 的 M 值最低，为最稳定的两个内参基因 *EkTUB* 的 M 值最高，为最不稳定的内参基因；在种子 6 个不同发育时期实验组，*EkEEF-5A-1* 和 *EkGAPDH* 为最稳定的内参基因（M 值分别为 0.231 和 0.283），而 EkLPP 表达最不稳定；在果皮 6 个不同发育时期实验组，*EkGADPH* 和 *EkGSTU*1 具有最低的 M 值，表达最稳定，*EkUBC* 排名最低；在总样品实验组，*EkADF2* 和 *EkEEF-5A-1* 表达最稳定，为最佳的内参基因。

表 11-4 geNorm 软件分析不同实验条件候选内参基因表达稳定性

基因名	不同组织	种子发育阶段	果皮发育阶段	合　计
EkUBC	0.412(5)	0.369(3)	1.023(12)	0.491(7)
EkF-ACP	0.568(8)	1.201(10)	0.911(11)	0.428(6)
EkARP7	0.390(4)	1.065(9)	0.398(3)	0.251(3)
EkEF2	0.599(9)	0.890(8)	0.753(8)	0.655(8)
EkACT	0.498(7)	0.729(7)	0.646(7)	1.698(12)
EkGAPDH	0.315(2)	0.283(2)	0.254(1)	0.858(10)
EkEEF-5A-1	0.752(11)	0.231(1)	0.568(5)	0.159(2)
EkADF2	0.629(10)	0.649(6)	0.792(9)	0.134(1)
EkTUB	1.198(12)	1.216(11)	0.599(6)	1.421(11)
EkPLAC8	0.469(6)	0.534(5)	0.412(4)	0.699(9)
EkLPP	0.348(3)	1.368(12)	0.855(10)	0.284(4)
EkGSTU1	0.269(1)	0.412(4)	0.289(2)	0.344(5)

11.2.4.3 NorFinder 软件分析

由 NormFinder 软件计算得出的 12 种候选内参基因的表达稳定性如图 11-5，见表 11-5，在不同组织实验组 *GSTU1* 和 *GADPH* 为表达最为稳定的内参基因；在种子发育时期实验组，*EEF-5A-1* 和 *GADPH* 为最适宜内参基因；果皮发育时期实验组，*GADPH* 和 *GSTU1* 表现良好，可作为该实验条件下的内参基因。总之，NorFinder 软件分析得出的结果与 geNorm 软件分析得出的结果一致。

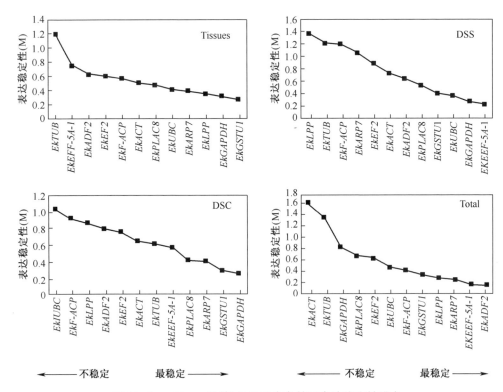

图 11-5 geNorm 计算的 12 种内参基因表达稳定性排名
Tissues：5 个不同组织；DSS：种子不同发育时期；DSC：果皮不同发育时期；Total：总样品

表 11-5 NormFinder 软件分析不同实验组内参基因表达稳定性

基因名	不同组织	种子发育阶段	果皮发育阶段	种子发育阶段
EkUBC	0.268(6)	0.239(3)	0.391(11)	0.274(8)
EkF-ACP	0.331(7)	0.392(10)	0.414(12)	0.201(6)
EkARP7	0.256(3)	0.601(12)	0.178(3)	0.103(4)
EkEF2	0.367(9)	0.521(11)	0.369(8)	0.348(9)
EkACT	0.546(11)	0.379(9)	0.365(7)	1.495(12)
EkGAPDH	0.240(2)	0.171(2)	0.102(1)	0.493(10)
EkEEF-5A-1	0.338(8)	0.153(1)	0.295(6)	0.090(2)
EkADF2	0.458(10)	0.358(8)	0.384(10)	0.035(1)
EkTUB	0.806(12)	0.349(7)	0.286(5)	1.131(11)
EkPLAC8	0.261(5)	0.273(4)	0.251(4)	0.259(7)
EkLPP	0.256(3)	0.302(6)	0.371(9)	0.102(3)
EkGSTU1	0.165(1)	0.285(5)	0.116(2)	0.159(5)

11.2.5 圆齿野鸦椿候选内参基因的验证

为了验证候选内参基因的准确性,选用表达稳定的基因 *EkGSTU*1、*EkGADPH* 和最不稳定的基因 *EkTUB* 作为内参基因对目的基因 *EkCAD1* 在圆齿野鸦椿不同组织(叶片、枝条、果皮、种子、根)的表达量进行标准化。结果如图 11-6(见彩图)所示,当 *EkGADPH* 作为内参基因对 *EkCAD1* 的表达量进行标准化时,*KEA1* 在枝条中的表达量最高,在种子中的表达量最低,当 *EkGSTU1* 和 *Ek-GADPH+EkGSTU1* 作为内参基因对结果进行标准化时,*EkCAD1* 在圆齿野鸦椿不同组织的表达模式与 *GADPH* 作内参基因时呈现相同的趋势。相反,当以最不稳定的内参基因 *EkTUB* 作为内参基因时,*EkCAD1* 在不同组织的表达模式产生了较大的变化。

11.2.6 圆齿野鸦椿转录组数据的验证

为了进一步验证转录组数据的准确性,筛选了 15 个差异表达的基因进行 qPCR 验证,根据上述试验结果,选择基因组合对 qRT-PCR 结果进行标准化,结果如图 11-7 所示,qPCR 结果与转录组数据呈现一致的表达模式,证明转录组数据可靠。

11.3 讨论与小结

qRT-PCR 已经成为研究植物基因表达最常用的技术之一,为了确保结果的准确性,通常需要一个内参基因对数据进行标准化,目前常用的内参基因为传统的看家基因,如 *ACT*、*GADPH*、*TUB* 等。但是,没有任何一个基因可以适用于所有的物种,不同组织部位和不同的实验条件,而且对于非模式物种,由于缺乏遗传和序列基因信息,使用的内参基因是根据模式物种的传统看家基因的直系同源序列,使用不合适的内参基因会对研究结果造成较大的偏差,因此,需要在特定的实验条件下为特定的物种的内参基因进行筛选,而不是使用传统的内参基因。

高通量测序技术的发展为研究植物分子生物学提供了更有效的途径,已经被广泛应用于植物基因组,植物转录组,植物 ncRNA 等方面,而且,高通量测序产生的大规模的基因片段和基因表达数据为鉴定筛选新的内参基因提供了新的资源,尤其是对于非模式物种。因此,圆齿野鸦椿的转录组数据可为不同组织及实验条件筛选内参基因提供数据来源。本研究在前期圆齿野鸦椿转录组学测序的基础上,选取 9 种表达相对稳定一致的候选基因及 3 种传统管家基因,利用

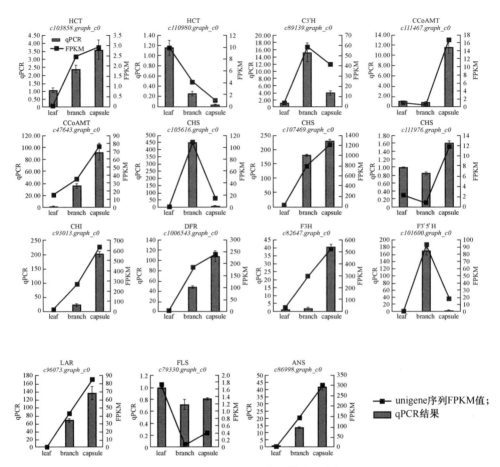

图 11-7 qRT-PCR 验证转录组数据

qRT-PCR 技术选择开展 12 种基因的表达量研究，并且利用 NormFinder 和 geNorm 软件对 12 种候选基因的表达稳定性进行比较分析。

两个常用的内参基因 *ACT* 和 *TUB*，在圆齿野鸦椿不同实验条件下没有表现出良好的稳定性，常见的内参基因在不同实验条件下的表达量出现较大范围波动的现象在其他文章中也有报道。*GADPH* 是另外一种常见的管家基因，在不同物种和不同实验条件下被广泛用于内参基因，在本实验中，*EkGADPH* 在 5 个不同组织和果皮不同发育时期样本组是表达最为稳定的两个内参基因之一，但是在种子不同发育时期和总样品组中表达不稳定，本研究中 *GADPH* 管家基因在不同实验条件下的不同现象进一步说明了没有单一的内参基因可适用于所有物种或不同的实验条件。

本研究中，谷胱甘肽转移酶（*GSTs*）中的 *GSTU1* 是不同组织样品及果皮不同发育时期表达最稳定的两个内参基因之一，*EkEEF-5A-1* 和 *EkADF2* 是总样本中最稳定的两个基因,ADF(肌动蛋白解聚因子)在一些需要细胞骨架重排如细胞迁移、染色体渐渗、卵裂平面定向和沟槽形成的细胞过程中发挥重要作用。VvADF 已被确定为葡萄开花期和橡胶树的内参基因,TrADF3 被选作太行花雄蕊及全花的参考基因。

在使用 qRT-PCR 技术研究目的基因表达的过程中,使用多个内参基因的组合对数据进行标准化比使用单个内参基因对数据进行标准化能获得更加可靠、准确的结果。根据靶基因表达的验证结果,当选择 EkGADPH 和 EkGSTU1 作为进行单一或组合内参基因进行标准化时,靶基因 EkCAD1 在不同组织中表现出相似的表达模式,表明 EkCAD1 的表达模式用一个或两个内参基因进行归一化后的结果几乎相同。

总结:在本试验中,评估了 12 个候选内参基因(包括 3 个传统看家基因和 9 个基于圆齿野鸦椿转录组数据的新基因)在不同实验条件下的表达稳定性。另外,测定了靶基因 EkCAD1 在不同组织部位中的表达,以进一步验证所筛选的稳定的内参基因的可靠性。该研究首次对圆齿野鸦椿不同实验条件下的内参基因进行筛选,并利用筛选出最适宜内参基因对转录组数据进行验证,结果表明转录组数据可靠。研究结果将有助于研究圆齿野鸦椿及其相关物种的基因表达研究,可用于后续的色原酮化合物生物合成关键酶基因的表达量研究。

参 考 文 献

Abdeen A, Schnell J, Miki B. Transcriptome analysis reveals absence of unintended effects in drought-tolerant transgenic plants overexpressing the transcription factor ABF3[J]. BMC Genomics, 2010, 11: 69.

Bustin S A. Quantification of mRNA using real-time reverse transcription PCR (RT-PCR): trends and problems[J]. Journal of Molecular Endocrinology, 2002, 29(1): 23-39.

Cao J, Wang L, Lan H. Validation of reference genes for quantitative RT-PCR normalization in Suaeda aralocaspica, an annual halophyte with heteromorphism and C4 pathway without Kranz anatomy[J]. PeerJ, 2016, 4: e1697.

Chao J, Yang S, Chen Y, et al. Evaluation of Reference Genes for Quantitative Real-Time PCR Analysis of the Gene Expression in Laticifers on the Basis of Latex Flow in Rubber Tree (Hevea brasiliensis Muell. Arg.)[J]. Frontiers in Plant Science, 2016, 7: 1149.

Chapman J A, Mascher M, Buluc A, et al. A whole-genome shotgun approach for assembling and anchoring the hexaploid bread wheat genome[J]. Genome Biology, 2015, 16: 26.

Demidenko N V, Logacheva M D, Penin A A. Selection and validation of reference genes for quantitative real-time PCR in buckwheat (Fagopyrum esculentum) based on transcriptome sequence data[J]. PLoS One, 2011, 6(5): e19434.

Die J V, Roman B, Nadal S, et al. Evaluation of candidate reference genes for expression studies in Pisum sativum under different experimental conditions[J]. Planta, 2010, 232(1): 145-153.

Evangelistella C, Valentini A, Ludovisi R, et al. De novo assembly, functional annotation, and analysis of the giant reed (Arundo donax L.) leaf transcriptome provide tools for the development of a biofuel feedstock[J]. Biotechnol Biofuels, 2017, 10: 138.

Galla G, Vogel H, Sharbel T F, et al. De novo sequencing of the Hypericum perforatum L. flower transcriptome to identify potential genes that are related to plant reproduction sensu lato [J]. BMC Genomics, 2015, 16: 254.

Guan R, Zhao Y, Zhang H, et al. Draft genome of the living fossil Ginkgo biloba[J]. Gigascience, 2016, 5(1): 49.

Guo J, Ling H, Wu Q, et al. The choice of reference genes for assessing gene expression in sugarcane under salinity and drought stresses[J]. Scientific Reports, 2014, 4: 7042.

Guo Y, Chen J X, Yang S, et al. Selection of reliable reference genes for gene expression study in nasopharyngeal carcinoma[J]. Acta Pharmacologica Sinica, 2010, 31(11): 1487-1494.

Han X, Lu M, Chen Y, et al. Selection of reliable reference genes for gene expression studies using real-time PCR in tung tree during seed development[J]. PLoS One, 2012, 7(8): e43084.

Harper A L, Trick M, He Z, et al. Genome distribution of differential homoeologue contributions to leaf gene expression in bread wheat[J]. Plant Biotechnology Journal, 2016, 14(5): 1207-1214.

Insall R H, Machesky L M. Actin dynamics at the leading edge: from simple machinery to complex networks[J]. Developmental Cell, 2009, 17(3): 310-322.

Kuure S, Cebrian C, Machingo Q, et al. Actin depolymerizing factors cofilin1 and destrin are required for ureteric bud branching morphogenesis[J]. PLoS Genetics, 2010, 6(10): e1001176.

Lan T, Yang Z L, Yang X, et al. Extensive functional diversification of the Populus glutathione S-transferase supergene family[J]. The Plant Cell, 2009, 21(12): 3749-3766.

Li J, Han X, Wang C, et al. Validation of Suitable Reference Genes for RT-qPCR Data in Achyranthes bidentata Blume under Different Experimental Conditions[J]. Frontiers in Plant Science, 2017, 8: 776.

Li W, Zhang L, Zhang Y, et al. Selection and Validation of Appropriate Reference Genes for Quantitative Real-Time PCR Normalization in Staminate and Perfect Flowers of Andromonoecious Taihangia rupestris[J]. Frontiers in Plant Science, 2017, 8: 729.

Lin Y, Min J, Lai R, et al. Genome-wide sequencing of longan (Dimocarpus longan Lour.) provides insights into molecular basis of its polyphenol-rich characteristics[J]. Gigascience, 2017, 6(5): 1-14.

Liu T T, Zhu D, Chen W, et al. A global identification and analysis of small nucleolar RNAs and possible intermediate-sized non-coding RNAs in Oryza sativa[J]. Molecular Plant, 2013, 6(3): 830-846.

Ma R, Xu S, Zhao Y, et al. Selection and Validation of Appropriate Reference Genes for Quantitative

Real-Time PCR Analysis of Gene Expression in Lycoris aurea[J]. Frontiers in Plant Science, 2016,7: 536.

Ma S, Niu H, Liu C, et al. Expression stabilities of candidate reference genes for RT-qPCR under different stress conditions in soybean[J]. PLoS One, 2013, 8(10): e75271.

Monteiro F, Sebastiana M, Pais M S, et al. Reference gene selection and validation for the early responses to downy mildew infection in susceptible and resistant Vitis vinifera cultivars[J]. PLoS One, 2013, 8(9): e72998.

Nobuta K, Lu C, Shrivastava R, et al. Distinct size distribution of endogeneous siRNAs in maize: Evidence from deep sequencing in the mop1-1 mutant[J]. Proceedings of the National Academy of Sciences of the United States of America, 2008, 105(39): 14958-14963.

Parkin I A, Koh C, Tang H, et al. Transcriptome and methylome profiling reveals relics of genome dominance in the mesopolyploid Brassica oleracea[J]. Genome Biol, 2014, 15(6): R77.

Schmidt G W, Delaney S K. Stable internal reference genes for normalization of real-time RT-PCR in tobacco (Nicotiana tabacum) during development and abiotic stress[J]. Molecular Genetics and Genomics, 2010, 283(3): 233-241.

Sunkar R, Zhou X, Zheng Y, et al. Identification of novel and candidate miRNAs in rice by high throughput sequencing[J]. BMC Plant Biology, 2008, 8: 25.

Tian C, Jiang Q, Wang F, et al. Selection of suitable reference genes for qPCR normalization under abiotic stresses and hormone stimuli in carrot leaves[J]. PLoS One, 2015, 10(2): e0117569.

Vanholme R, Demedts B, Morreel K, et al. Lignin Biosynthesis and Structure[J]. Plant Physiology, 2010, 153(3): 895-905.

Vanholme R, Morreel K, Darrah C, et al. Metabolic engineering of novel lignin in biomass crops[J]. New Phytologist, 2012, 196(4): 978-1000.

Velasco R, Zharkikh A, Affourtit J, et al. The genome of the domesticated apple (Malus x domestica Borkh.)[J]. Nature Genetics, 2010, 42(10): 833-839.

Wan D, Wan Y, Yang Q, et al. Selection of Reference Genes for qRT-PCR Analysis of Gene Expression in Stipa grandis during Environmental Stresses[J]. PLoS One, 2017, 12(1): e0169465.

Wang H, Zhang X, Liu Q, et al. Selection and evaluation of new reference genes for RT-qPCR analysis in Epinephelus akaara based on transcriptome data[J]. PLoS One, 2017, 12(2): e0171646.

Zhan X, Yang L, Wang D, et al. De novo assembly and analysis of the transcriptome of Ocimum americanum var. pilosum under cold stress[J]. BMC Genomics, 2016, 17(1): 209.

Zhuang H, Fu Y, He W, et al. Selection of appropriate reference genes for quantitative real-time PCR in Oxytropis ochrocephala Bunge using transcriptome datasets under abiotic stress treatments[J]. Front Plant Sci, 2015, 6: 475.

第十二章 圆齿野鸦椿色原酮碳苷生物合成途径研究

色原酮及其苷类是一类具有广泛生物活性的天然次生代谢产物,已在多种植物中发现。在圆齿野鸦椿果皮中分离得到两个色原酮碳苷类化合物,isobiflorin 和 biflorin,具有很强的抗炎活性,但目前为止,关于色原酮生物合成途径的研究尚少,只有 Abe 等(2005)根据已知的 CHSs 的保守系列,设计简并引物,通过 RT-PCR 从芦荟根中克隆出一个新的植物 III 型酮类聚合酶——Penta-ketide Chromone Synthase(PCS),催化 5 个丙二酰辅酶 A 分子(malonyl-CoA)形成色原酮——5,7-二羟基-2-甲基色原酮。

本章节拟在前期转录组学研究的基础上,挖掘色原酮合成的候选基因进行 qRT-PCR 分析,并采用 SPSS 对筛选出的基因的相对表达量与两个色原酮碳苷化合物(isobiflorin 和 biflorin)的含量进行相关性分析,初步探讨圆齿野鸦椿色原酮碳苷化合物生物合成途径,了解其调控机制,为圆齿野鸦椿色原酮碳苷化合物的进一步开发利用提供理论基础。

12.1 材料与方法

12.1.1 材 料

12.1.1.1 植物材料

圆齿野鸦椿果皮、叶片、枝条材料同 11.1.1,部分样品采集完后立即用清水洗净,滤纸擦干,冻于液氮中,带回实验室零下 80℃保存用于后续的 RNA 提取及目的基因表达量研究,每个组织 3 个生物学重复;部分样品干燥粉碎,用于色原酮碳苷(isobiflorin 和 biflorin)的含量测定。

12.1.1.2 主要仪器

高效液相色谱仪;Waters 600 高效液相色谱仪,旋转蒸发仪,超声波清洗机。

12.1.1.3 主要试剂

色谱及甲醇(Sigma,德国)、乙醇、乙酸、纯净水。

12.1.2 试验方法

12.1.2.1 圆齿野鸦椿色原酮碳苷含量测定

(1)色谱条件与系统适用性试验。色谱条件参照第九章节的结果:Dikma Diamonsil 色谱柱(C18 400×4.6nm,5μm),流动相为甲醇-0.1%乙酸水,柱温30℃,流速 1.0mL/min,进样量 20μL,检测波长 254nm,梯度洗脱。

(2)对照品溶液的制备。分别精密称取对照品 isobiflorin 50.01 mg,biflorin 50.04mg 置于量瓶中,加入色谱级溶解,定容至 10mL,即得两种对照品的储备液。分别精密吸取上述对照品储备液 4mL,置 20mL 量瓶中,加入色谱级甲醇至刻度,摇匀,作为混合对照品溶液。

(3)供试品溶液的制备。精密取圆齿野鸦椿各不同组织部位干燥粉末 5.0g,置圆底烧瓶中,加入 70%乙醇 50mL,冷凝回流提取 60min,过滤得滤液,重复两次,合并滤液,减压干燥浓缩,色谱级甲醇溶解,定容至 50mL,用于后续 HPLC 检测。

(4)线性关系考察。分别精密吸取混合对照品溶液 2,4,6,8,10μL,注入高效液相色谱仪,按 9.2.3 所述液相条件进行检测,记录色谱图。以对照品峰面积为纵坐标(Y),对照品溶液的质量为横坐标(X),绘制标准曲线,线性回归方程见表 12-1 结果表明被测成分 isobiflorin 和 biflorin 线性关系良好。

表 12-1 方法学考察

成 分	回归方程	精密度 RSD(%)	稳定性 RSD(%)	重复性 RSD(%)
isobiflorin	$Y=4E+06X-399131$	0.58	1.24	1.26
biflorin	$Y=3E+06X-376764$	0.47	0.57	0.72

注:r^2均为 1.000。

(5)精密度试验。精密吸取 20 μL 同一圆齿野鸦椿果皮供试品,连续 6 次进行 HPLC 测定分析。色谱条件为:色谱柱:DikmaDiam-onsil(C_{18}400×4.6nm,5μm)柱;流动相:A:甲醇,B:0.1%乙酸水;柱温:30℃;流速 1.0mL/min;进样量:20μL;检测波长:254nm。测得化合物 isobiflorin 和 biflorin 的峰面积(RSD 值)分别为 0.58%和 0.47%,表明精密性良好,满足含量测定要求。

(6)稳定性试验。在 24 h 内每隔 4 h,精密吸取 20 μL 同一圆齿野鸦椿果皮供试品溶液,进行 HPLC 测定分析,测得化合物 isobiflorin 和 biflorin 的峰面积,并计算得到峰面积的 RSD 值分别为 2.01%和 1.22%,表明稳定性良好符合含量测定要求。

(7)重复性试验。精密称取圆齿野鸦椿果皮同一样品 5 份,每份 1.0 g,制备果皮指纹图谱供试品溶液,具体方法参照 9.2.1,按 9.2.3 项下的色谱条件进样 20 μL,测定化合物 isobiflorin 和 biflorin 的含量,含量的 RSD 值为 2.06% 和 1.53%,表明本方法重复性良好。

(8)加样回收率试验。精密称定已知含量的圆齿野鸦椿果皮样品粉末(isobiflorin 和 biflorin 的含量分别为 4.3885 mg/g、5.0734 mg/g)6 份,每份约 1.0g,置具塞锥形瓶中,精密加入每 4.0 mL 配置的混合对照品溶液,氮气吹干,按 9.2.1 项下制得供试品溶液,进行 HPLC 测定 isobiflorin 和 biflorin 的含量,根据加入量计算其加样回收率,结果见表 12-2。

(9)圆齿野鸦椿不同组织部位色原酮碳苷含量测定。圆齿野鸦椿果皮、枝条、叶片样品制备参照 9.2.1,样品检测色谱条件为:色谱柱:Dikma Diamonsil (C_{18} 400×4.6nm,5μm)柱;流动相;A:甲醇,B:0.1%乙酸水;柱温:30℃;流速 1.0mL/min;进样量:20μL;检测波长:254nm。每个样品 3 次技术重复,3 次生物学重复。

表 12-2　加样回收率试验结果($n=6$)

成　分	药材量(g)	样品含量(mg)	加入量(mg)	实测总量(mg/g)	回收率(%)	平均回收率(%)	RSD(%)
isobiflorin	1.0002	4.3894	4.0008	8.3974	99.57	99.21	1.48
	1.0013	4.3942		8.4022	98.24		
	0.9995	4.3863		8.3943	98.54		
	0.9989	4.3837		8.3917	97.26		
	1.0005	4.3907		8.3987	100.56		
	1.0017	4.3960		8.4040	101.11		
biflorin	1.0002	5.0744	4.0032	9.0776	100.76	98.64	1.25
	1.0013	5.0800		9.0832	98.59		
	0.9995	5.0709		9.0741	99.06		
	0.9989	5.0678		9.0710	96.85		
	1.0005	5.0759		9.0791	97.58		
	1.0017	5.0820		9.0852	99.01		

12.1.2.2　色原酮碳苷合成相关基因筛选及表达量研究

圆齿野鸦椿果皮、枝条、叶片 RNA 提取、质量检测及 cDNA 合成见 11.1.2;根据第十一章节圆齿野鸦椿不同组织部位转录组数据注释结果,筛选出色原酮碳苷合成的候选基因,引物设计如 11.1.2.2 所示,荧光定量 PCR 反应条件及数据处理如 11.1.2.3 和 11.1.2.4 所示,根据第十一章节的实验结果,选用 *EkGADPH+EkGSTU1* 两个基因组合对获得的数据进行标准化。

12.1.2.3 数据分析

采用 SPSS 软件对数据进行单因素方差及相关性分析。

12.2 结果与分析

12.2.1 圆齿野鸦椿不同组织部位色原酮碳苷含量分析

从表 12-3 和图 12-1(见彩图)可知,两个色原酮碳苷化合物 isobiflorin 和 biflorin 在圆齿野鸦椿不同组织部位中的含量均为果皮>叶片>枝条。果皮中含量达到 4.388±0.1165 mg/g 和 5.0734±0.1321 mg/g,而在枝条中的含量仅为 0.4953±0.0154 mg/g 和 0.5216±0.0212 mg/g,且不同组织部位中的含量均存在显著差异。

表 12-3 圆齿野鸦椿不同组织部位色原酮碳苷含量

样品名称	isobiflorin(mg/g)	biflorin(mg/g)
果皮	4.3884±0.1165a	5.0734±0.1321a
枝条	0.4953±0.0154c	0.5216±0.0212c
叶片	1.7861±0.0642b	2.3982±0.0583b

注:表中同列不同字母表示存在显著差异($P<0.05$)。

12.2.2 色原酮碳苷合成候选基因筛选及表达量分析

12.2.2.1 色原酮碳苷合成候选基因筛选

据 Ikuro Abe 报道,植物 III 型酮类聚合酶——Pentaketide Chromone Synthase(PCS)催化丙二酰辅酶 A 合成色原酮——5,7-二羟基-2-甲基色原酮,在圆齿野鸦椿的转录组数据中并未注释到该基因序列,但该酶基因属于查尔酮合成酶家族(CHSs),基于此,将转录组数据中注释的 *CHS* 序列基因与 *PCS* 基因做序列比对与系统进化树分析,结果如图 12-2 所示,根据序列比对与系统进化树分析可知,基因 *c107469.graph c0* 与 *Medicago sativa* PCS 属同源基因序列,可能扮演相同的功能。

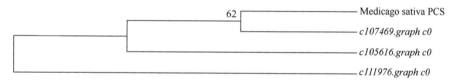

图 12-2 圆齿野鸦椿查尔酮合成酶与 PCS 系统进化树

色原酮基础骨架 5,7-二羟基-2-甲基色原酮在糖基转移酶(*UDP*)、羟化酶、甲基转移酶等的作用下形成各种不同类型的色原酮化合物。从圆齿野鸦椿、野鸦椿转录组数据中共注释得到 40 个 UDP-糖基转移酶（UGT）基因，共筛选出 8 个差异表达的 UGT 基因，分别为：c100191.graph_c0、c101298.graph_c0、c102025.graph_c0、c109047.graph_c0、c110622.graph_c0、c113572.graph_c0、c91453.graph_c0、c96495.graph_c0。

12.2.2.2 候选基因表达量分析

根据上述筛选出的候选基因，设计 qRT-PCR 引物，引物信息见表 12-4，荧光定量 PCR 反应条件及数据处理如 11.1.2.3 和 11.1.2.4 所示，根据第十二章节的实验结果，选用 EkGADPH+EkGSTU1 两个基因组合对获得的数据进行标准化，结果见表 12-5。

表 12-4 色原酮碳苷合成途径候选基因引物信息

基因 ID	正向引物	反向引物
c107469.graph_c0	GGAACTCGCTGTTCTGGATAG	CCTTGTGGCCCTTAACTTCT
c100191.graph_c0	TGGGTATGCGACCACAATTAC	TTATAGCCCATTTCCAGGTGTG
c101298.graph_c0	GGCGAGTCCTTAATGTTGTTTATG	GAAATGAGCCAAGGGTCCTAA
c102025.graph_c0	TACGGATGCAAAGCGTCTAC	GATTGGCTTCATTGGGAGACTA
c109047.graph_c0	GTGAACGGATTGGGTGTTTATG	GGATAACATGACCTTGGAGAGG
c110622.graph_c0	CCTCCACCATTAGCCTTCTTAC	CATACCTTGCACTCACCCTC
c113572.graph_c0	GACGGAAGATGTGTCTGTTTCT	GTAATCTATGGTGTCCTCGCG
c91453.graph_c0	GCTTCGCCACCATACCTAAT	TTATGACGAAGATGGAAGCTCC
c96495.graph_c0	CTAAGAAGGACGCAGATGGTATT	AAATGGAGAGAGTCTGCCAAG

表 12-5 候选基因相对表达量

基因 ID	果皮	枝条	叶片
c107469.graph_c0	62.021±3.112a	8.983±0.459c	42.752±2.593b
c100191.graph_c0	2.241±0.243a	1.584±0.195b	1.031±0.258b
c101298.graph_c0	2.718±0.197a	1.408±0.167b	0.946±0.032c
c101298.graph_c0	4.703±0.431a	2.309±0.365b	0.093±0.008c
c109047.graph_c0	20.293±1.454a	5.368±0.435b	10.822±2.158b
c110622.graph_c0	86.851±4.876a	7.231±0.651a	0.125±0.005d
c113572.graph_c0	5.173±0.751a	1.254±0.139b	0.397±0.042d
c91453.graph_c0	14.672±2.432a	2.568±0.032b	4.772±0.258b
c96495.graph_c0	1.660±0.582a	1.334±0.092b	0.802±0.024c

注：表中同行不同字母表示存在显著差异（$P<0.05$）。

12.2.2.3 候选基因表达量与色原酮碳苷含量相关性分析

利用 SPSS 17.0 软件对候选基因与两个色原酮碳苷的含量进行相关性分析,结果见表 12-6 与表 12-7。从表 12-6 可以看出,候选基因中 CHS 基因 (*c107469. graph c0*) 与 isobiflorin 的含量呈极显著相关($P<0.01$),相关性指数达 0.961,两个 UGT 基因的表达量(*c109047. graph_c0*、*c91453. graph_c0*)与 isobiflorin 的含量呈极显著正相关($P<0.01$),pearson 相关系数分别为 0.988、0.991;两个 UGT 基因(*c101298. graph_c0*、*c110622. graph_c0*)的表达量与 isobiflorin 的含量呈显著正相关($P<0.05$),相关系数分别为 0.851 和 0.915。其他候选基因的表达量与 isobiflorin 含量的相关性不显著。

从表 12-7 可以看出,候选基因中 CHS 基因(*c107469. graph c0*)与 biflorin 的含量呈极显著相关($P<0.01$),相关性指数达 0.978,两个 UGT 基因的表达量(*c109047. graph_c0*、*c91453. graph_c0*)与 biflorin 的含量呈极显著相关($P<0.01$),pearson 相关系数分别为 0.989、0.978;两个 UGT 基因(*c101298. graph_c0*、*c110622. graph_c0*)的表达量与 biflorin 的含量呈显著相关($P<0.05$),相关系数分别为 0.809 和 0.883。其他候选基因的表达量与 biflorin 含量不存在显著相关性。

表 12-6 候选基因相对表达量与 isobiflorin 含量相关性分析

项目	*c107469. graph c0*	*c100191. graph_c0*	*c101298. graph_c0*	*c102025. graph_c0*	*c109047. graph_c0*
R	0.961**	0.815	0.851*	0.759	0.988**
P	0.005	0.046	0.034	0.068	0.001
项目	*c110622. graph_c0*	*c113572. graph_c0*	*c91453. graph_c0*	*c96495. graph_c0*	
R	0.915*	0.658	0.991**	0.632	
P	0.015	0.114	0.001	0.126	

注:*表示该基因相对表达量与 isobiflorin 的含量相关性达到显著水平($P<0.05$),**表示该基因相对表达量与 isobiflorin 的含量达的相关性达到极显著水平($P<0.01$)。

表 12-7 候选基因相对表达量与 biflorin 含量相关性分析

项目	*c107469. graph c0*	*c100191. graph_c0*	*c101298. graph_c0*	*c102025. graph_c0*	*c109047. graph_c0*
R	0.978**	0.780	0.809*	0.715	0.989**
P	0.002	0.060	0.049	0.087	0.001
项目	*c110622. graph_c0*	*c113572. graph_c0*	*c91453. graph_c0*	*c96495. graph_c0*	
R	0.883*	0.608	0.978**	0.576	
P	0.024	0.138	0.002	0.115	

注:*表示该基因相对表达量与 biflorin 的含量达的相关性达到显著水平($P<0.05$),**表示该基因相对表达量与 biflorin 的含量达的相关性达到极显著水平($P<0.01$)。

12.2.3 圆齿野鸦椿色原酮碳苷合成途径

根据上述相关性分析结果,圆齿野鸦椿色原酮碳苷代谢途径可能如下:CHS (*c107469.graph c0*)催化 5 个丙二酰辅酶 A 分子(malonyl-CoA)形成色原酮基础骨架——5,7-二羟基-2-甲基色原酮,然后在 *UGT* 的作用下形成色原酮碳苷(isobiflorin 和 biflorin)(图 12-3)。

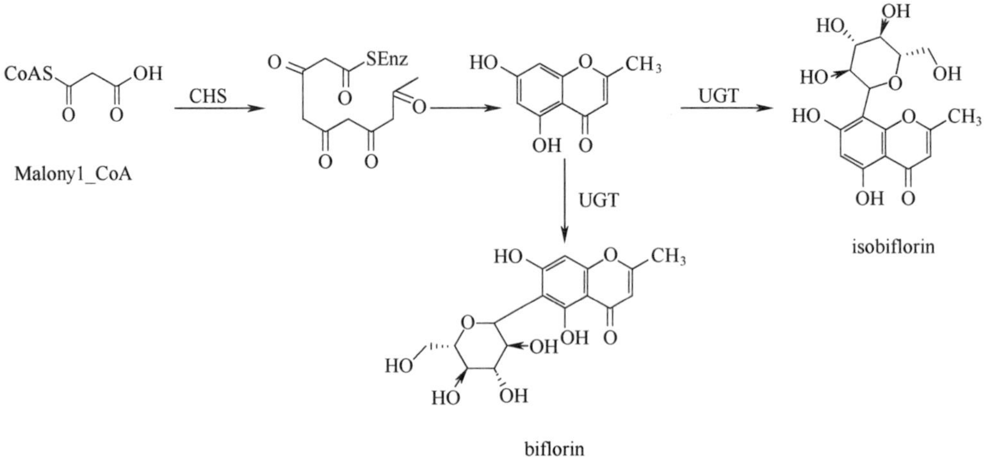

图 12-3 圆齿野鸦椿色原酮碳苷生物合成途径

12.3 讨论与小结

12.3.1 讨 论

色原酮及其苷类化合物是一类具有广泛生物活性的天然次生代谢产物,如抗炎、抗肿瘤、抗菌、抗氧化、保肝、降压、神经保护等,且已经在多种植物中发现。色原酮及其苷类的化学结构在不同植物中差异较大,目前为止,对于色原酮及其苷类化合物生物合成途径的研究较少,只有 Abe 等(2005)根据芦荟根中克隆出一个新的植物 III 型酮类聚合酶——Pentaketide Chromone Synthase(PCS),催化 5 个丙二酰辅酶 A 分子(malonyl-CoA)形成色原酮——5,7-二羟基-2-甲基色原酮。本研究中挖掘了一个 CHS 基因,为 PCS 基因的同源基因,可能扮演着相似的功能,这为接下来研究色原酮生物合成途径提供了新的素材和参考。

糖基化是生物体中最为重要的一种生物反应之一,其在糖基转移酶的催化作用作用下将糖基从活化的供体分子转移到受体分子上。糖基转移酶分为 O-、N-、C-、S-糖基转移酶等,植物具有的糖基转移酶大多为 O-类型,少量 N-和

S-类型,研究 C-糖基转移酶生物学功能的主要以微生物为材料,在植物中较为少见,Ito 等(2017)从柑橘属中鉴定两个了 C-糖基转移酶(CGTs)FcCGT(*UGT708G1*)和 CuCGT(*UGT708G2*)分别为参与柑橘植物金橘(Fortunella crassifolia)和萨松柑橘(Citrus unshiu)中二-C-葡糖基黄酮类化合物生物合成的主要酶;Nagatomo 等(2014)从荞麦中分离出对应于两种同工酶[FeCGTa(*UGT708C1*)和 FeCGTb(*UGT708C2*)]的 cDNA。当在大肠杆菌中表达时,两种蛋白均表现出对 2-羟基黄烷酮、二氢查耳酮、三羟基苯乙酮和其他相关化合物的 C-葡糖基化活性;Wang 等(2017)从葛根中分离得到一个新的糖苷转移酶(PlUGT43),生化分析显示 *PlUGT43* 具有大豆黄素对葛根素的 C-葡糖基化活性;Brazier-Hicks 等(2009)从水稻(*Oryza sativa*)中鉴定并克隆了一种酶(OsCGT)催化黄酮类化合物的 2-羟基黄烷酮前体的 UDP-葡萄糖依赖性 C-葡糖基化。相关性分析表明两个 UGT 基因与圆齿野鸦椿色原酮碳苷(isobiflorin 和 biflorin)含量呈极显著正相关,可能具有 C-葡糖基化活性,但有待进一步验证。

12.3.2 小 结

(1)圆齿野鸦椿各不同组织部位两个化合物的含量均存在显著差异,isobiflorin 和 biflorin 的含量均表现为果皮>叶片>枝条。果皮中含量达到 4.388±0.1165mg/g 和 5.0734±0.1321mg/g。

(2)在圆齿野鸦椿转录组数据中并未注释到 *PCS* 基因,但 *PCS* 基因属于 *CHSs* 大家族,本研究通过序列比对与系统进化树分析发现,一个 *CHS* 基因(*c107469.graph c0*)与 *Medicago sativa* PCS 属同源基因序列,可能扮演着相同的功能。

(3)利用 SPSS 软件进行基因表达量与化合物含量的相关性分析,结果表明,CHS 基因(*c107469.graph c0*)与 isobiflorin 和 biflorin 的含量呈极显著正相关($P<0.01$),相关系数分别为 0.961 和 0.968,两个 UGT 基因(*c109047.graph_c0*、*c91453.graph_c0*)与 isobiflorin 和 biflorin 的含量呈极显著正相关($P<0.01$),两个 UGT 基因(*c101298.graph_c0*、*c110622.graph_c0*)与 isobiflorin 和 biflorin 的含量呈显著正相关($P<0.05$)。上述基因可能为圆齿野鸦椿色原酮碳苷的生物合成的关键酶基因。由此推测圆齿野鸦椿色原酮碳苷的生物合成途径为 5 个丙二酰辅酶 A 分子(malonyl-CoA)在 CHS(*c107469.graph c0*)的催化下形成色原酮——5,7-二羟基-2-甲基色原酮,然后在 *UGT* 的作用下形成色原酮碳苷(isobiflorin 和 biflorin)。

参 考 文 献

姬向楠,何非,段长青,等. 植物 UDP-糖基转移酶生化特性和功能研究进展[J]. 食品科学, 2013,34(09):316-323.

魏安华,吴光华,熊朝梅,等. 翠绿针毛蕨中特殊 B 环结构的黄酮及其抑制肿瘤细胞增殖作用的研究[J]. 中国中药杂志,2011,36(05):582-584.

张姣姣,张婷,吴灿,等. 茵陈色原酮对小鼠急性乙醇性肝损伤的保护作用研究[J]. 抗感染药学,2011,08(04):257-261.

赵娟,刘春芳,林娜,等. 防风色原酮提取物对大鼠胶原诱导性关节炎的影响[J]. 中国实验方剂学杂志,2009,15(12):52-56.

Abe I, Utsumi Y, Oguro S, et al. A plant type III polyketide synthase that produces pentaketide chromone[J]. Journal of the American Chemical Society,2005,127(5):1362-1363.

Brazier-Hicks M, Evans K M, Gershater M C, et al. The C-glycosylation of flavonoids in cereals [J]. Journal of Biological Chemistry,2009,284(27):17926-17934.

Foshag D, Campbell C, Pawelek P D. The C-glycosyltransferase IroB from pathogenic Escherichia coli: identification of residues required for efficient catalysis[J]. Biochimica et Biophysica Acta,2014,1844(9):1619-1630.

Ito T, Fujimoto S, Suito F, et al. C-Glycosyltransferases catalyzing the formation of di-C-glucosyl flavonoids in citrus plants[J]. The Plant Journal,2017,91(2):187-198.

Lee H H, Shin J S, Lee W S, et al. Biflorin, Isolated from the Flower Buds of Syzygium aromaticum L., Suppresses LPS-Induced Inflammatory Mediators via STAT1 Inactivation in Macrophages and Protects Mice from Endotoxin Shock[J]. Journal of Natural Products,2016,79(4):711-720.

Nagatomo Y, Usui S, Ito T, et al. Purification, molecular cloning and functional characterization of flavonoid C-glucosyltransferases from Fagopyrum esculentum M. (buckwheat) cotyledon [J]. The Plant Journal,2014,80(3):437-448.

Vanegas K G, Larsen A B, Eichenberger M, et al. Indirect and direct routes to C-glycosylated flavones in Saccharomyces cerevisiae[J]. Microbial Cell Factories,2018,17(1):119.

Wang F, Zhou M, Singh S, et al. Crystal structure of SsfS6, the putative C-glycosyltransferase involved in SF2575 biosynthesis[J]. Proteins,2013,81(7):1277-1282.

Wang X, Li C, Zhou C, et al. Molecular characterization of the C-glucosylation for puerarin biosynthesis in Pueraria lobata[J]. The Plant Journal,2017,90(3):535-546.

第四篇　圆齿野鸦椿中色原酮碳苷提取及纯化工艺研究

第十三章　圆齿野鸦椿中 isobiflorin 和 biflorin 的含量测定及药用原料的优选

13.1　材料与方法

13.1.1　原料、药品与试剂

圆齿野鸦椿样品分别于 2017 年 6~11 月采自福建三明清流圆齿野鸦椿种植基地,5~6 年生树,经鉴定为省沽油科野鸦椿属圆齿野鸦椿 *Euscaphis konishii*,将样品分为叶片、枝条、果皮、种子 4 个部分,经低温干燥至恒重,粉碎后过 100 目筛,取其粉末备用;isobiflorin 和 biflorin 对照品为实验室自制,其 ESI-MS、^{1}H、^{13}C NMR 数据与文献数据完全一致,经 HPLC 测定,归一化法计算,质量分数为 99% 以上。

甲醇(德国默克公司,色谱纯),水为超纯水,其余试剂均为分析纯,均购于国药集团(上海)化学试剂有限公司。

13.1.2　仪器设备

Waters W2695-W2998 高效液相色谱仪,美国沃特世公司;
CPA225D 型电子分析天平,赛多利斯科学仪器北京有限公司;
WGL-125B 型电热鼓风干燥箱,天津市泰斯特仪器有限公司;
TQ-400Y 高速多功能粉碎机,永康市天祺盛世工贸有限公司;
KQ500DE 型数控超声波清洗机,昆山超声仪器公司。

13.2 试验方法

13.2.1 HPLC 分析条件

Dikma Diamonsil（C_{18} 250×4.6mm，5μm）色谱柱，流动相为甲醇-水（25∶75），等度洗脱，检测波长330nm，柱温30℃，流速1mL/min。

13.2.2 溶液的制备

13.2.2.1 对照品溶液的制备

精密称取对照品 isobiflorin 50.00mg 和 biflorin 50.02mg，加入甲醇溶解，定容至10mL，摇匀，配置成浓度为5.00mg/mL 和 5.01mg/mL 的溶液。分别吸取4mL 上述溶液置 20mL 容量瓶中，甲醇定容，稀释至刻度，摇匀，即得 isobiflorin 和 biflorin 的混合对照品溶液。

13.2.2.2 供试品溶液的制备

精密称定圆齿野鸦椿药材粉末1.0g，置于500mL 圆底烧瓶中，精密加入70%乙醇共200mL，称定重量，浸润2h，进行冷凝回流提取2h，放置冷却，再称定重量用70%乙醇补足失重，摇匀，过滤，取续滤液，蒸干，将干膏用70%乙醇溶解，定容至10mL 的容量瓶中，即为供试品溶液，平行重复3次。

13.2.3 方法学考察

13.2.3.1 线性关系考察

将配制好的混合对照品溶液分别进样2、4、6、8、10、12μL 注入高效液相色谱仪，进行检测，色谱条件为：色谱柱：Dikma Diamonsil（C_{18} 400×4.6nm，5μm）柱；流动相：A：甲醇，B：0.1%乙酸；柱温：30℃；流速1.0mL/min；进样量：20μL；检测波长：254nm。以对照品溶液进样量（X）为横坐标，色谱峰峰面积（Y）为纵坐标，绘制标准曲线。

13.2.3.2 精密度试验

精密吸取13.3.2.1 项下对照品溶液10μL，按照13.2.3.1中的色谱条件下连续进样6次，测得 isobiflorin 和 biflorin 的峰面积，并计算其 RSD 值。

13.2.3.3 重复性试验

分别精密称取圆齿野鸦椿果皮样品粉末共5份，每份1.0g，制备果皮指纹图谱供试品溶液，具体方法参照9.2.1。精密吸取10μL，测得 isobiflorin 和 biflorin 的色谱峰峰面积，计算其 RSD 值。

13.2.3.4 稳定性试验

精密吸取圆齿野鸦椿果皮叶片样品的供试品溶液 10μL,于配制后的 0、2、4、8、12、24h 分别进样,记录 isobiflorin 和 biflorin 的峰面积,并计算峰面积的 RSD 值。

13.2.3.5 加样回收率试验

分别精密称定已知含量的同一批圆齿野鸦椿果皮样品粉末(isobiflorin 含量为 2.8401mg/g 和 biflorin 含量为 2.5427mg/g)共 6 份,每份 1.0g,分别精密加入一定量的 isobiflorin 和 biflorin 对照品,按 13.3.2.2 方法制得供试品溶液,各精密吸取 10μL,测得 isobiflorin 和 biflorin 的含量,计算加样回收率及 RSD 值。

13.3 结果与分析

13.3.1 HPLC 检测结果

根据高效液相色谱检测条件得到对照品与样品色谱图如图 13-1、图13-2。

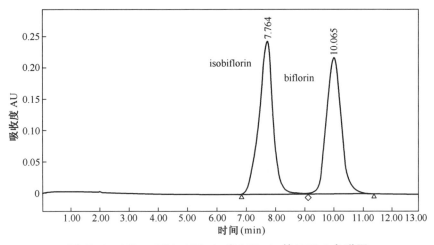

图 13-1　330nm 下 isobiflorin 和 biflorin 的 HPLC 色谱图

13.3.2 方法学考察结果

13.3.2.1 线性关系考察

对照品 isobiflorin 和 biflorin 的标准曲线分别如图 13-3、图 13-4。isobiflorin 的标准曲线的线性回归方程为 $y_1 = 1\times10^6 x + 273241$,$R^2 = 0.9999$,线性范围为 2.000~12.000μg;biflorin 的标准曲线的线性回归方程为 $y_2 = 5\times10^6 x + 122496$,$R^2 = 0.9996$,线性范围为 2.004~12.024μg。

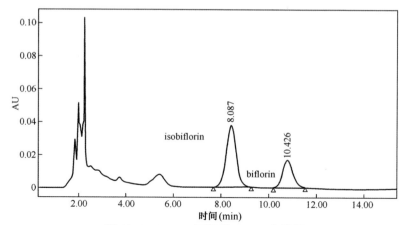

图 13-2　330nm 下样品 HPLC 色谱图

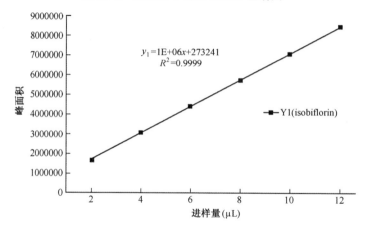

图 13-3　对照品 isobiflorin 的标准曲线

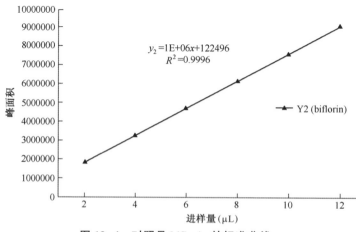

图 13-4　对照品 biflorin 的标准曲线

13.3.2.2 精密度试验

精密度考察结果见表13-1,其中RSD值分别为0.41%、0.56%,表明该仪器精密度良好。

表13-1 精密度考察结果

进样次数(次)	峰面积	
	isobiflorin	biflorin
1	1007228	964493
2	1006006	976315
3	1003205	980649
4	999011	972073
5	998203	975853
6	1007259	971664
RSD(%)	0.41	0.56

13.3.2.3 重复性试验

重复性考察结果见表13-2,其中RSD值分别为1.13%、1.32%,表明该方法重复性良好。

表13-2 重复性试验考察结果

进样次数(次)	峰面积	
	isobiflorin	biflorin
1	995724	964051
2	976135	955287
3	1004231	981973
4	998219	970168
5	1002203	986691
RSD(%)	1.13	1.32

13.3.2.4 稳定性试验

稳定性考察结果见表13-3,其中RSD值分别为1.41%、1.10%,表明该供试品溶液在24h内稳定性良好。

表13-3 稳定性考察结果

进样次数(次)	峰面积	
	isobiflorin	biflorin
0	765228	723801
2	754736	720109

(续)

进样次数(次)	峰面积	
	isobiflorin	biflorin
4	772663	734163
8	764152	716048
12	743655	710785
24	750867	723571
RSD(%)	1.41	1.10

13.3.2.5 加样回收率试验

加样回收率试验结果见表13-4,其中isobiflorin的平均回收率为98.82%、RSD值为1.82%,biflorin的平均回收率99.41%、RSD值为1.40%,RSD值均小于5%,表明该方法准确度良好,测定结果可靠。

表13-4 加样回收率试验结果($n=6$)

对照品	称样量(g)	含样品量(mg/g)	加入量(mg)	实测含量(mg/g)	回收率(%)	平均回收率(%)	RSD(%)
isobiflorin	1.0	5.24	5.01	10.170	98.40	98.82	1.82
	1.0	5.24	5.01	10.312	101.23		
	1.0	5.24	5.01	10.213	99.26		
	1.0	5.24	5.01	10.266	100.32		
	1.0	5.24	5.01	10.101	97.03		
	1.0	5.24	5.01	10.083	96.67		
biflorin	1.0	6.01	5.17	11.160	99.61	99.41	1.40
	1.0	6.01	5.17	11.267	101.68		
	1.0	6.01	5.17	11.113	98.70		
	1.0	6.01	5.17	11.186	100.11		
	1.0	6.01	5.17	11.115	98.74		
	1.0	6.01	5.17	11.059	97.66		

13.3.3 样品含量测定及药用原料的优选

13.3.3.1 圆齿野鸦椿不同部位中isobiflorin和biflorin的含量测定

取采自同一株圆齿野鸦椿样品的枝条、叶片、果皮、种子各部位样品对其进行含量测定,得出在圆齿野鸦椿的不同部位中isobiflorin和biflorin的含量差异有显著性差异,其中 isobiflorin 在果皮中的含量最高,为 4.67mg/g,各部位 isobi-florin 的含量大小依次排序为果皮>叶片>枝条>种子;化合物 biflorin 的含量从大到小依次排序为果皮>枝条>叶片>种子,果皮中 biflorin 的含量最高,为 4.24mg/g,结果见表 13-5。综合来看,isobiflorin 和 biflorin 在果皮中的含量明显高于其他部位中的含量,而圆齿野鸦椿作为特色观果植物,果实产量大,果皮资源丰富,因此选用果皮作为提取纯化 isobiflorin 和 biflorin 工艺的原材料,可以有效利用圆齿野鸦椿的药用价值。

表 13-5　不同部位中 isobiflorin 和 biflorin 的含量测定

组织部位	isobiflorin 含量(mg/g)	biflorin 含量(mg/g)
枝条	3.08 ± 0.12	2.79 ± 0.16
叶片	4.16 ± 0.20	2.71 ± 0.14
果皮	4.67 ± 0.11	4.24 ± 0.09
种子	2.58 ± 0.16	1.55 ± 0.17

13.3.3.2　不同月份圆齿野鸦椿果皮中 isobiflorin 和 biflorin 的含量测定

分别取 6、7、8、9、10、11 月采集的圆齿野鸦椿果皮样品对其进行含量测定,结果表明,各月份果皮中 isobiflorin 和 biflorin 的含量差异显著,其中 10 月成熟期果皮中 isobiflorin 和 biflorin 的含量最高,分别为 4.9mg/g、4.37mg/g,各月份 isobiflorin 和 biflorin 的含量从大到小排序均为 10>11>9>8>7>6,见表 13-6。总体来看,随着圆齿野鸦椿果实的不断成熟,果皮中 isobiflorin 和 biflorin 的含量不断增多,在 10 月成熟期时二者总含量达到最高为 9.27mg/g,因此可选择 10 月成熟期的圆齿野鸦椿果皮作为 isobiflorin 和 biflorin 富集工艺的样品材料。

表 13-6　不同月份 isobiflorin 和 biflorin 的含量测定

月　份	isobiflorin 含量(mg/g)	biflorin 含量(mg/g)
6	3.05 ± 0.32	2.88 ± 0.17
7	3.06 ± 0.21	3.02 ± 0.31
8	3.37 ± 0.25	3.16 ± 0.16
9	4.26 ± 0.15	3.80 ± 0.33
10	4.90 ± 0.27	4.37 ± 0.25
11	4.81 ± 0.19	4.23 ± 0.14

13.4 小结与讨论

本章主要建立了对于圆齿野鸦椿中 isobiflorin 和 biflorin 含量的测定方法,并对于圆齿野鸦椿的最佳药用部位进行筛选,以此作为本工艺的原材料。

(1) 以 isobiflorin 和 biflorin 作为对照品,采用 HPLC 检测方法,绘制 isobiflorin 和 biflorin 的标准曲线,其中 isobiflorin 的标准曲线为 $y_1 = 1\times10^6 x + 273241$,$R^2 = 0.9999$,线性范围为 $2.000 \sim 12.000\mu g$;biflorin 的标准曲线的线性回归方程为 $y_2 = 5\times10^6 x + 122496$,线性范围为 $2.004 \sim 12.024\mu g$,并对该测定方法进行了方法学考察,该方法的精密度、重复性、稳定性、加样回收率等结果均达到要求,证明该方法稳定可靠,可用于检测样品中 isobiflorin 和 biflorin 的含量。

(2) 对于圆齿野鸦椿的不同部位(枝条、叶片、果皮、种子)进行了含量测定,发现 isobiflorin 和 biflorin 在果皮中的含量最高,且明显高于其他部位,而圆齿野鸦椿作为特色观果树种,果皮产量大,种植区域广泛,十分适合作为提取纯化 isobiflorin 和 biflorin 的原材料。之后,对于不同月份的圆齿野鸦椿果皮进行了含量测定,得出 10 月成熟期的果皮含量最高,因此优选 10 月产的果皮样品作为提取纯化的原材料,并将其作为本文后续的试验材料加以利用。

本方法操作简便,精密度、稳定性、重复性良好,可用于检测后续试验中乙醇提取物及各纯化部位中 isobiflorin 和 biflorin 的含量,为本试验提供了一种基本的检测方法,也为圆齿野鸦椿药用价值的评价提供了研究基础。

第十四章　超声提取 isobiflorin 和 biflorin 的工艺研究

圆齿野鸦椿果皮中富含 isobiflorin 和 biflorin 两种成分,如何从圆齿野鸦椿果皮中充分提取 isobiflorin 和 biflorin 便成为本文需要解决的关键问题。

目前,对于 isobiflorin 和 biflorin 的提取主要采用乙醇回流提取法,本课题在前期实验过程中发现,虽然回流提取法对于 isobiflorin 和 biflorin 的提取较为充分,但其装置复杂,提取温度要求较高,且耗时长达 5h。超声波提取法在可以充分提取 isobiflorin 和 biflorin 的基础上,不仅对提取温度要求较低,还减少了提取时间,大幅度提高了提取效率。因此,为了使提取工艺更简便、节能、高效,采用超声波提取法对于圆齿野鸦椿中 isobiflorin 和 biflorin 两种成分进行提取,并通过响应面法设计,对于 isobiflorin 和 biflorin 的最佳提取工艺进行探究。

14.1　材料与仪器

14.1.1　原料、药品与试剂

样品为 10 月份采收的成熟期圆齿野鸦椿果实的外果皮,采自福建三明清流圆齿野鸦椿种植基地,经鉴定为省沽油科野鸦椿属圆齿野鸦椿 *Euscaphis konishii* Hayata;isobiflorin 和 biflorin 对照品为实验室自制,其 ESI-MS、^{1}H、^{13}C NMR,经 HPLC 测定,归一化法计算,质量分数为 99% 以上。

甲醇(德国默克公司,色谱纯),水为超纯水,其余试剂均为分析纯,均购于国药集团(上海)化学试剂有限公司。

14.1.2　仪器设备

Waters W2695-W2998 高效液相色谱仪,美国沃特世公司;
CPA225D 型电子分析天平,赛多利斯科学仪器北京有限公司;
WGL-125B 型电热鼓风干燥箱,天津市泰斯特仪器有限公司;

TQ-400Y 高速多功能粉碎机,永康市天祺盛世工贸有限公司;

KQ500DE 型数控超声波清洗机,昆山超声仪器公司。

14.2 试验方法

14.2.1 HPLC 分析条件

Dikma Diamonsil(C_{18} 250×4.6mm,5μm)色谱柱,流动相为甲醇-水(25:75),等度洗脱,检测波长 330nm,柱温 30℃,流速 1mL/min。

14.2.2 圆齿野鸦椿果皮超声提取法流程

将圆齿野鸦椿果皮在 50℃下烘干至恒重,粉碎后过 100 目筛,取其粉末备用。精密称取 2g 处理后的样品粉末,置于 150mL 具塞圆底烧瓶中,加入一定体积、相应浓度的乙醇适量,称定,超声提取(40kHz、250W)。取出静置至室温,称定补足质量,吸取提取液适量,过滤后取续滤液,按 14.2.1 的方法进样检测。

14.2.3 isobiflorin 和 biflorin 超声提取工艺单因素试验

本章以 isobiflorin 和 biflorin 的总提取率为评价指标,分别考察提取时间、乙醇体积分数及液料比对总提取率的影响,如公式 14-1。

$$\text{isobiflorin 和 biflorin 的总提取率}(\%) = \frac{m_1 + m_2}{M} \times 100\% \quad (14-1)$$

式中:m_1——提取液中 isobiflorin 的质量;

m_2——提取液中 biflorin 的质量;

M——圆齿野鸦椿药材的质量。

14.2.3.1 提取时间对提取率的影响

分别精密称取处理过的圆齿野鸦椿样品粉末 2g 共 5 份,固定液料比 25:1,乙醇体积分数为 50%,提取时间分别为 10、20、30、40、50min,进行超声提取(40kHz、250W)。取出静置至室温,称定补足质量,吸取提取液适量,过滤,取续滤液,按 14.2.1 的方法进样检测。

14.2.3.2 乙醇体积分数对提取率的影响

分别精密称取处理过的圆齿野鸦椿样品粉末 2g 共 5 份,固定液料比 25:1,提取时间 40min,乙醇体积分数分别为 40%、50%、60%、70%、80%,进行超声提取(40kHz、250W)。取出静置至室温,称定补足质量,吸取提取液适量,过滤,取续滤液,按 14.2.1 的方法进样检测。

14.2.3.3 液料比对提取率的影响

分别精密称取处理过的圆齿野鸦椿样品粉末2g共5份,固定提取时间为40min,乙醇体积分数为60%,液料比分别为10:1、15:1、20:1、25:1、30:1,进行超声提取(40kHz、250W)。取出静置至室温,称定补足质量,吸取提取液适量,过滤,取续滤液,按14.2.1的方法进样检测。

14.2.4 响应面设计试验

通过单因素试验得出提取时间、乙醇体积分数、料液比3个因素的水平值,运用Design-Expert 8.0.6软件进行Box-Behnken响应面设计及数据分析。具体因素水平值见表14-1。共设计17个试验,中心点重复试验5次。

表14-1 响应面试验因素水平

水 平	因 素		
	提取时间(min)	乙醇体积分数(%)	液料比(mL:g)
-1	30	50	10
0	40	60	15
1	50	70	20

14.2.5 验证试验

据响应面实验设计得到isobiflorin和biflorin的最佳提取工艺条件,按照14.2.2试验方法进行3次试验,考察isobiflorin和biflorin的提取率,对响应面法优化结果进行验证。

14.2.6 放大试验

据验证所得isobiflorin和biflorin的提取工艺条件,称取2kg处理过得圆齿野鸦椿样品粉末,分4次进行超声提取每次500g,合并滤液后将所得提取液进行进样检测,考察isobiflorin和biflorin提取率,减压浓缩,大量富集含isobiflorin和biflorin两种成分得有效部位。

14.3 结果与分析

14.3.1 单因素试验结果分析

14.3.1.1 提取时间对提取率的影响

固定液料比25:1,乙醇体积分数为50%,提取时间分别为10、20、30、40、

50min 时,提取率结果见表 14-2、图 14-1。可以得出,随着提取时间的延长,isobiflorin 和 biflorin 的提取率总体先呈现上升的趋势,在 40min 时达最大值,之后提取率下降。这是因为超声温度伴随超声时间的延长而进一步升高,导致样品中的 isobiflorin 和 biflorin 两种成分降解,致使 isobiflorin 和 biflorin 的总提取率下降,因此,选择 40min 作为最优超声提取时间。

表 14-2 提取时间对提取率的影响

提取时间(min)	10	20	30	40	50
isobiflorin 含量(mg/50mL)	3.95	4.02	4.77	5.31	4.47
biflorin 含量(mg/50mL)	3.49	3.72	4.38	4.88	4.25
总含量(mg/50mL)	7.44	7.72	9.15	9.79	8.72
提取率(%)	0.37	0.39	0.46	0.49	0.45

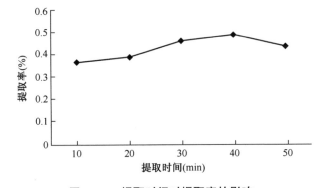

图 14-1 提取时间对提取率的影响

14.3.1.2 乙醇体积分数对提取率的影响

固定液料比为 25∶1,提取时间为 40min,乙醇体积分数分别为 40%、50%、60%、70%、80%时,提取率结果见表 14-3、图 14-2。可以看出,乙醇体积分数对 isobiflorin 和 biflorin 的提取率影响较为显著。随着体积分数的增加,总提取率呈现先增大后减小的趋势,当乙醇体积分数达到 60%时,isobiflorin 和 biflorin 的总提

表 14-3 乙醇体积分数对提取率的影响

乙醇体积分数(%)	30	45	60	75	90
isobiflorin 含量(mg/50mL)	4.10	4.49	4.92	4.70	4.37
biflorin 含量(mg/50mL)	3.71	3.86	4.31	4.33	3.95
总含量(mg/50mL)	7.81	8.35	9.23	9.03	8.32
提取率(%)	0.39	0.42	0.46	0.45	0.42

取率达到最大。这是因为随着乙醇浓度的升高,溶剂的极性也随之增大,而60%乙醇的极性与化合物 isobiflorin 和 biflorin 的极性相似,溶剂的极性过大导致提取物中一些脂溶性物质的增加,致使 isobiflorin 和 biflorin 的提取率降低,故选择60%乙醇为最优提取溶液。

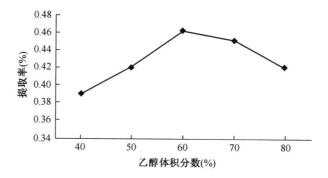

图 14-2　乙醇体积分数对提取率的影响

14.3.1.3　液料比对提取率的影响

固定提取时间为40min,乙醇体积分数为60%,液料比分别为10∶1、15∶1、20∶1、25∶1、30∶1,提取率结果见表14-4、图14-3。可以看出,液料比对isobiflorin 和 biflorin 的提取率影响较为显著。当液料比增大至15∶1时,isobiflorin

表 14-4　液料比对提取率的影响

液料比	30	45	60	75	90
isobiflorin 含量(mg/50mL)	5.06	5.11	4.82	4.71	4.57
biflorin 含量(mg/50mL)	4.60	4.85	4.29	4.37	4.33
总含量(mg/50mL)	9.66	9.96	9.11	9.08	8.90
提取率(%)	0.48	0.50	0.46	0.45	0.44

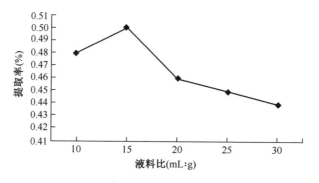

图 14-3　液料比对提取率的影响

和 biflorin 的提取率达到最大,当液料比大于 15∶1 时提取率明显减小后趋于平稳。这是因为随着提取溶剂的增多,isobiflorin 和 biflorin 的溶出量也随之增大,当液料比达到 15∶1 时,isobiflorin 和 biflorin 的溶出量达到饱和,且使用过多溶剂会造成能源的浪费,因此,选择 15∶1 的液料比作为最佳提取条件。

14.3.2 响应面试验结果分析

14.3.2.1 响应面回归模型建立与方差分析

根据单因素试验结果,通过响应面法共设计 17 个实验,中心点重复试验 5 次,试验结果见表 14-5。

表 14-5 响应面试验结果

试验编号	提取时间(min)	乙醇体积分数(%)	液料比	提取率(%)
1	30	50	15	0.44
2	50	50	15	0.49
3	30	70	15	0.52
4	50	70	15	0.55
5	30	60	10	0.46
6	50	60	10	0.55
7	30	60	20	0.51
8	50	60	20	0.52
9	40	50	10	0.42
10	40	70	10	0.49
11	40	50	20	0.45
12	40	70	20	0.47
13	40	60	15	0.58
14	40	60	15	0.60
15	40	60	15	0.60
16	40	60	15	0.59
17	40	60	15	0.59

利用 Design-Expert 8.0.6 软件进行二次多项式回归拟合,得到 isobiflorin 和 biflorin 提取率(Y)与提取时间(A)、乙醇体积分数(B)、液料比(C)的回归模型:
$Y = -3.744 + 2.71 \times 10^{-2}A + 9.53 \times 10^{-2}B + 1.06 \times 10^{-1}C - 5.0 \times 10^{-5}AB - 4.0 \times 10^{-4}AC -$

$2.5×10^{-4}BC-1.98×10^{-4}A^2-7.23×10^{-4}B^2-2.49×10^{-3}C^2$。对该回归模型进行方差分析由表 14-6 可知,该回归模型极显著($P<0.0001$),失拟项不显著($P=0.2890>0.05$),决定系数 $R^2=0.9886$,说明该模型与试验数据拟合程度较好。

回归模型中各项的显著性:一次项 A 极显著($P=0.0003<0.01$),B 极显著($P<0.0001$),C 不显著($P=0.3091>0.05$),说明影响 isobiflorin 和 biflorin 提取率的因素依次为乙醇体积分数、提取时间、液料比;二次项 A^2 显著($P=0.0041<0.05$),B^2 极显著($P<0.0001$),C^2 极显著($P<0.0001$);三次项 AB 交互作用不显著($P=0.3356>0.05$),AC 交互作用显著($P=0.0044<0.05$),BC 交互作用显著($P=0.0362<0.05$)。总之,三个影响因子对 isobiflorin 和 biflorin 提取率的影响较为复杂,不是简单的线性关系,曲面效应显著。

表 14-6 响应面方差分析

变异来源	平方和	自由度 df	均方	F 值	P 值	显著度
变异模型	0.057	9	$6.29×10^{-3}$	67.26	<0.0001	**
提取时间(A)	$4.05×10^{-3}$	1	$4.05×10^{-3}$	43.28	0.0003	**
乙醇体积分数(B)	$6.61×10^{-3}$	1	$6.61×10^{-3}$	70.67	<0.0001	**
液料比(C)	$1.13×10^{-4}$	1	$1.13×10^{-4}$	1.20	0.3091	
AB	$1.00×10^{-4}$	1	$1.00×10^{-4}$	1.07	0.3356	
AC	$1.60×10^{-3}$	1	$1.60×10^{-3}$	17.10	0.0044	*
BC	$6.25×10^{-4}$	1	$6.25×10^{-4}$	6.68	0.0362	*
A^2	$1.64×10^{-3}$	1	$1.64×10^{-3}$	17.55	0.0041	*
B^2	0.022	1	0.022	234.89	<0.0001	**
C^2	0.016	1	0.016	174.37	<0.0001	**
残差	$6.55×10^{-4}$	7	$9.36×10^{-5}$			
失拟	$3.75×10^{-4}$	3	$1.25×10^{-4}$	1.79	0.2890	
误差	$2.80×10^{-4}$	4	$7.00×10^{-5}$			
总计	0.057	16				

14.3.2.2 等高线图与响应曲面图分析

由图 14-4(见彩图)、图 14-5(见彩图)可以看出,提取时间与乙醇体积分数对于 isobiflorin 和 biflorin 提取率的交互作用不显著,当提取时间为 40min,乙醇体积分数为 60% 时提取率达到最大;由等高线图可知,乙醇体积分数相较于提取时间对于 isobiflorin 和 biflorin 提取率的影响更为显著。

从图 14-6(见彩图)、图 14-7(见彩图)可以看出,提取时间与液料比对于 isobiflorin 和 biflorin 的提取率交互作用显著($P<0.05$),主要表现为当提取时间逐渐延长时,提取率先逐渐增大后趋于平稳,当液料比逐渐增大时,提取率呈先

增大后减小的趋势；当提取时间为 40min、液料比为 15∶1 时，isobiflorin 和 biflorin 的提取率达到最大。

由图 14-8（见彩图）、图 14-9（见彩图）可知，乙醇体积分数和液料比对于 isobiflorin 和 biflorin 提取率的交互作用显著（$P<0.05$），提取率随乙醇体积分数的增大以及液料比的增大都呈现先增大后减小的趋势，当乙醇体积分数为 60%、液料比为 15∶1 时提取率达到最大；从等高线图可知，乙醇体积分数对提取率的影响比液料比更为显著。

通过响应面分析得到超声提取圆齿野鸦椿中 isobiflorin 和 biflorin 的最佳工艺条件：提取时间 46min、乙醇体积分数 62%、液料比 15∶1，该条件下提取率的预测值为 0.601%。

14.3.3 验证试验

为验证响应面法所得结果的可靠性，在上述工艺条件下试验 3 次。结果发现，总提取率为（0.602±0.002）%，与预测值接近，两者的相对误差为 0.17%，表明响应面法建立的回归模型与真实试验结果拟合较好，优化的工艺条件稳定可靠，见表 14-7。

表 14-7 提取工艺验证结果

序 号	isobiflorin 和 biflorin		平均值(%)	RSD(%)
	含量(mg)	提取率(%)		
1	12.014	0.600		
2	12.046	0.602	0.602	0.39
3	12.049	0.604		

14.3.4 放大试验

根据响应面设计得出的提取条件，称取 500g 处理过得圆齿野鸦椿样品粉末，在提取时间 46min、乙醇体积分数 62%、液料比 15∶1 条件下分批进行提取，共 4 次（2kg），进样检测后，结果见表 14-8，之后合并提取液并减压浓缩。

表 14-8 提取工艺放大试验结果

序 号	提取率(%)	平均提取率(%)	RSD(%)
1	0.572		
2	0.594	0.600	3.33
3	0.627		
4	0.607		

结果发现,在放大试验中,isobiflorin 和 biflorin 的总提取率可达到 0.600%,此时乙醇粗体物浸膏中 isobiflorin 和 biflorin 的总含量为 14.51mg/g,与响应面实验结果预测值接近,说明此优化工艺较为稳定,可行。

14.4　小结与讨论

(1)以 isobiflorin 和 biflorin 作为对照品,采用 HPLC 检测方法,并建立这两种色原酮碳苷成分标准曲线,用于检测经提取圆齿野鸦椿样品后,提取物中 isobiflorin 和 biflorin 的含量并计算相应的提取率。

(2)通过对于超声提取过程中提取时间、乙醇体积分数、液料比三个因素进行单因素试验考察,运用 Design-Expert 软件进行 Box-Behnken 响应面试验设计,最终得出超声提取圆齿野鸦椿中 isobiflorin 和 biflorin 的最佳工艺条件:提取时间 46min,乙醇体积分数 62%,液料比 15∶1,其提取率为 0.601%。

(3)对最佳工艺条件进行验证试验以及放大试验,在最佳工艺条件下进行验证试验,发现总提取率为 0.602%,与预测值 0.601%接近,两者的相对误差为 0.17%;通过放大试验得出,总提取率可达到 0.600%,且此时浸膏中 isobiflorin 和 biflorin 的总含量为 14.51mg/g,放大试验提取率与预测值接近,说明此优化工艺稳定可行,为 isobiflorin 和 biflorin 的富集纯化奠定了基础。

第十五章　乙酸乙酯萃取 isobiflorin 和 biflorin 的工艺研究

　　溶剂萃取法是提取和纯化化合物的一种常见手段,其中包括液液萃取、固液萃取等方法。本实验前期将样品分别用液液萃取法及固液萃取法进行了纯化研究,试验结果表明,在传统的液液萃取处理后,样品乳化现象严重,提取液颜色较深,分层效果极不明显,难以实现较好的除杂效果。因此,本章采取固液萃取的形式,将样品充分溶解拌入吸附剂(硅藻土)中,以实现对乙醇粗提物的除杂纯化效果。

　　在萃取溶剂的选择上,通过预实验对于多种溶剂进行了筛选,其中甲醇、正丁醇等对于 isobiflorin 和 biflorin 的萃取较为完全,但在萃取中也引入了较多杂质,对后期的分离纯化影响较大,且正丁醇较难回收,降低了纯化效率;而乙酸乙酯的极性略小于 isobiflorin 和 biflorin,虽萃取可能不够完全,但其萃取物中所含杂质大量减少,且溶剂易回收,成本较低,因此选择乙酸乙酯作为萃取溶剂。

　　本章选用乙酸乙酯作为萃取溶剂,采用固液萃取的形式对于 isobiflorin 和 biflorin 进行萃取纯化,并且采用正交试验设计,探究乙醇提取物中 isobiflorin 和 biflorin 两种成分的最优萃取工艺。

15.1　材料与仪器

15.1.1　原料、药品与试剂

　　圆齿野鸦椿乙醇粗提物(经第一章最佳工艺条件下提取所得,isobiflorin 和 biflorin 总含量为 14.51mg/g),isobiflorin 和 biflorin 对照品为实验室自制,其 ESI-MS、^{1}H、^{13}C NMR,经 HPLC 测定,归一化法计算,质量分数为 99%以上。

　　甲醇(德国默克公司,色谱纯),水为超纯水,乙酸乙酯、硅藻土及其他试剂均为分析纯,购于国药集团(上海)化学试剂有限公司。

15.1.2　仪器设备

　　Waters W2695-W2998 高效液相色谱仪,美国沃特世公司;
　　CPA225D 型电子分析天平,赛多利斯科学仪器北京有限公司;

YP10002 电子天平,余姚市金诺天平仪器有限公司;
KQ500DE 型数控超声波清洗机,昆山超声仪器公司;
EVELA 旋转蒸发仪,上海爱朗仪器有限公司;
HH-1 型恒温水浴锅,常州国华电器有限公司;
HX-1050 恒温循环器,北京博医康实验仪器有限公司。

15.2 试验方法

15.2.1 HPLC 色谱条件

Dikma Diamonsil(C_{18} 250×4.6mm,5μm)色谱柱,流动相为甲醇-水(25:75)等度洗脱,检测波长330nm,柱温30℃,流速1mL/min。

15.2.2 乙酸乙酯萃取纯化流程

精密称取 2g 浸膏状乙醇提取物,充分溶解于甲醇,按样品与硅藻土 1:1 的比例拌匀,烘干后充分研磨,过 100 目筛后备用。将经拌样后的样品置于 250mL 的圆底烧瓶中,加入一定量的乙酸乙酯,置于水浴锅中,加热回流一定时间后,过滤,重复萃取一定次数,合并乙酸乙酯提取液,并减压浓缩发至浸膏状,称重。

将所得浸膏充分溶解于色谱甲醇,并定容至 25mL,吸取溶液适量,过滤,取续滤液,按 14.2.1 的方法进样检测。

15.2.3 isobiflorin 和 biflorin 萃取纯化工艺单因素试验

本章以 isobiflorin 和 biflorin 的总萃取率、总回收率为评价指标,分别考察萃取时间、液料比、萃取次数对总萃取率的影响,如公式 15-1、公式 15-2。

$$\text{isobiflorin 和 biflorin 的总萃取率}(\%) = \frac{m_3 + m_4}{M_1} \times 100\% \quad (15-1)$$

式中:m_3——萃取物中 isobiflorin 的质量;
m_4——萃取物中 biflorin 的质量;
M_1——乙醇提取部位质量。

$$\text{isobiflorin 和 biflorin 的总回收率}(\%) = \frac{m_3 + m_4}{m_1 + m_2} \times 100\% \quad (15-2)$$

式中:m_3——萃取物中 isobiflorin 的质量;
m_4——萃取物中 biflorin 的质量;
m_1——乙醇提取物中 isobiflorin 的质量;
m_2——乙醇提取物中 biflorin 的质量。

15.2.3.1 萃取时间对萃取率、回收率的影响

将 2g 乙醇提取物样品(共 5 份)分别置于 250mL 的圆底烧瓶中,液料比为 6∶1,提取时间分别为 30、45、60、75、90min,进行回流提取,重复萃取 3 次,合并滤液,并减压浓缩发至浸膏状并称重,所得浸膏按 14.2.1 方法进行测定。

15.2.3.2 液料比对萃取率、回收率的影响

将 2g 乙醇提取物样品(共 5 份)分别置于 250mL 的圆底烧瓶中,萃取时间为 60min,液料比分别为 2∶1、4∶1、6∶1、8∶1、10∶1,进行回流提取,重复萃取 3 次,合并滤液,并减压浓缩发至浸膏状并称重,所得浸膏按 14.2.1 方法进行测定。

15.2.3.3 萃取次数对萃取率、回收率的影响

将 2g 乙醇提取物样品(共 5 份)分别置于 250mL 的圆底烧瓶中,萃取时间为 60min,液料比 6∶1,进行回流提取,萃取次数分别为 1、2、3、4、5 次,合并滤液,并减压浓缩发至浸膏状并称重,所得浸膏按 14.2.1 方法进行测定。

15.2.4 正交试验设计

根据单因素试验的结果,以 isobiflorin 和 biflorin 的总萃取率为考察指标,选用 $L_9(3^3)$ 正交设计表,设计 3 因素 3 水平正交试验。运用 SPSS 软件进行数据分析,共设计 9 个实验,每个试验重复 3 次,具体因素水平值见表 15-1。

表 15-1 正交试验因素水平

水 平	因 素		
	(A)萃取时间(min)	(B)液料比	(C)萃取次数(次)
1	45	6∶1	3
2	60	8∶1	4
3	75	10∶1	5

15.2.5 验证试验

为验证正交试验所得结果的可靠性,对于正交试验筛选出的最优条件进行验证试验,重复三次,得出经乙酸乙酯萃取后 isobiflorin 和 biflorin 的最终得率。

15.2.6 放大试验

据正交试验验证所得的乙酸乙酯萃取工艺条件,称取 450g 圆齿野鸦椿乙醇提取物,分为三份(每份 150g),每份与硅藻土 1∶1 拌样,所得样品进行加热回流试验,合并滤液后减压浓缩,平行操作 3 次,考察乙酸乙酯萃取后 isobiflorin 和 biflorin 的得率。

15.3 结果与分析

15.3.1 单因素试验结果分析

15.3.1.1 萃取时间对总萃取率、回收率的影响

萃取液料比控制为6∶1,萃取次数为3次,提取时间分别为30、45、60、75、90min时,萃取结果见表15-2、图15-1。可以得出,随着萃取时间的增大,isobiflorin 和 biflorin 的萃取率、回收率逐渐增大,在萃取时间为60min时,萃取率达到最大,之后呈下降趋势。这可能是因为随着萃取时间的延长,样品中的 isobiflorin 和 biflorin 两种成分结构发生变化,其他杂质也会随着时间的延长相应增多,致使 isobiflorin 和 biflorin 的含量下降,将萃取时间范围控制在 40~80min 之间。

表15-2 萃取时间对萃取率的影响

萃取时间(min)	30	45	60	75	90
总含量(mg)	5.099	7.962	9.862	7.355	4.471
萃取率(%)	0.255	0.398	0.493	0.368	0.224
回收率(%)	17.58	27.46	34.00	35.36	15.42

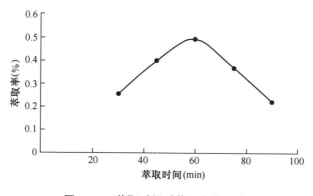

图15-1 萃取时间对萃取率的影响

15.3.1.2 液料比对萃取率、回收率的影响

萃取时间控制为60min,萃取次数为3次,液料比分别为2∶1、4∶1、6∶1、8∶1、10∶1,萃取结果见表15-3、图15-2。可以得出,随着料液比的增大,isobiflorin 和 biflorin 的萃取率和回收率也一直增大,在液料比为8∶1时达最大值。这是由于当液料比过小时,isobiflorin 和 biflorin 无法完全溶解,而当液料比逐渐

增大,溶液中 isobiflorin 和 biflorin 的浓度逐渐降低,样品中更多的 isobiflorin 和 biflorin 得以析出,提高了萃取率及回收率。当液料比升高至 8∶1 时,样品中 isobiflorin 和 biflorin 的溶出量基本达到饱和,因此萃取率和回收率的变化幅度很小,从节约能源的角度考虑,将萃取液料比范围控制在 6∶1~10∶1 之间。

表 15-3　液料比对萃取率的影响

液料比	2∶1	4∶1	6∶1	8∶1	10∶1
总含量(mg)	2.089	7.205	8.753	15.298	15.292
萃取率(%)	0.104	0.360	0.437	0.765	0.764
回收率(%)	7.20	24.84	30.18	53.75	52.73

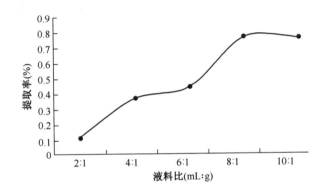

图 15-2　料液比对萃取率的影响

15.3.1.3　萃取次数对萃取率、回收率的影响

萃取时间控制为 60min,液料比为 6∶1,将样品分别萃取 1、2、3、4、5 次时,萃取结果见表 15-4、图 15-3。可以看出,isobiflorin 和 biflorin 的萃取率及回收率随着萃取次数的增多而增大,在萃取次数为 4 次时,萃取率和回收率达到最大后开始逐渐减小。这是因为随着萃取次数的增多,样品中的 isobiflorin 和 biflorin 两种成分被不断萃取出,而其他被萃取出的物质含量也相应增多,致使 isobiflorin 和 biflorin 的相对含量下降,因此萃取次数应范围控制在 3~5 次之间。

表 15-4　萃取次数对萃取率、回收率的影响

次数(次)	1	2	3	4	5
总含量(mg)	1.305	6.113	7.391	11.565	9.246
萃取率(%)	0.065	0.306	0.370	0.578	0.462
回收率(%)	4.50	21.08	25.49	39.88	31.88

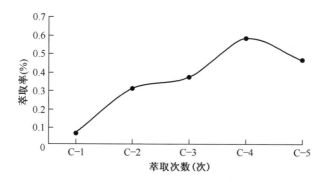

图 15-3　料液比对萃取率的影响

15.3.2　正交试验结果

根据单因素试验结果,选用 $L_9(3^3)$ 正交设计表,共设计 9 组实验,每组试验重复 3 次,试验结果见表 15-5。

表 15-5　乙酸乙酯萃取 isobiflorin 和 biflorin 对萃取率影响的正交试验结果

编　号		A 萃取时间	B 液料比	C 萃取次数	萃取率(%)
1		1	1	1	0.402
2		1	2	2	0.928
3		1	3	3	0.718
4		2	1	2	0.654
5		2	2	3	0.859
6		2	3	1	0.688
7		3	1	3	0.613
8		3	2	1	0.717
9		3	3	2	1.015
极差分析	K1	2.048	1.669	1.807	
	K2	2.201	2.504	2.567	
	K3	2.320	2.391	2.190	
	R	0.272	0.835	0.760	
方差分析	第三类平方和	0.012	0.137	0.096	
	自由度 df	2	2	2	
	方差	0.006	0.068	0.002	
	F	2.418	27.646	19.453	
	P		*	*	

正交试验结果表明：通过极差分析由 R 值的大小可知，三因素对于 isobiflorin 和 biflorin 萃取率的影响主次顺序为：B>C>A，即液料比对于萃取率的影响大于萃取次数，而萃取时间对于萃取率的影响最小，并且筛选出了最佳萃取纯化条件为 $A_3B_2C_2$。通过方差分析可知，液料比、萃取次数对于 isobiflorin 和 biflorin 萃取率的影响达到了显著水平。

对于表 15-6 正交试验结果进行分析，所得结果与表 15-5 所得结论基本一致，三因素对于 isobiflorin 和 biflorin 回收率的影响主次顺序依然为：液料比>萃取次数>萃取时间，且筛选出的最佳纯化条件同样为 $A_3B_2C_2$。而方差分析的结果略有不同，只有液料比对于 isobiflorin 和 biflorin 回收率的影响达到了显著水平。

综上可以得出 isobiflorin 和 biflorin 的最佳萃取纯化条件：萃取时间 75min、液料比 8∶1、萃取次数 4 次。

表 15-6　乙酸乙酯萃取 isobiflorin 和 biflorin 对回收率影响的正交试验结果

	编　号	A 萃取时间	B 液料比	C 萃取次数	萃取率(%)
	1	1	1	1	27.73
	2	1	2	2	64.02
	3	1	3	3	49.53
	4	2	1	2	44.95
	5	2	2	3	59.27
	6	2	3	1	47.48
	7	3	1	3	42.28
	8	3	2	1	49.46
	9	3	3	2	67.94
极差分析	K1	141.28	114.96	124.67	
	K2	151.70	172.75	176.91	
	K3	159.68	164.95	151.08	
	R	18.4	57.79	52.24	
方差分析	第三类平方和	56.575	655.503	454.855	
	自由度 df	2	2	2	
	方差	28.379	327.751	227.427	
	F	2.331	26.917	18.678	
	P		*		

15.3.3 验证试验结果

为验证上述最佳萃取条件的可靠性,在萃取时间75min、液料比8:1、萃取次数4次条件下重复试验3次,试验结果见表15-7、表15-8。结果发现,总萃取率可达到0.988%,总回收率可达到68.14%,证明此萃取纯化工艺稳定可行。

表15-7 最佳萃取条件下isobiflorin和biflorin的萃取率验证结果

序号	isobiflorin和biflorin萃取率(%)	平均萃取率(%)	RSD(%)
1	0.964		
2	1.015	0.988	2.62
3	0.985		

表15-8 最佳萃取条件下isobiflorin和biflorin的回收率验证结果

序号	isobiflorin和biflorin萃取率(%)	平均萃取率(%)	RSD(%)
1	66.49		
2	70.00	68.14	2.12
3	67.94		

15.3.4 放大试验结果

据上述试验所得最佳萃取纯化工艺条件,取450g圆齿野鸦椿乙醇提取物,分为三份,每份150g,分别与硅藻土1:1拌样,所得样品进行加热回流试验,合并滤液后减压浓缩。经检测得到萃取率为0.978%,回收率可达到67.43%,此时乙酸乙酯部位中isobiflorin和biflorin总含量为36.03mg/g,放大试验与验证试验所得结果十分接近,证明此工艺可以稳定有效地起到纯化作用,见表15-9、表15-10。

表15-9 最佳萃取条件下isobiflorin和biflorin的萃取率放大结果

序号	isobiflorin和biflorin萃取率(%)	平均萃取率(%)	RSD(%)
1	0.963		
2	0.998	0.978	1.86
3	0.972		

表 15-10　最佳萃取条件下 isobiflorin 和 biflorin 的回收率放大结果

序　号	isobiflorin 和 biflorin 萃取率(%)	平均萃取率(%)	RSD(%)
1	66.42		
2	68.83	67.43	1.52
3	67.04		

15.4　小结与讨论

在课题前期研究的基础上,选用乙酸乙酯为萃取溶剂,采用冷凝回流法对圆齿野鸦椿样品的乙醇提取部位进行萃取纯化,并对此纯化工艺进行研究。

(1)分别考察在萃取纯化过程中萃取时间、液料比、萃取次数三个因素对 isobiflorin 和 biflorin 萃取率的影响,通过正交试验设计,SPSS 软件进行数据分析得到 isobiflorin 和 biflorin 的最佳萃取纯化条件为:萃取时间 75min、液料比 8∶1、萃取次数 4 次。

(2)对于正交试验筛选出的最佳萃取条件进行验证试验,得到在最优条件下 isobiflorin 和 biflorin 的萃取率为 0.988%,回收率可达到 68.14%,进行放大试验后得到萃取率为 0.986%,回收率为 67.43%,与验证试验所得结果接近;所得乙酸乙酯部位中 isobiflorin 和 biflorin 总含量为 36.02mg/g,相较于粗提物提高了 2.48 倍。证明此萃取条件稳定可行,可以有效地对乙醇粗提物起到纯化作用,且可以进行大批量的操作处理。

第十六章 硅胶柱层析分离纯化 isobiflorin 和 biflorin

柱层析法又称为柱色谱法,通过流动相对于固定相的冲洗,将样品混合物中的组分不断进行动态分配而达到分离的目的,被广泛用于植物化学中对于化合物的分离纯化。在本工艺中,对于原工艺中的大孔吸附树脂及聚酰胺柱色谱法进行了省略,样品中的糖类物质及鞣质类杂质还未被很好的去除,而硅胶柱层析可以大量除去此类杂质,使样品中 isobiflorin 和 biflorin 的纯度得到很大程度的提高。

因此,本章采用硅胶柱层析法,对于乙酸乙酯萃取部位进行进一步分离纯化,并对洗脱溶剂比例、洗脱流速等因素进行研究,探究最优纯化工艺以得到纯度较高的 isobiflorin 和 biflorin。

16.1 材料与仪器

16.1.1 原料、药品与试剂

乙酸乙酯萃取部位(样品为经第二章萃取工艺下萃取所得,isobiflorin 和 biflorin 总含量为 36.03mg/g),isobiflorin 和 biflorin 对照品为实验室自制,其 ESI-MS、^{1}H、^{13}C NMR,经 HPLC 测定,归一化法计算,质量分数为 99% 以上。

甲醇(德国默克公司,色谱纯)、水为超纯水,二氯甲烷及其他试剂均为分析纯、羧甲基纤维素钠、薄层层析硅胶(GF254),均购于国药集团(上海)化学试剂有限公司,柱层层析硅胶(100~200 目)、柱层层析硅胶(200~300 目),购于青岛海洋化工有限公司,氘代二甲基亚砜(德国 Sigma 公司)。

16.1.2 仪器设备

Waters W2695-W2998 高效液相色谱仪,美国沃特世公司;
CPA225D 型电子分析天平,赛多利斯科学仪器北京有限公司;
YP10002 电子天平,余姚市金诺天平仪器有限公司;
KQ500DE 型数控超声波清洗机,昆山超声仪器公司;
EVELA 旋转蒸发仪,上海爱朗仪器有限公司;

HH-1 型恒温水浴锅,常州国华电器有限公司;
HX-1050 恒温循环器,北京博医康实验仪器有限公司;
ZF-5 手提紫外分析仪,上海嘉鹏科技有限公司;
LC-20AP 制备型液相色谱仪,岛津制备液相。

16.2 试验方法

16.2.1 HPLC 色谱条件

Dikma Diamonsil(C_{18} 250×4.6mm,5μm)色谱柱,流动相为甲醇-水(25:75)等度洗脱,检测波长330nm,柱温30℃,流速1mL/min。

16.2.2 薄层层析色谱法(TLC)

选择薄层层析硅胶 GF254 作为吸附剂,展开剂则选择与 isobiflorin 和 biflorin 的极性最为接近的二氯甲烷-甲醇体系。

16.2.2.1 薄层色谱板的制作

配制 0.8% CMC-Na 溶液,直至其溶解完全后进行抽滤,称取一定量硅胶,(硅胶与 CMC-Na 溶液比例为 1:3.5),倒入 CMC-Na 溶液,研磨至无气泡状,将其均匀铺在载玻片上,晾干。将晾干的色谱板置于105℃烘箱中,活化30min后备用。

16.2.2.2 点样与展开

将少量样品与 isobiflorin 和 biflorin 混合对照品分别进行溶解,在距薄层板底部1cm横线处,分别用毛细管进行点样,两点相距1.5cm。将薄层板置于盛有展开剂的密封玻璃展缸中,待溶质展开至距色谱板顶端1cm处将其取出,将溶剂吹干。

16.2.2.3 检 测

将点好的薄层色谱板,置于 ZF-5 紫外分析仪下,在254nm条件下进行检测,根据薄层板上所呈现的斑点情况对样品进行定性及定量的分析。

16.2.3 硅胶柱层析纯化流程

拌样:称取一定量乙酸乙酯萃取部位,用乙酸乙酯或甲醇等溶剂完全溶解,按样品与柱层析硅胶(100~200目)1:1 的比例拌匀,烘干备用。

装柱和上样:湿法装柱,将柱层析硅胶(200~300目)中倒入适量展开剂后充分搅拌至无气泡状,倒入玻璃层析柱内,打开下部活塞,控制好流速,待其完全沉降至柱体积不再发生变化,且填料上端留有一段溶剂时,静置备用。干法上样,将拌好的样品缓缓倒入玻璃层析柱内,待其完全沉降至柱体积不再发生变化后,可以加入洗脱剂开始洗脱。

选择二氯甲烷与甲醇作为流动相,通过配置不同比例的溶液来调整流动相的极性大小,采用梯度洗脱的方式进行分离纯化乙酸乙酯部位中的 isobiflorin 和 biflorin。对于收集到的洗脱液进行 TLC 检测,合并洗脱液,将各组分洗脱液减压浓缩至浸膏状,称重备用。

将各组分浸膏分别用色谱甲醇进行溶解,并定容至 10mL,吸取溶液适量,过滤,取续滤液,按 16.2.1 的方法进样检测。

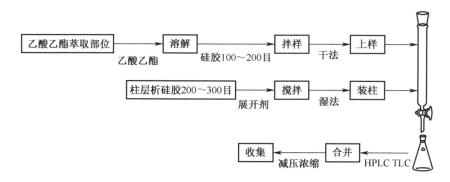

图 16-1 硅胶柱纯化流程图

16.2.4 硅胶柱层析分离纯化工艺研究

以 R_f 值为评价指标,选取最佳溶剂洗脱比例,如公式(16-1)。

$$R_f = \frac{斑点中心至原点的距离}{溶剂前沿至原点的距离} \quad (16-1)$$

本章以 isobiflorin 和 biflorin 的总纯化回收率为评价指标,分别考察洗脱流速、上样量对乙酸乙酯部位中 isobiflorin 和 biflorin 分离纯化的影响,以总纯化回收率与样品纯度,对最优洗脱工艺进行评价,如公式 16-2、公式 16-3。

$$\text{isobiflorin 和 biflorin 的总纯化回收率}(\%) = \frac{m_5 + m_6}{m_3 + m_4} \times 100\% \quad (16\text{-}2)$$

式中:m_5——硅胶纯化部位中 isobiflorin 的质量;
　　　m_6——硅胶纯化部位中 biflorin 的质量;
　　　m_3——乙酸乙酯部位中 isobiflorin 的质量;
　　　m_4——乙酸乙酯部位中 biflorin 的质量。

$$\text{isobiflorin 和 biflorin 的样品纯度}(\%) = \frac{m_5 + m_6}{M_2} \times 100\% \quad (16\text{-}3)$$

式中：m_5——硅胶纯化部位中 isobiflorin 的质量；

m_6——硅胶纯化部位中 biflorin 的质量；

M_2——硅胶纯化部位的质量。

16.2.4.1 溶剂比例的选择

选用二氯甲烷-甲醇体系作为洗脱溶剂,利用薄层色谱法筛选合适的溶剂比例。将少量乙酸乙酯萃取物与 isobiflorin 和 biflorin 混合对照品分别进行溶解,分别点样(两点相距 1.5cm)。分别选用二氯甲烷：甲醇＝10：1、二氯甲烷：甲醇＝8：1、二氯甲烷：甲醇＝6：1、二氯甲烷：甲醇＝3：1、二氯甲烷：甲醇＝1：1 作为展开剂,在密封玻璃展缸中展开,在紫外分析仪 254nm 条件下进行检测,计算 Rf 值,根据 Rf 值确定适宜的洗脱剂比例。

16.2.4.2 洗脱流速的选择

洗脱流速一定程度上会影响层析柱的分离效果,合适的流速不仅会达到很好的分离效果,而且会影响物质的回收率。将 1g 乙酸乙酯萃取物(共 3 份)经拌样后分别装入已装有 75g 硅胶的玻璃层析柱内,选用二氯甲烷：甲醇＝3：1 的溶剂进行洗脱,分别控制在 1 BV/h、2 BV/h、3 BV/h 的洗脱流速下进行洗脱,分别收集洗脱液后进样检测。

16.2.4.3 上样量的选择

上样量为层析柱中,所加入的样品质量与加入层析柱中填料的质量比,合适的上样量可以保证较好的分离效果。将 1g 乙酸乙酯萃取物(共 3 份)经分别装入已装有 15g(1：10)、22.5g(1：15)、30g(1：20)硅胶的玻璃层析柱内,选用二氯甲烷：甲醇＝3：1 的溶剂进行洗脱,控制在 3 BV/h 的洗脱流速下进行洗脱,分别收集洗脱液后进样检测。

16.2.4.4 洗脱曲线

根据溶剂比例、洗脱流速及上样量因素的考察,选择最合适的柱层析洗脱条件,进行硅胶柱层析洗脱试验,分段收集洗脱液并编号,进样检测。最终以样品编号为横坐标,以每段洗脱液中 isobiflorin 和 biflorin 的浓度作为纵坐标绘制洗脱曲线,确定最佳洗脱体积。

16.2.4.5 验证试验

根据洗脱曲线确定最佳洗脱方式,称取 1g 乙酸乙酯萃取物,进行硅胶柱层析洗脱试验,重复三次,收集有效洗脱液,进样检测,计算 isobiflorin 和 biflorin 的纯化回收率及纯度。

16.2.4.6 放大试验

根据最佳洗脱条件,分别取乙酸乙酯萃取部位 30g、30g、41.6g 进行试验,收集有效洗脱液,进样检测,计算 isobiflorin 和 biflorin 的纯化回收率及纯度。

16.2.5　isobiflorin 和 biflorin 标准品的制备

将经硅胶柱层析得到的 isobiflorin 和 biflorin 的混合物进行分离,选取最佳制备条件,通过高效液相制备色谱仪进行精制分离,所得样品进行 HPLC 检测,对样品纯度进行测定。

16.3　结果与分析

16.3.1　溶剂比例的选择

利用薄层色谱法所得结果,计算不同比例二氯甲烷-甲醇的溶剂作为展开剂时的 Rf 值,结果见表 16-1。结果表明,二氯甲烷:甲醇为 8∶1 时,在薄层色谱板上,isobiflorin 和 biflorin 在原点几乎未动,可以选择二氯甲烷:甲醇 8∶1 作为洗脱剂进行除杂,洗脱乙酸乙酯部位中的杂质。

对于二氯甲烷:甲醇(6∶1)、二氯甲烷:甲醇(3∶1)、二氯甲烷:甲醇(1∶1)三个比例洗脱后 isobiflorin 和 biflorin 的回收率做出比较,结果如图16-2。得出当二氯甲烷:甲醇为 6∶1 时,对于 isobiflorin 和 biflorin 的洗脱还不够完全,当二氯甲烷:甲醇为 3∶1 与二氯甲烷:甲醇为 1∶1 时,isobiflorin 和 biflorin 的回收率十分接近,但二氯甲烷:甲醇(1∶1)洗脱部位含有更多的杂质会降低样品纯度,因此选择二氯甲烷:甲醇(3∶1)作为洗脱剂,用于洗脱样品中的 isobiflorin 和 biflorin。

表 16-1　展开剂的选择与结果

序　号	展开剂	比　例	R_f 值
1	二氯甲烷:甲醇	10∶1	0.035
2	二氯甲烷:甲醇	8∶1	0.097
3	二氯甲烷:甲醇	6∶1	0.203
4	二氯甲烷:甲醇	3∶1	0.454
5	二氯甲烷:甲醇	1∶1	0.597

综上所述,选择采用梯度洗脱的方式,先用二氯甲烷:甲醇(8∶1)进行洗脱除杂,再用二氯甲烷:甲醇(3∶1)洗脱,大量收集含有 isobiflorin 和 biflorin 的有效部位。

16.3.2　洗脱流速的选择

洗脱溶剂为二氯甲烷:甲醇(3∶1),上样量为 1∶50,流速分别控制为

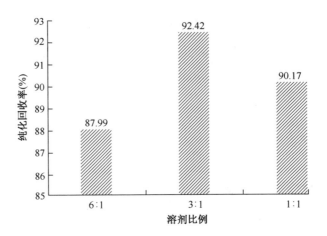

图 16-2 展开剂的选择与结果

1BV/h、2BV/h、3BV/h 时,洗脱结果见表 16-2、图 16-3。结果表明,样品中 isobiflorin 和 biflorin 的回收率随着流速的增大而增大,因此在进行洗脱时选择将流速控制为 3BV/h。

表 16-2 洗脱流速的选择与结果

洗脱流速	1BV/h	2BV/h	3BV/h
isobiflorin 含量(mg/g)	4.97	18.17	18.76
biflorin 含量(mg/g)	4.66	10.27	10.52
总含量(mg/g)	9.63	28.44	29.28
纯化回收率(%)	26.75	79.00	81.33

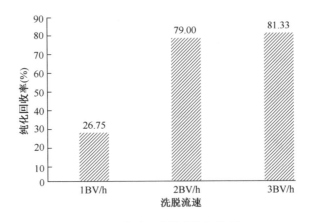

图 16-3 洗脱流速的选择与结果

16.3.3 上样量的选择

洗脱溶剂为二氯甲烷：甲醇(3∶1),流速为3BV/h,上样量分别1∶30、1∶50、1∶70时,洗脱结果见表16-3、图16-4。结果表明,样品中isobiflorin和biflorin的回收率随着上样量的增大呈现先增大后减小的趋势,在上样量比例达1∶50时,回收率达到最大,因此在进行洗脱时选择将上样量比例控制为1∶50。

表 16-3 上样量的选择与结果

洗脱流速	1∶10	1∶15	1∶20
isobiflorin 含量(mg/g)	16.20	17.67	15.34
biflorin 含量(mg/g)	8.96	9.89	7.34
总含量(mg/g)	25.16	27.56	22.68
纯化回收率(%)	69.89	76.53	63.02

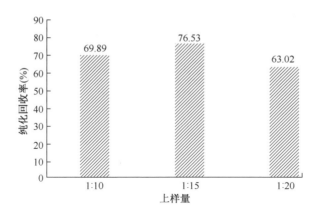

图 16-4 上样量的选择与结果

16.3.4 洗脱曲线

将洗脱流速控制为3BV/h,上样量为1∶15,先用二氯甲烷：甲醇(8∶1)冲洗4BV,之后用二氯甲烷：甲醇(3∶1)冲洗4BV,每0.5BV作为一组份,绘制洗脱曲线,如图16-5。结果表明,当用二氯甲烷：甲醇(10∶1)洗脱至第4BV时开始出现微量isobiflorin和biflorin成分,因此将二氯甲烷：甲醇(8∶1)洗脱体积确定为3.5 BV;当用二氯甲烷：甲醇(3∶1)洗脱至3BV时,isobiflorin和biflorin已基本洗脱干净,因此将二氯甲烷：甲醇(3∶1)的洗体积确定为3BV。

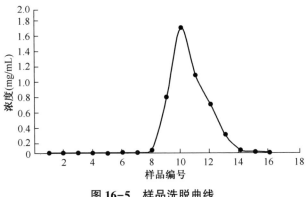

图 16-5　样品洗脱曲线

16.3.5　验证试验

根据前期试验所得最佳洗脱方式为洗脱流速控制为 3BV/h，上样量为 1∶15 二氯甲烷∶甲醇(8∶1)洗脱 3.5BV，二氯甲烷∶甲醇(3∶1)洗脱 3BV，分别收集两组分，在此条件下进行验证试验，两组分 isobiflorin 和 biflorin 回收率及纯度见表 16-4。结果表明经过洗脱后收集 3∶1 部位，可以得到纯度较高的含 isobiflorin 和 biflorin 混合物结晶。

表 16-4　两组分检测结果

组　分	回收率(%)	纯度(%)
8∶1	0	0
3∶1	81.08	40.23

根据以上试验条件重复 3 次，收集二氯甲烷∶甲醇(3∶1)洗脱部位进样检测，所得结果见表 16-5。结果可知根据最适洗脱条件进行洗脱，得到样品的回收率可达到 80.29%，样品总纯度可达到 40.09%。

表 16-5　验证试验结果

序号	回收率(%)	平均回收率(%)	RSD 相对标准偏差(%)	纯度(%)	平均纯度(%)	RSD 相对标准偏差(%)
1	81.08			40.23		
2	76.54	80.29	4.27	38.43	40.27	4.63
3	83.26			42.16		

16.3.6 放大试验

根据验证试验所得条件,分别取乙酸乙酯萃取部位 30g、30g、41.6g 进行试验,所得结果见表 16-6。结果可得在进行放大试验后样品回收率可达到 77.98%,样品总纯度可达到 39.87%,此时 3∶1 洗脱部位中 isobiflorin 和 biflorin 总含量为 402.71mg/g,放大试验与验证试验结果相近,说明可将此硅胶柱层析洗脱工艺较为稳定,可以得到大量的 isobiflorin 和 biflorin 粗品。

表 16-6　放大试验结果

序号	回收率(%)	平均回收率(%)	RSD 相对标准偏差(%)	纯度(%)	平均纯度(%)	RSD 相对标准偏差(%)
1	80.26			41.47		
2	74.39	77.98	4.04	38.35	39.87	3.91
3	79.29			39.78		

16.3.7　isobiflorin 和 biflorin 标准品的制备

取硅胶柱层析洗脱所得 isobiflorin 和 biflorin 结晶状混合物(402.71mg/g 含量)13.85g,用适量色谱甲醇进行溶解,通过高效液相制备色谱仪进行制备分离,制备条件为流动相为甲醇-水(25∶75)等度洗脱;检测波长 330nm;柱温 30℃;流速 6mL/min,进样量 500μL,isobiflorin 保留时间为 18min,biflorin 保留时间为 23min,根据出峰情况分别收集图 16-6 中得两个组分,合并后减压浓缩,得到两组白色样品粉末,其中 isobiflorin 质量为 2.81g、biflorin 质量为 1.63g,此时

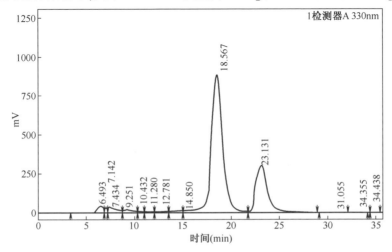

图 16-6　isobiflorin 和 biflorin 在 330nm 下的制备色谱图

isobiflorin 和 biflorin 的样品回收率为 79.71%。经 HPLC 检测,如图 16-7、图 16-8,isobiflorin 和 biflorin 样品纯度可达到 97% 以上。

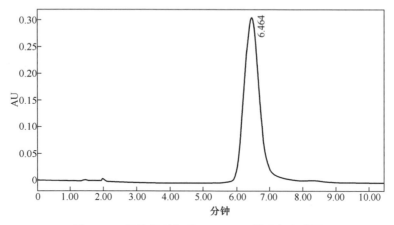

图 16-7　经液相制备后 isobiflorin 的液相色谱图

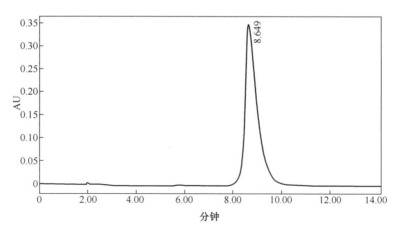

图 16-8　经液相制备后 biflorin 的液相色谱图

16.4　小结与讨论

选用硅胶柱层析,在除去乙酸乙酯萃取部位中杂质的同时,对部位中的 isobiflorin 和 biflorin 两种成分进行大量富集,并对硅胶柱层析试验中的影响因素进行筛选优化,确定最佳洗脱工艺。

(1)分别确定在柱层析洗脱过程中对于洗脱溶剂比例、洗脱流速、上样量的选择,之后根据以上条件绘制洗脱曲线确定洗脱溶液的体积。最终确定硅胶柱层析洗脱流程为:将乙酸乙酯萃取物充分溶解后,按样品与柱层析硅胶(100~20

目)1∶1的比例拌匀烘干,硅胶(200~300目)湿法装柱,样品与填料比为1∶15,干法上样,洗脱流速控制为3BV/h,先用二氯甲烷∶甲醇(8∶1)洗脱3.5 BV,再用二氯甲烷∶甲醇(3∶1)洗脱3BV,收集二氯甲烷∶甲醇(3∶1)洗脱液后减压浓缩。

(2)根据硅胶柱层析洗脱流程进行验证试验,得到isobiflorin和biflorin的样品的回收率可达到80.29%,样品总纯度可达到40.09%。之后将放大试验放大20倍进行试验,isobiflorin和biflorin的样品回收率可达到77.98%,样品总纯度可达到39.87%,此时3∶1洗脱部位中isobiflorin和biflorin总含量为402.71mg/g,相比于乙酸乙酯部位的36.03mg/g,提高了11.18倍,证明此柱层析工艺稳定可靠,可以起到大批量富集isobiflorin和biflorin的粗品作用。

(3)将柱层析洗脱后的结晶状样品,用适量色谱甲醇进行溶解,通过高效液相制备色谱仪进行制备分离,制备条件为流动相为甲醇-水(25∶75);检测波长254nm;柱温30℃;流速6mL/min,进样量500μL,分别收集两组制备液,后减压浓缩,得到两组白色样品粉末isobiflorin和biflorin,其样品纯度可达到97%以上,此时isobiflorin和biflorin的样品回收率为79.71%。

第十七章　isobiflorin 和 biflorin 的提取纯化工艺验证

17.1　isobiflorin 和 biflorin 的提取纯化总工艺

对第十四、十五、十六章的所得提取、纯化、分离条件进行总结,得到 isobiflorin 和 biflorin 的提取纯化工艺流程,如图 17-1。

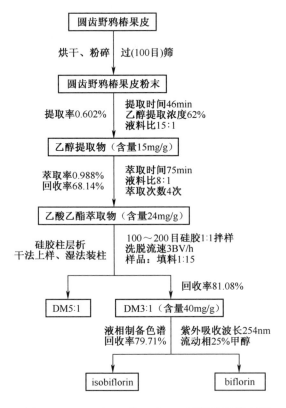

图 17-1　isobiflorin 和 biflorin 提取纯化总工艺

具体操作流程如下:
(1)将圆齿野鸦椿果皮样品在 50℃下烘干至恒重,粉碎后过 100 目筛,后将粉末进行超声提取,超声提取的条件为:提取时间46min,乙醇体积分数62%,液料比15∶1,过滤后收集滤液,并旋转蒸发至浸膏状。

(2)将乙醇粗提物充分溶解后与质量比为1∶1的硅藻土拌匀,烘干过筛后进行冷凝回流萃取,萃取时间为75min、液料比为8∶1、萃取4次后抽滤并合并滤液,将滤液进行减压浓缩,收集乙酸乙酯有效部位。

(3)将乙酸乙酯萃取物充分用甲醇溶解后,样品与质量比为1∶1的柱层析硅胶(100~200目)拌匀后烘干,先用样品与填料比为1∶15的硅胶(200~300目)湿法装柱,之后干法上样,先用二氯甲烷∶甲醇(8∶1)洗脱3.5 BV,再用二氯甲烷∶甲醇(3∶1)洗脱3BV,洗脱流速为3BV/h,收集二氯甲烷∶甲醇(3∶1)洗脱液后减压浓缩。

(4)将二氯甲烷∶甲醇(3∶1)部位用适量色谱甲醇进行溶解,通过液相制备色谱仪进行制备分离,制备条件为流动相为甲醇-水(25∶75);检测波长254nm;柱温30℃;流速6mL/min,进样量500μL,分别收集两组制备液,后减压浓缩,得到样品isobiflorin与biflorin。

17.2 提取纯化工艺验证

17.2.1 验证方法

为了验证isobiflorin和biflorin的提取纯化工艺的稳定性与可靠性,设计将1.5kg圆齿野鸦椿果皮样品粉末按图17-1所述流程进行提取、纯化,重复3次,分别计算3次中isobiflorin和biflorin的最终得率并进行比较。

其中isobiflorin的最终得率公式为:

$$\text{isobiflorin 得率}(\%) = \frac{m_7}{M} \times 100\% \qquad (17-1)$$

式中:m_7—— isobiflorin纯品的质量;
M——圆齿野鸦椿药材的质量。

biflorin的最终得率公式为:

$$\text{biflorin 得率}(\%) = \frac{m_8}{M} \times 100\% \qquad (17-2)$$

式中:m_8—— isobiflorin纯品的质量;
M——圆齿野鸦椿药材的质量。

17.2.2 验证结果

将1.5 kg圆齿野鸦椿样品经上述4步流程进行提取纯化,重复3次,分别记录每次 isobiflorin 和 biflorin 的质量,并计算得率,结果分别见表 17-1、表 17-2。

表 17-1 验证试验结果

流程	含 isobiflorin 和 biflorin 部位质量(g)		
	第一次	第二次	第三次
乙醇提取物	475.52	504.71	487.93
乙酸乙酯萃取部位	101.66	136.29	109.56
DM(3∶1)部位	12.61	15.05	13.73
isobiflorin	2.68	3.13	2.80
biflorin	1.54	1.88	1.79

表 17-2 isobiflorin 和 biflorin 的得率

序号	isobiflorin 得率(%)	biflorin 得率(%)	总得率(%)
1	0.179	0.102	0.281
2	0.209	0.125	0.334
3	0.187	0.119	0.306
平均值	0.192	0.115	0.307
RSD	6.618	8.44	7.052

17.3 小结与讨论

得到在三次验证试验中,isobiflorin 的得率为 0.192%左右,biflorin 的得率可保持在 0.115%左右,两种成分的总得率可达到 0.307%。此时,本文所得纯化工艺中 isobiflorin 和 biflorin 的得率已经超过在前期未优化工艺中的 isobiflorin (0.115%)和 biflorin(0.103%)的得率,并且高于在丁香中 isobiflorin(0.051%)和 biflorin(0.102%),全能花中 biflorin(0.02%),以及粗茎鳞毛蕨中 isobiflorin (0.002%)和 biflorin(0.004%)的得率。

在本文的提取纯化工艺中,isobiflorin 和 biflorin 的得率已得到了较大的提高,从丁香幼芽中分离得到 isobiflorin 和 biflorin 的得率也较高,其中 isobiflorin 的得率为 0.051%,biflorin 的得率为 0.102%。且在其提取分离过程中先后使用了乙醚脱脂、乙醇提取、乙酸乙酯萃取、聚酰胺柱层析、中压制备等分离纯化方法,过程较为复杂。

而本文通过对于提取工艺流程的简化,只需乙醇提取、乙酸乙酯萃取、硅胶柱层析、液相制备共 4 步就可以分离得到 isobiflorin 和 biflorin 两种化合物,且得率分别可达到 0.192%、0.115%,均高于其他分离工艺。

第十八章 圆齿野鸦椿花青素提取工艺优化

花青素,属于黄酮类物质,具有抗氧化、抗炎、抗肿瘤等生物活性,是一种潜在的医药资源,另外,花青素是一种安全、无毒的天然色素,在食品添加剂领域极具开发前景。但花青素提纯后,稳定性较差,对pH、光照、温度、金属离子较敏感,所以,花青素作为天然色素在天然工业中一直受到影响,加之富含花青素的原材料价格较高,因此,寻找并开发富含花青素且价格便宜的原材料显得极为迫切。圆齿野鸦椿(*Euscaphis konishii* Hayata)是赏药兼优的乡土树种,具有良好的观赏价值和保健功能,在福建、江西已经有大规模的人工林及绿化应用,盛果期时其挂果量较大,满树红果尤为壮观,是优良的观果树种,但果实的食药价值开发利用率较低。现今,关于圆齿野鸦椿的研究大多集中在繁育体系、品种筛选、化学成分研究和药理研究,而关于果皮花青素的研究却未见报道。通常使果实呈现红色的主要物质是花青素,像红葡萄、红苹果、红肉猕猴桃和樱桃等果实,花青素都是其果实呈现红色的主要色素,而圆齿野鸦椿果实成熟后果皮通红,可能含有丰富的花青素。

传统的花青素提取方法为热浸提法,但其存在耗费时间长,得率低的问题,但如微生物破壁法、超临界萃取和酶工程技术等又会产生较高的成本;而超声辅助提取法因其成本较低,节省时间且高效率的优点,在花青素提取研究和工业生产中已广泛应用。因此本研究以圆齿野鸦椿果皮为原料,应用超声波进行辅助提取,采取双波长pH示差法计算花青素提取量,基于单因素试验结果,以花青素含量为考察指标,设计4因素3水平的正交试验,优化圆齿野鸦椿果皮花青素的提取工艺条件,并对圆齿野鸦椿果皮花青素的抗氧化活性进行评价。研究结果为综合评价圆齿野鸦椿果皮的深加工提供技术及理论支持,并将促进圆齿野鸦椿食药价值的开发,提高其产品的附加值。

18.1 材料与方法

18.1.1 材料与试剂

18.1.1.1 植物材料

2017年10月25日,采集盛花期后160天的圆齿野鸦椿果实,此时果实已沿背缝线开裂,内外果皮已基本转为红色,达到成熟期。果实采集后将果皮和种子分开,并去除枝条树叶等杂物,放入干冰运回实验室,保存于-20℃冰箱备用。

18.1.1.2 试剂和仪器

KQ-500 型超声清洗器:昆山市超声仪器有限公司;电子天平:奥豪斯仪器有限公司(上海);Eppendorf 移液器:Eppendorf 公司(德国);TU-1810 紫外可见光光度计:北京普析通用仪器有限责任公司;旋转蒸发仪:上海爱郎仪器有限公司;酶标仪:赛默飞公司;吩嗪硫酸甲酯(PMS)、还原型辅酶Ⅰ、硝基四氮蓝(NBT):北京索莱宝科技有限公司;DPPH:上海麦克林生化有限公司;其他试剂均为分析纯。

18.1.2 实验方法

18.1.2.1 最大吸收波长的确定

待测液用紫外可见分光光度计在 400~700nm 范围扫描。绘制吸收光谱曲线,并找出峰值。以该波长测定提取液的吸光值。

18.1.2.2 花青素含量提取及测定

磨样:用液氮将果皮研磨至粉末状,备用。

浸提过滤:准确称取 0.5g(±0.0010g)粉末放入 10mL 棕色离心管中,加入提取剂,以超声波辅助浸提,过滤至 25mL 容量瓶中,滤渣重复提取 2 次,最后用提取剂定容至刻度。

脱色:吸取 2mL 提取液,置于 10mL 容量瓶中,分别加 pH=1 的盐酸-氯化钾缓冲液和 pH=4.5 的醋酸-醋酸钠缓冲液稀释,摇匀,静置平衡。

比色:将显色液倒入比色杯(10mm)中,多次少量润洗,再用 UV-2550 紫外-可见分光光度计测定吸光值。

计算:每个处理在相同条件下重复三次,取平均值,代入以下公式即可算出提取液的花青素含量。

$$花青素含量(mg/g) = \Delta A V F M \times 1000/(\varepsilon m)$$

式中:ΔA 为 $(A_{max}-A_{700})$pH1.0-$(A_{max}-A_{700})$pH4.5;V 为稀释体积(L);F 为稀释倍数;M 为矢车菊素-3-葡萄糖苷的相对分子质量(449.2g/mol);ε 为矢车菊素-3-葡萄糖苷的摩尔消光系数 26900(L/mol/cm);m 为样品质量(g)。

18.1.2.3 单因素实验设计

提取条件的相关因素水平参考 Chen 等(2007)的方法,并略有改动。试验确定最佳浸提剂和平衡时间后,以超声温度、超声时间、超声功率、料液比为单因素,确定圆齿野鸦椿果皮花青素的最佳超声辅助提取条件。具体试验条件见表 18-1。

表 18-1　提取条件的单因素实验设计

考察因素	固定因素
浸提剂(1.5mol/L 盐酸：95%乙醇=15∶85、0.1mol/L 盐酸、1%盐酸甲醇)	超声温度(20℃)、超声时间(10min)、超声功率(100W)、料液比(1∶4)
平衡时间(20、30、40、50、60、70、80、90、100min)	超声温度(20℃)、超声时间(10min)、超声功率(100W)、料液比(1∶4)
超声温度(冰水、10、20、30、40、50、60、70℃)	料液比(1∶4)、超声功率(100W)、超声时间(10min)
超声时间(10、20、30、40、50、60min)	料液比(1∶4)、超声功率(100W)、超声温度(20℃)
超声功率(120、150、180、210、250、270、300W)	料液比(1∶4)、超声温度(20℃)、超声时间(10min)
料液比(1∶2、1∶4、1∶6、1∶8、1∶10、1∶12)	超声温度(20℃)、超声功率(100W)、超声时间(10min)

18.1.2.4　正交试验设计

在上述单因素实验的基础上,优选最佳单因素条件后,选取 4 个关键因素(超声温度、超声时间、超声功率、料液比)作为实验因素,以花青素含量为考察指标,设计 4 因素 3 水平的正交实验,实验设计见表 18-2。

表 18-2　正交实验设计

实验因素	实验水平		
	-1	0	1
超声温度(℃)(A)	40	50	60
超声时间(min)(B)	20	30	40
超声功率(W)(C)	240	270	300
料液比(g/mL)(D)	1∶4	1∶6	1∶8

18.1.2.5　体外抗氧化活性测定

以最优提取条件提取果皮花青素,取上清液,在 40℃温度下减压浓缩,最后冷冻干燥得到花青素。准确称取冻干样品和抗坏血酸各 6.4mg,分别溶解于 1mL 水溶液中,配制成 6.4mg/mL 的母液。利用母液按照高浓度到低浓度的顺序,准确配制 0.1、0.2、0.4、0.8、1.6 和 3.2mg/mL 6 种不同浓度的水溶液,分别进行体外抗氧化活性的评价。DPPH·清除率、·OH 清除率和 O_2^-·清除能力测定参照谭莉等(2018)方法。

18.1.3 数据分析

利用 Excle 2010 对数据进行初步的整理、计算及图表分析。在 SPSS 19.0 软件进行统计分析。

18.2 结果分析

18.2.1 提取剂和最大吸收波长的确定

图 18-1(A)体现了不同提取试剂对花青素提取量的影响,其中,1%的盐酸甲醇和 1.5mol/L 盐酸：95%乙醇=15∶85 提取花青素的效果显著高于 0.1mol/L 盐酸,其得率分别为 3.637mg/g 和 3.567mg/g。

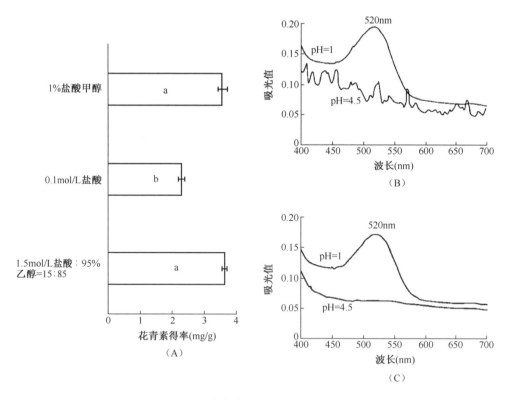

图 18-1 提取剂对花青素提取量的影响及光谱扫描结果

利用可见紫外分光光度计在 400~700nm 范围内全波段扫描,在 pH=1 的缓冲液中,1%的盐酸甲醇提取液和 1.5mol/L 盐酸：95%乙醇=15∶85 提取液均约在 520nm 有吸收峰且无杂峰干扰[图 18-1(B)和图 18-1(C)];在 pH=4.5

的缓冲液中,1.5mol/L 盐酸:95%乙醇=15:85 提取液在 400~600nm 范围内,平稳延伸,无干扰杂峰出现,能较好的起到模糊校正的作用,但 1%的盐酸甲醇提取液出现较多的杂峰干扰,会严重影响花青素含量的估测。因此,选择 1.5mol/L 盐酸:95%乙醇=15:85 作为本实验提取花青素的溶剂,在 520nm 处测提取液的吸光值。

18.2.2 静置平衡时间筛选

改变花青素的 pH 值,需要静置一段时间,使溶液达到平衡,再测定相应的吸光值。由图 18-2 可知,在待测样品中加入 pH=1 和 pH=4.5 缓冲液,常温下静置,随着静置平衡时间的延长,在 520nm 和 700nm 吸光值的变化趋势基本一致,即在 20~30min 内呈急剧上升的趋势,30~90min 出现缓慢上升的现象,在 90min 之后趋于平稳。实验结果表明,90min 后吸光值趋于平稳,因此本实验的平衡时间为 90min。

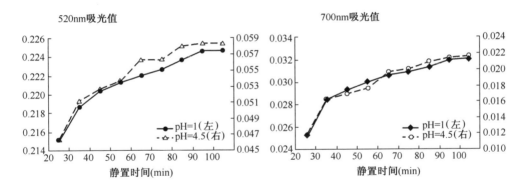

图 18-2 反应平衡时间

18.2.3 单因素条件筛选

超声温度、超声时间、超声功率和料液比是超声辅助工艺的关键因素。

图 18-3(A)为超声温度对圆齿野鸦椿花青素得率的影响。低温时(冰水和 10℃),花青素的得率普遍较低,而出现冰水大于 10℃,可能是因为固体冰块的超声传导率高于液体。随着温度的升高,花青素的提取量先快速增加到 40℃ 时,之后增加的幅度变缓,并在 50℃时达到最大(3.849mg/g),温度继续升高至 60℃,花青素的提取量迅速下降为 3.467mg/g。

在 10~30min 内,延长超声时间,能显著提高花青素的提取量,最高值出现在 30min,继续增加超声时间,花青素的提取量无显著变化,且超声时间过久不仅会产热,还会破坏部分花青素不利于花青素的提取[图 18-3(B)]。

将超声功率从 120W 增加至 180W,花青素的得率无显著变化且均为低值,说明超声功率过低对圆齿野鸦椿花青素的提取效果并不理想[图 18-3(C)]。180W 之后,花青素的得率先快速增加至 240W,之后增幅减缓,在 270W 出现最高值(3.613mg/g),继续加大超声功率至 300W,花青素的含量急剧下降,说明超声功率过高反而会破坏部分圆齿野鸦椿果皮的花青素,降低花青素的提取率。

由图 18-3(D)可知,在料液比为 1∶4 和 1∶6 的条件下,提取圆齿野鸦椿果皮的花青素得率最高,过低的料液比(1∶2)不利于花青素的析出,继续加大溶剂的比例,花青素的得率呈现逐渐下降的趋势,通常增大溶剂量提取量越大,但是过高的溶剂比例会造成溶剂的浪费,同时可能会把不易溶出的成分提取出来,造成类黄酮提取量下降。

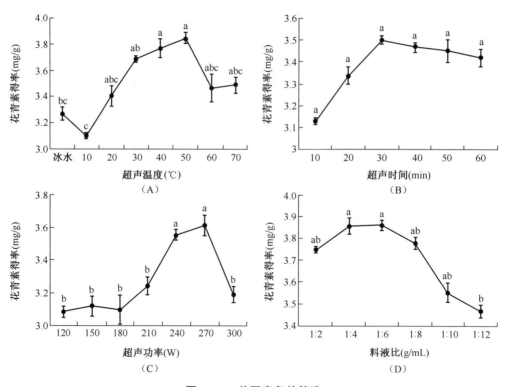

图 18-3 单因素条件筛选

18.2.4 正交实验结果

由表 18-3 可知,影响花青素提取量的主、次因素的顺序为:超声温度(A)>超声时间(B)>料液比(D)>超声功率(C),依据 K 值和 R 值评估花青素提取的最佳工艺,结果表明,$A_1B_3C_3D_2$ 圆齿野鸦椿果皮花青素提取的最佳组合,即超声温度 40℃、超声时间 40min、超声功率 300W、料液比 1∶6。以最佳提取条件，做 6 组平行实验验证圆齿野鸦椿果皮的花青素提取效果，结果显示，在最优提取条件下，圆齿野鸦椿花青素提取量为（3.74±0.058）mg/g，略高于正交实验的最高值 3.65mg/g。因此，$A_1B_3C_3D_2$ 是提取圆齿野鸦椿果皮花青素较优的方法。

表 18-3　正交实验结果

实验号	实验因素				提取率
	A（温度）	B（时间）	C（功率）	D（料液比）	（mg/g, n=3）
1	1	1	1	1	3.57
2	1	2	2	2	3.54
3	1	3	3	3	3.63
4	2	1	2	3	3.33
5	2	2	3	1	3.29
6	2	3	1	2	3.65
7	3	1	3	2	3.34
8	3	2	1	3	3.01
9	3	3	2	1	3.26
K1	10.74	10.24	10.23	10.12	
K2	10.27	9.84	10.13	10.53	
K3	9.61	10.54	10.26	9.97	
R	1.13	0.7	0.13	0.56	
优水平	A1	B3	C3	D2	
优组合	$A_1B_3C_3D_2$				
主次因素	A>B>D>C				

18.2.5　圆齿野鸦椿花青素体外抗氧化活性

加大溶液的质量浓度，抗坏血酸的 DPPH·清除率基本稳定在 88% 左右，圆齿野鸦椿花青素的 DPPH·清除率逐渐增高，并在浓度达到 1.6mg/mL 时，花青素 DPPH·清除率接近抗坏血酸，达到 84.64%［图 18-4（A）］，说明浓度高于 1.6mg/mL 时，圆齿野鸦椿具有较高的 DPPH·清除率，清除能力接近抗坏血酸。

清除·OH 的能力是体现抗氧化物质的重要指标。由图 18-4（B），加大圆齿野鸦椿和抗坏血酸的质量浓度，清除·OH 能力在 0.1~0.8mg/mL 增幅缓慢，在 0.8mg/mL 后急剧增加，到达 3.2mg/mL 后·OH 清除率最高，抗坏血酸和圆齿野鸦椿花青素分别为 99.86% 和 77.86%。继续加大质量浓度，圆齿野鸦椿花青素的清除·OH 能力还有升高的潜力,说明其具较强的·OH 清除能力。

如图 18-4(C),在试验浓度范围内,圆齿野鸦椿花青素对 O_2^- 的清除能力较强且较稳定(91.15%~99.68%),抗坏血酸的 O_2^- 的清除能力均低于圆齿野鸦椿花青素,并在浓度为 3.6mg/mL 时到达最高(87.19%),说明圆齿野鸦椿花青素具较强的 O_2^- 的清除能力。

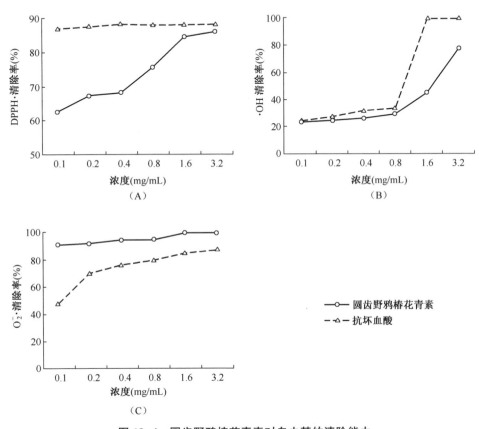

图 18-4 圆齿野鸦椿花青素对自由基的清除能力

18.3 结 论

超声辅助提取技术是一种高效、安全的提取技术,与传统的热浸提法相比,其具高效、经济的特点,已应用于多种物质的提取。本研究以圆齿野鸦椿果皮为原料,在确定最佳提取试剂(1.5mol/L 盐酸:95%乙醇=15:85)和最佳静置时间(90min)之后,设计超声辅助相关的 4 个单因素实验(超声温度、时间、功率和料液比),并在此基础上,设计 4 因素 3 水平的组合实验,建立了超声辅助提取果皮花青素的最佳工艺条件,即超声温度40℃、超声时间40min、超声功率300W、料液比1:6,在此条件下花青素提取量为(3.74±0.058)mg/g,效果较优,时间短,且浸提液用量少可以节约成本,对指导促进圆齿野鸦椿花青素开发有一定的借鉴意义,也为圆齿野鸦椿果实花青素工业化提取奠定基础。

抗氧化活性测定的结果表明,圆齿野鸦椿具有较高的DPPH·清除能力、清除·OH的能力和O_2^-的清除能力,且与质量浓度呈明显的线性相关,说明圆齿野鸦椿花青素具有良好的抗氧化活性,可作为一种极具潜能的天然抗氧化剂。

参 考 文 献

侯锐,陈琦,王利,等.花青素及其生物活性的研究进展[J].现代生物医学进展,2015,15(28):559-5593.

左玉,田芳.花青素稳定性研究进展[J].粮食与油脂,2014,27(7):1-5.

方文培.中国植物志(46卷)[M].北京:科学出版社,1981(46):23-24.

范敏.赣州大规模引种圆齿野鸦椿[N].中国花卉报,2014-04-24(003).

李玉平,邹双全,何碧珠.圆齿野鸦椿种子外植体的快繁体系[J].福建农林大学学报(自然科学版),2010,39(5):480-483.

何碧珠,何官榕,邹双全.圆齿野鸦椿叶片的植株再生及快速繁殖[J].福建农林大学学报(自然科学版),2010,39(3):257-262.

孙维红,袁雪艳,吴玲娇,等.圆齿野鸦椿开花动态特征与繁育系统[J].植物生理学报,2017,53(12):2215-2221.

覃嘉佳,胡滨,黄焱辉,等.圆齿野鸦椿种子内含物的提取、分离以及生物测定[J].安徽农业科学,2011,39(32):19693-19694.

邹小兴,刘宇,邹双全,等.圆齿野鸦椿叶及枝化学成分初步研究[J].中国野生植物资源,2016,35(1):70-72.

刘迪栋,文旭,汤勇,等.野鸦椿水提物对大鼠慢性肝纤维化的影响[J].当代医学,2013,19(15):33-35.

葛翠莲,黄春辉,徐小彪.果实花青素生物合成研究进展[J].园艺学报,2012,39(9):1655-1664.

汪良驹,王中华,李志强,等.L-谷氨酸促进富士苹果花青素积累的效应[J].果树学报,2006,(2):154-160.

齐秀娟,徐善坤,林苗苗,等.红肉猕猴桃果实着色机制研究进展[J].果树学报,2015,32(6):1232-1240.

袁雪艳,邹小兴,黄维,等.圆齿野鸦椿蒴果着色及呈色分析[J].经济林研究,2018,36(3):100-106.

陈成花,张婧,陈海燕,等.蓝莓果渣花色苷超声提取工艺优化及组成分析[J].食品科技,2016,41(4):192-199.

陈小婕,阴文娅.植物中花青素提取方法探讨[J].食品工业科技,2013,34(2):395-399.

徐渊金,杜琪珍.花色苷分离鉴定方法及其生物活性[J].食品与发酵工业,2006(3):67-72.

谭莉,陈瑞战,彭雨沙,等.蓝莓花青素提取工艺优化及抗氧化活性评价[J].食品工业,2017,38(8):136-141.

REIN M. CopigmentationReactions and Color Stability of Berry Anthocyanins[D]. Finland: University of Helsinki,2005.

HOU Z,QIN P,ZHANG Y,et al.Identification of anthocyanins isolated from black rice (Oryza sativa,L.) and their degradationkinetics[J].Food Research International,2013,50(2):691-697.

SAUREMC.External control of anthocyanin formation in apple[J].Scientia Horticulturae,1990,42(3):181-218.

JAAKOLA L.New insights into the regulation of anthocyanin biosynthesis in fruits[J].Trends in Plant Science,2013,18(9):477.

YUAN X,SUN W,ZOU X,et al.Sequencing of Euscaphiskonishii endocarp transcriptome points to molecular mechanisms ofendocarp coloration[J].Int J Mol Sci,2018,19:3 209.

CHEN F,SUN Y,ZHAO G,et al.Optimization of ultrasound-assisted extraction of anthocyanins in red raspberries and identificationof anthocyanins in extract using high-performance liquid chromatography-mass spectrometry[J].Ultrasonics Sonochemistry,2007,14(6):767-78.

第五篇　野鸦椿果皮提取物药理学研究

第十九章　圆齿野鸦椿果皮提取物的抗炎活性成分筛选

19.1　材料与方法

19.1.1　试剂材料

表 19-1　实验试剂

试剂名称	公司名称	货号/批号
内毒素脂多糖(LPS)	北京索莱宝生物	L2880
地塞米松	生工生物(上海)	A601187-0005
DMEM 高糖培养基	HyClone	SH30022.01
进口胎牛血清(FBS)	德国 PAN-Biotech GmbH	P30-3302
胰蛋白酶	HyClone	SH30042.01
双抗	HyClone	SV30010
PBS 缓冲液	HyClone	SH30256.01
DMSO	北京索莱宝生物	D8371
微孔滤膜过滤器	天津津腾	0.22μm,0.45μm
MTT 噻唑蓝	北京索莱宝生物	M8180
NO 检测试剂盒	江苏碧云天	S0021
PGE_2 ELISA 试剂盒	上海酶联生物	Ml7020561
IL-6 ELISA 试剂盒	上海酶联生物	Ml7020188

（续）

试剂名称	公司名称	货号/批号
TNF-αELISA 试剂盒	上海酶联生物	Ml7020852
RNA 提取试剂盒	北京全式金	ER501-01
逆转录试剂盒	北京全式金	AT341
qPCR 荧光染料	北京全式金	AQ131
RIPA 裂解缓冲液	北京全式金	DE101-01
磷酸酶抑制剂	北京全式金	DI201-02
蛋白酶抑制剂	北京全式金	DI111-02
蛋白含量检测试剂盒	凯基生物	KGA804
SDS-PAGE 上样缓冲液	康为世纪	CW0027S
SDS-PAGE 凝胶配制试剂盒	江苏碧云天	P0012A
预染 SDS-PAGE 标准品	康为世纪	CW0986M
PVDF 膜	密理博（Millipore）公司	ISEQ00010
Western 一抗稀释液	江苏碧云天	P0023A
5%BSA 封闭液	北京索莱宝生物	SW3015
单克隆抗体 β-actin	北京全式金	HC201-02
单克隆抗体 NOS2	上海贝博生物	BBA4520
单克隆抗体 COX-2	上海贝博生物	12375-1-AP
单克隆抗体 IL-1β	上海贝博生物	BBA3610
单克隆抗体 ERK1/2	上海贝博生物	BBA2855
单克隆抗体 P-ERK1/2	上海贝博生物	BBP1391
单克隆抗体 STAT1	上海贝博生物	BBA5848
单克隆抗体 P-STAT1	上海贝博生物	BBP2072
单克隆抗体 STAT3	上海贝博生物	BBA5854
单克隆抗体 P-STAT3	上海贝博生物	BBP2076
单克隆抗体 P38	上海贝博生物	BBA4874
单克隆抗体 P-P38	上海贝博生物	BBP1827
单克隆抗体 JNK1/2/3	上海贝博生物	BBA3742
单克隆抗体 P-JNK1/2/3	上海贝博生物	BBP1626
单克隆抗体 NF-κB	Proteintech	14220-1-AP
单克隆抗体 P-NF-κB	上海贝博生物	BBP1767

(续)

试剂名称	公司名称	货号/批号
二抗山羊抗兔 IgG-HRP	北京全式金	HS101-01
二抗山羊抗鼠 IgG-HRP	北京全式金	HS201-01
ECL 显色液	北京全式金	DW101-02
TRIS-base	北京索莱宝生物	T8060
甘氨酸	北京索莱宝生物	G8200
脱脂奶粉	Biosharp	DBT-SKIM
吐温 20	北京索莱宝生物	T8220
25cm 正方斜口细胞培养瓶	CORNING	430168
75cm 正方斜口细胞培养瓶	CORNING	430720
卡介苗(BCG)	卫生部上海生物制品研究所	200709001
4%多聚甲醛通用型组织固定液	Biosharp	BL539A
联苯双酯滴丸	北京协和药厂	H11020980
PEG400	北京索莱宝生物	P8530
Tween-80	北京索莱宝生物	T8360
NO 一步法试剂盒	南京建成生物工程研究所	A013-2
MDA 试剂盒	南京建成生物工程研究所	A003-1
SOD 试剂盒	南京建成生物工程研究所	A001-3
GSH-Px 试剂盒	南京建成生物工程研究所	A006-2

19.1.2 试剂配制

（1）细胞培养基：DMEM 高糖培养基，加 10%FBS，加 1% 双抗，混匀置 4℃ 保存。

（2）药物母液：用 DMSO 将圆齿野鸦椿果皮提取物溶解，母液浓度为 0.2g/mL，置 4℃ 保存，实验时用无血清 DMEM 稀释成工作浓度。

（3）LPS 的配制：用 PBS 溶液配制成 1mg/mL 的高浓度液体，1.5mL EP 管分装，零下 20℃ 冷冻保存；使用时涡旋 30min，使溶液重悬，按 10 倍比稀释成工作浓度。

19.1.3 细胞来源与保藏

本实验所用 RAW264.7 小鼠巨噬细胞购于中国科学院上海生命科学研究院细胞库。1∶3 传代 2 次，将所有细胞冻存，将装有细胞悬液的冻存管放入已经加入异丙醇并提前预冷的程序冻存盒中,放入零下80℃超低温冰箱过夜,最终将细胞存放于液氮罐长期保存。冻存液配制(无血清 DMEM 培养基∶FBS∶DMSO = 7∶2∶1)。

19.1.4 圆齿野鸦椿果皮提取物

圆齿野鸦椿果实材料采摘时间为 2015 年 11 月,采摘于福建省清流县益晟园林苗木基地。将采回来的圆齿野鸦椿果实去掉种子,烘干粉碎备用,以食用酒精回流提取获得圆齿野鸦椿果皮提取物,再以聚酰胺吸附树脂法和大孔吸附树脂法等对圆齿野鸦椿果皮醇提物进行了分离纯化。

19.1.5 LPS 诱导小鼠 RAW264.7 细胞炎症模型的建立

19.1.5.1 消化方式及传代次数对 RAW264.7 细胞的影响

设 a1、a2、b1、b2 四组(表 19-2),用 4 个 25cm 正方小培养瓶培养 RAW264.7 细胞,每瓶加 5mL 培养基,长满传代;a1 和 a2 组用胰酶消化,b1 和 b2 组用冷的 PBS 消化,其中 PBS 消化 5min 后用枪吹打细胞,使细胞悬浮;用血球计数板计数,a1 和 b1 组按 2×10^5 个/mL 传代,a2 和 b2 组按 6×10^5 个/mL 传代,第 2 天在倒置生物显微镜下观察细胞形态,长满再传代。每天观察并记录实验情况,1 周后统计结果。

表 19-2 RAW264.7 细胞的试验分组情况

组别	a1	a2	b1	b2
消化方式	胰酶	胰酶	冷的 PBS	冷的 PBS
传代个数	2×10^5 个/mL	6×10^5 个/mL	2×10^5 个/mL	6×10^5 个/mL

19.1.5.2 LPS 浓度及细胞种板个数对 RAW264.7 细胞 NO 产生的影响

(1)设对照组(无 LPS)和模型组(LPS 浓度分别为 1ng/mL、10ng/mL、100ng/mL、1000ng/mL),每个处理设 3 个复孔。

(2)用含血清 DMEM 培养基稀释细胞种板,取对数期细胞按每孔 1×10^4、2×10^4、3×10^4、4×10^4、5×10^4 个接种于 96 孔板中,每孔 200μL,37℃、5% CO_2 条件下培养。

(3)24h 后去掉旧培养基,换作无血清的培养基,对照组和模型组每孔加 180μL。

(4)培养 2h 后模型组每孔加 20μL 相应浓度的 LPS,对照组每孔加 20μL 的无血清培养基,继续培养 20h。

(5)从 4℃ 冰箱中取出 NO 检测试剂盒,恢复至室温。

(6)将待测样本和各个浓度的标准品按每孔 50μL 加入到新的 96 孔板中,

按照说明书的操作,按每孔 50μL 先后加入 Griess 试剂 Ⅰ 和 Griess 试剂 Ⅱ。

(7)轻轻摇晃培养板,避光反应 5~10min。

(8)使用酶标仪,在 540nm 波长下检测吸光值,制作标准曲线,计算样本中 NO 的浓度。

(9)实验重复 3 次,数据均以平均数±标准差($\bar{x}±s$)表示。

19.1.5.3 血清对 RAW264.7 细胞 NO 产生的影响

(1)根据上面的试验结果,选取最佳种板个数和最佳的 LPS 浓度检验血清对 RAW264.7 细胞 NO 产生的影响。

(2)设对照组和模型组(LPS 刺激组),每个处理设 3 个复孔。

(3)用含血清 DMEM 培养基稀释细胞种板,取对数期细胞接种于 96 孔板中,每孔 200μL,37℃、5% CO_2 条件下培养。

(4)24h 后去掉旧培养基,换作新鲜的含血清培养基,每孔加 180μL。

(5)培养 2h 后模型组每孔加 20μL 相应浓度的 LPS,对照组每孔加 20μL 的含血清培养基,继续培养 20h。

(6)NO 检测方法同 19.1.5.2。

19.1.6 细胞毒性实验

(1)设正常组,模型组,实验组:LPS+25、LPS+50、LPS+100、LPS+200μg/mL 剂量组,每组设 3 个复孔。

(2)将 RAW264.7 细胞按每孔 $5×10^4$ 接种于 96 孔板(200μL)中,37℃、5% CO_2 条件下培养。

(3)24h 后去掉旧培养基,用无血清培养基将药物母液稀释到所需浓度,每孔加 180μL。

(4)给药后 2h,模型组和实验组加入终浓度为 1μg/mL 的 LPS,正常组加入等体积的无血清培养基,继续培养 20h。

(5)采用 MTT 法,用酶标仪在 490nm 下检测 OD 值,每组设 3 复孔,同时设 blank 孔即实验调零孔。

(6)取各重复孔 OD 的平均数,药物对细胞的生长活性按以下公式计算:

细胞活力(%)=(处理孔 OD − blank 孔 OD)/(对照孔 OD blank 孔 OD)×100%

(7)实验重复 3 次,数据均以平均数±标准差($\bar{x}±s$)表示。

19.1.7 圆齿野鸦椿果皮提取物对 NO 的影响

(1)细胞分组和种板方法同本章 19.2.2。

(2) 24h 后去掉旧培养基,用无血清培养基将药物母液稀释到所需浓度,每孔加 180μL。

(3) 给药后 2h,模型组和实验组加入终浓度为 1μg/mL 的 LPS,正常组加入等体积的无血清培养基,继续培养 20h。

(4) NO 检测方法同本章 19.1.5.2。

19.1.8　数据处理

本研究均采用 Excel2010 和 SPSS19.0 统计软件分析实验数据,多样本均数间的变化是否具有显著性采用单项方差分析(One-way ANOVA)检验。

19.2　结果与分析

19.2.1　消化方式及传代次数对 RAW264.7 细胞的影响

试验发现 a1 和 b1 组细胞第 3 天才长满,且有较少伪足长出;第三代时 a1 组细胞不好消化,伪足较多,b1 组细胞好消化,且伪足比 a1 组少;a2 和 b2 组细胞第 1 天就已长满,且细胞形态良好,传代时都比较好消化;a2 组第二代时有较少伪足长出;第三代时,a2 组细胞伪足变多,消化时间变长,b2 组细胞比较好消化,且伪足比 a2 组少,但细胞出现老化现象。

19.2.2　LPS 浓度对 RAW264.7 细胞 NO 产生的影响

由表 19-3 可知,当各组种板个数一致时,RAW264.7 细胞释放 NO 的量随 LPS 浓度增加呈增加趋势,表现出良好的剂量依赖关系。当 LPS 浓度为 1ng/mL 时,与对照组(LPS 浓度为 0)相比差异无显著性;当 LPS 浓度为 10ng/mL、100ng/mL 和 1000ng/mL 时,与对照组(LPS 浓度为 0)相比差异均具有显著性;表明 LPS 浓度为 10ng/mL 时,就能明显诱导 RAW264.7 细胞释放 NO。

表 19-3　LPS 浓度对 RAW264.7 细胞 NO 产生的影响

种板个数 (10^4 个/孔)	LPS 浓度 (ng/mL)	NO 浓度 (μM)
1	0	4.200±0.175
	1	4.200±0.103
	10	5.700±0.080
	100	6.200±0.125*
	1000	6.033±0.114*

（续）

种板个数 (10^4个/孔)	LPS 浓度 （ng/mL）	NO 浓度 （μM）
2	0	3.700±0.150
	1	3.700±0.152
	10	6.533±0.198*
	100	7.450±0.091**
	1000	6.367±0.237*
3	0	3.283±0.181
	1	4.033±0.122
	10	8.450±0.123**
	100	9.283±0.152**
	1000	9.700±0.168**
4	0	4.450±0.163
	1	3.950±0.123
	10	8.700±0.125**
	100	9.533±0.160**
	1000	11.283±0.122**
5	0	5.367±0.155
	1	5.117±0.154
	10	8.617±0.130**
	100	9.367±0.148**
	1000	15.200±0.174**

注：与对照组（LPS 浓度为 0）比较：* $P<0.05$；** $P<0.01$。

19.2.3 细胞种板个数对 RAW264.7 细胞 NO 产生的影响

如图 19-1，细胞培养 24h 时：在无 LPS 刺激的情况下，种板细胞个数较少时（1 万和 2 万个/孔），细胞状态比较好，而随着细胞种板个数的增加，NO 释放量逐渐降低，当细胞种板个数为每孔 3 万个时达到最低，但是当细胞种板个数继续增加时，NO 的浓度呈逐渐增加的趋势。LPS 浓度为 1ng/mL 时，NO 释放量随细胞种板个数变化的规律与不刺激时的规律相似，只是 NO 释放量最低时，细胞种板个数为 2 万个/孔。

当 LPS 浓度较高时，细胞 NO 释放量随细胞个数增多呈逐渐增加的趋势，但

LPS 浓度为 10ng/mL 和 100ng/mL 时,不同种板个数间 NO 释放量的差异不显著;当 LPS 浓度为 1ng/mL 时,不同种板个数间 NO 释放量的差异具有显著性,其中种板个数为 5 万个/孔时,细胞 NO 释放量最大,与其他组差异极显著($P<0.01$)。

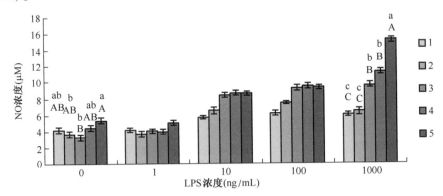

图 19-1　培养 24h 时细胞种板个数对 LPS 诱导 RAW264.7 细胞 NO 产生的影响

注:1:细胞种板个数为 $1×10^4$ 个/孔;2:细胞种板个数为 $2×10^4$ 个/孔;3:细胞种板个数为 $3×10^4$ 个/孔;4:细胞种板个数为 $4×10^4$ 个/孔;5:细胞种板个数为 $5×10^4$ 个/孔。图中小写字母表示同一浓度下不同种板个数间差异达 0.05 显著水平;大写字母表示同一浓度下不同种板个数间差异达 0.01 显著水平。

19.2.4　血清对 RAW264.7 细胞 NO 产生的影响

根据上面的试验,最佳细胞种板个数为 $5×10^4$ 个/孔,LPS 最适浓度为 $1μg/mL$。进行血清对 RAW264.7 细胞 NO 产生的影响的试验时结果见表 19-4,没有进行血清饥饿的细胞 LPS 模型组与对照组的 NO 释放量差异不具有显著性;进行血清饥饿的细胞 LPS 模型组 NO 释放量显著高于对照组($P<0.01$),是对照组的 4.37 倍;此外,没有进行血清饥饿的细胞与进行血清饥饿的细胞对照组之间差异显著($P<0.05$);LPS 模型组之间差异极显著($P<0.01$)。

表 19-4　血清对 RAW264.7 细胞 NO 产生的影响

细胞种板个数 (10^4 个/孔)	组　别	LPS 浓度 (ng/mL)	NO 浓度 ($μM$)
5	含血清	0	10.700±0.323bB
		1000	10.950±0.803bB
	不含血清	0	5.867±0.878cB
		1000	25.617±0.627aA

注:同列数据后不同的小写字母表示不同处理间差异达 0.05 显著水平;同列数据后不同的大写字母表示不同处理间差异达 0.01 显著水平。

19.2.5 圆齿野鸦椿果皮提取物细胞毒性及对 NO 的影响

试验先将 23 个圆齿野鸦椿果皮提取物进行了 NO 检测实验(表 19-5 和表 19-6)。结果显示,与空白对照组相比,小鼠腹腔巨噬细胞在受到 LPS 刺激后,NO 生成量均显著增加($P<0.01$)。与 LPS 模型组相比,在 25、50、100、200μg/mL 4 个试验浓度下,有 12 个提取物对 NO 生成的抑制效果较好,分别为 EKH221、EKH1212、EKH1213、EKH12151、EKH1216、EKH1217、EKH12111、EKH12112、EKH12114、EKH12116、EKH12117 及 EKH12118,对应的 IC50 为 164.90、62.30、52.22、87.34、78.47、57.35、165.29、107.97、38.40、52.76、75.02 及 50.03μg/mL,其中 EKH221、EKH12111 及 EKH12112 的 IC50 较大,说明 RAW264.7 细胞对这几个提取物的耐受程度较高。其余提取物对 NO 生成的抑制作用效果不明显,有的抑制率为负,说明其会加剧炎症反应。

表 19-5　圆齿野鸦椿果皮提取物对 NO 的影响($\bar{x}±s$, $n=3$)

编　号	浓度 (μg/mL)	NO 含量 (μM)	抑制率 (%)	IC50 (μg/mL)
空白组	—	9.78±0.38	—	—
LPS 模型组	—	77.87±5.58##	—	—
EKH12	25	87.28±2.25**	-12.12	—
	50	46.87±0.88**	39.80	
	100	20.87±0.76**	73.19	
	200	6.53±0.29**	91.61	
EKH221	25	67.87±1.51**	12.82	164.90
	50	62.37±0.76**	19.88	
	100	41.78±0.76**	46.33	
	200	38.62±0.63**	50.39	
EKH222	25	97.37±6.00**	-25.08	—
	50	70.62±2.04	9.29	
	100	62.03±2.02**	20.31	
	200	58.37±2.67**	25.02	
EKH1212	25	59.95±2.38**	22.99	62.30
	50	47.20±1.39**	39.37	
	100	28.20±2.63**	63.77	
	200	10.95±1.50**	85.93	

(续)

编　号	浓度 (μg/mL)	NO 含量 (μM)	抑制率 (%)	IC50 (μg/mL)
EKH1213	25	55.12±2.00**	29.20	52.22
	50	41.37±2.32**	46.86	
	100	32.11±1.28**	58.74	
	200	5.70±0.66**	92.68	
EKH1214	25	82.70±1.80	-6.24	—
	50	59.53±1.52**	23.52	
	100	40.03±0.63**	48.57	
	200	19.45±1.56**	75.01	
EKH12151	25	62.12±1.66**	20.21	87.34
	50	61.12±2.70**	21.49	
	100	36.20±2.82**	53.50	
	200	15.95±1.00**	79.51	
EKH1216	25	69.45±0.25	10.79	78.47
	50	59.20±3.28**	23.95	
	100	28.45±3.85**	63.45	
	200	10.20±3.68**	86.90	
EKH1217	25	71.03±0.95*	8.75	57.35
	50	31.45±1.32**	59.60	
	100	15.20±1.95**	80.47	
	200	6.62±0.38**	91.50	
EKH12111	25	68.20±2.00**	12.39	165.29
	50	59.20±0.90**	23.95	
	100	48.78±1.51**	37.33	
	200	35.45±1.15**	54.46	
EKH12112	25	70.20±3.07*	9.82	107.97
	50	61.37±2.90**	21.17	
	100	36.78±2.57**	52.75	
	200	23.53±0.88**	69.77	

（续）

编号	浓度 （μg/mL）	NO 含量 （μM）	抑制率 （%）	IC50 （μg/mL）
EKH12113	25	80.03±1.26	-2.81	—
	50	58.87±2.16**	24.38	
	100	31.95±0.66**	58.96	
	200	8.78±1.23**	88.72	
EKH12114	25	60.62±2.92**	22.13	38.40
	50	23.87±1.42**	69.34	
	100	5.78±0.58**	92.57	
	200	5.20±0.87**	93.32	
EKH12115	25	86.28±1.38**	-10.84	—
	50	57.20±1.00**	26.52	
	100	42.03±0.80**	46.00	
	200	20.53±0.38**	73.62	
EKH12116	25	54.20±0.66**	30.38	52.76
	50	50.37±0.76**	35.30	
	100	15.45±1.25**	80.15	
	200	12.87±1.01**	83.47	
EKH12117	25	76.95±0.66	1.15	75.02
	50	36.45±0.43**	53.18	
	100	13.28±0.58**	82.94	
	200	9.03±0.80**	88.40	
EKH12118	25	71.53±0.29**	8.11	50.03
	50	27.28±1.66**	64.95	
	100	5.37±0.38**	93.11	
	200	5.20±0.25**	93.32	

注：与空白组比较，##$P<0.01$；与 LPS 模型组比较，*$P<0.05$，**$P<0.01$。

表 19-6　圆齿野鸦椿果皮提取物对 NO 的影响($\bar{x}±s$，$n=3$)

编号	浓度 （μg/mL）	NO 含量 （μM）	抑制率 （%）
空白组	—	8.20±0.25	—
LPS 模型组	—	68.37±6.10##	—

(续)

编号	浓度 (μg/mL)	NO 含量 (μM)	抑制率 (%)
EKH	25	61.37±0.80	10.24
	50	68.03±3.17	0.49
	100	73.53±3.91	-7.55
	200	82.28±1.18**	-20.35
EKH11	25	61.12±0.95	6.95
	50	69.45±3.88	-1.58
	100	73.53±3.22	-7.55
	200	84.20±2.00**	-23.15
EKH21	25	60.62±0.29	11.34
	50	65.37±4.45	4.39
	100	58.78±5.93	14.02
	200	64.12±7.67	6.22
EKH22	25	61.87±1.26	9.51
	50	66.37±1.59	2.93
	100	69.28±7.07	-1.34
	200	75.28±5.20	-10.11
EKH23	25	62.53±2.02	8.54
	50	68.37±7.09	0.00
	100	71.28±4.42	-4.26
	200	85.12±7.42	-24.49
EKH12152	25	73.12±9.46	-6.94
	50	65.45±16.51	4.27
	100	63.12±3.83	7.68
	200	62.03±0.95	9.27

注:与空白组比较,##$P<0.01$;与 LPS 模型组比较,**$P<0.01$。

对上述抑制 NO 生成效果较好的几个部位进行了细胞毒性实验。结果显示(表 19-7),与空白组相比,LPS 模型组细胞存活率显著低于空白组($P<0.01$),说明 RAW264.7 细胞在受到 LPS 刺激后,细胞生长会明显受到抑制;EKH1213、EKH1212、EKH12111、EKH12117 及 EKH12118 几个部位各浓度对 RAW264.7 细胞增殖均具有显著抑制作用($P<0.01$);EKH221、EKH12151、EKH1217 及

EKH12112 基本随浓度的升高,细胞存活率越高,100 和 200μg/mL 浓度下,无细胞毒性;EKH12114 基本随浓度的升高,细胞存活率越低,25 和 50μg/mL 浓度下,无细胞毒性;EKH12116 在 50 和 100μg/mL 浓度下,无细胞毒性;EKH1216 各给药剂量下对 RAW264.7 细胞均无显著抑制作用($P>0.05$)。综上所述,EKH1216 抑制 NO 生成的 IC50 为 78.47μg/mL,且各试验浓度下对 RAW264.7 细胞增殖均无显著抑制作用,选取 50、100 和 200μg/mL 的浓度梯度进行后面的试验。

表 19-7　圆齿野鸦椿果皮提取物对细胞毒性的影响($\bar{x}\pm s$, $n=3$)

编　号	浓度(μg/mL)	OD 值（A）	细胞存活率(%)
空白组	—	3.10±0.12	100.00
EKH221	25	1.95±0.14##	62.31
	50	2.29±0.09##	73.77
	100	2.43±0.13##	78.55
	200	2.70±0.01	87.00
EKH1212	25	2.61±0.16##	84.15
	50	3.09±0.07	99.83
	100	2.91±0.10	93.86
	200	1.84±0.26##	59.40
EKH1213	25	1.95±0.14##	82.46
	50	2.29±0.09##	89.19
	100	2.43±0.13##	90.32
	200	2.70±0.01##	89.24
EKH12151	25	2.51±0.14##	80.86
	50	2.97±0.20	95.89
	100	3.03±0.08	97.75
	200	3.08±0.04	99.47
EKH1216	25	2.04±0.11##	65.83
	50	2.18±0.15##	70.24
	100	2.25±0.18##	72.57
	200	2.26±0.32##	72.77

(续)

编　号	浓度(μg/mL)	OD值(A)	细胞存活率(%)
EKH1217	25	1.90±0.02##	61.30
	50	2.24±0.05##	72.24
	100	2.70±0.08	87.09
	200	3.05±0.09	98.41
LPS模型组	—	2.06±0.02##	66.46
EKH12111	25	2.02±0.07##	65.25
	50	1.98±0.04##	64.04
	100	2.09±0.02##	67.43
	200	2.37±0.14##	76.45
EKH12112	25	2.44±0.22##	78.83
	50	2.61±0.08##	84.31
	100	2.57±0.02##	82.85
	200	2.97±0.03	95.74
EKH12114	25	2.93±0.13	94.49
	50	3.02±0.12	97.59
	100	2.26±0.08##	72.83
	200	0.69±0.06##	22.10
EKH12116	25	2.69±0.15	86.75
	50	3.02±0.32	97.43
	100	3.08±0.26	99.37
	200	2.78±0.11	89.60
EKH12117	25	2.46±0.14##	79.26
	50	2.67±0.08##	86.22
	100	2.29±0.06##	73.82
	200	1.69±0.16##	54.57
EKH12118	25	2.68±0.08##	86.52
	50	2.80±0.11#	90.28
	100	2.27±0.03##	73.14
	200	1.94±0.07##	62.71

注：与空白组比较，#$P<0.05$，##$P<0.01$。

19.3 讨论与小结

LPS 是革兰阴性菌细胞壁最外层的一层较厚的类脂多糖类物质,研究表明在由细菌感染引起的炎症反应中内毒素起着非常重要的作用。LPS 作用于巨噬细胞膜受体后,诱导炎症因子 NO 等的释放,从而导致炎症反应的发生。一氧化氮(NO)作为具有生物活性的气体分子,在传递细胞与细胞之间的信息方面具有重要的地位,NO 的过量生成与炎症密切相关。但是在试验中,由于各种因素的影响,LPS 诱导 RAW264.7 细胞释放 NO 的量不同,细胞状态、细胞培养时间、细胞种板个数、LPS 浓度及血清等都可能对 LPS 诱导 RAW264.7 细胞释放 NO 的量产生影响。构建并应用该体外炎症模型可以很好的筛选和评价药物的抗炎活性。

19.3.1 LPS 诱导小鼠 RAW264.7 细胞炎症模型的建立

上述实验结果表明,培养 RAW264.7 细胞时,用冷的 PBS 更容易消化细胞,便于细胞传代;种板个数多一些更有利于细胞生长,保持细胞形态;传代次数多了细胞会出现老化现象,不可用于建立 LPS 诱导的 RAW264.7 细胞释放 NO 的体外炎症模型,故培养细胞时建议传第三代之前就冻存一批细胞。这是因为有研究发现,细胞发生老化后,细胞内炎性因子的表达量会显著增加。LPS 诱导 RAW264.7 细胞释放的 NO 量存在剂量依耐性,且种板个数为 5×10^4 个/孔时,NO 释放量达最大,LPS 最适浓度为 $1\mu g/mL$。此外,实验结果表明经过血清饥饿的细胞,经过 LPS 刺激后释放 NO 的量更多。血清饥饿法可使细胞同步处于"基态",即细胞的 G0-G1 期,处于该时期的细胞适合用于分析细胞外环境对细胞周期的影响及其作用机制。而不进行血清饥饿的对照组比经过血清饥饿的对照组的 NO 释放量大,可能是由于不进行血清饥饿的对照组,含有的生长因子较多,细胞生长更快,会释放更多的 NO。

19.3.2 圆齿野鸦椿果皮提取物细胞毒性结果及对 NO 的影响

运用前面摸索的 LPS 刺激 RAW264.7 细胞释放 NO 的体外炎症模型,对圆齿野鸦椿果皮不同提取部位不同剂量提取物的抗炎活性进行评价,试验结果表明,LPS 诱导 RAW264.7 细胞的炎症模型建立良好,与 LPS 模型组相比,在 25、50、100、200μg/mL 4 个试验浓度下,有 12 个提取物对 NO 生成的抑制效果较好;其余几个提取物抑制率出现负值或随剂量变化规律不好,没有表现出很好的抗炎效果,甚至会加剧炎症反应。

为了确定抗炎效果较好的提取物不会因为影响细胞增殖而抑制 NO 的生

成,本研究结合 NO 检测结果,对这 12 个提取物进一步采用 MTT 法检查其细胞毒性情况,实验结果显示,EKH1216 抑制 NO 生成的 IC50 为 78.47μg/mL,且各试验浓度下对 RAW264.7 细胞增殖均无显著抑制作用,故选取 50、100 和 200μg/mL 的浓度梯度进行后面的试验。此外,与空白组相比,LPS 模型组细胞存活率显著低于空白组($P<0.01$),说明 RAW264.7 细胞在受到 LPS 刺激后,细胞生长会明显受到抑制。有研究表明,脂多糖浓度依赖性地抑制 RAW264.7 细胞的生长。

综上所述,建立 LPS 诱导 RAW264.7 细胞释放 NO 的体外炎症模型时,首先要注意观察细胞,保持良好的细胞形态,防止细胞出现老化现象;用状态良好的细胞进行试验,试验中需进行血清饥饿处理,LPS 使用时先涡旋 30min,使溶液重悬;本试验中最佳细胞种板个数为 $5×10^4$ 个/孔,LPS 最适浓度为 1μg/mL;EKH1216 最适合选取进行后面的试验,其抑制 NO 生成的 IC50 较小,为 78.47μg/mL,且各实验浓度下对 RAW264.7 细胞增殖均无显著抑制作用。

19.3.3　小　结

不同消化方式及传代次数对 LPS 诱导 RAW264.7 细胞炎症模型的建立有一定的影响。胰酶消化培养的细胞没有用冷的 PBS 消化的细胞的生长形态好,且传代多次后细胞不易消化;RAW264.7 细胞传代 3 次以上会出现细胞老化现象,细胞发生老化后,细胞内炎性因子的表达量会显著增加,不可用于炎症模型的建立。为了更好地建立 LPS 诱导的 RAW264.7 细胞炎症模型,需用冷的 PBS 消化细胞,并使用传代次数不高于 3 次的细胞进行试验。

LPS 浓度和细胞种板个数对 LPS 诱导 RAW264.7 细胞炎症模型的建立有一定的影响。LPS 诱导 RAW264.7 细胞释放 NO 存在剂量依赖性,LPS 最适浓度为 1μg/mL;且种板个数为 $5×10^4$ 个/孔时,NO 释放量达最大。

血清饥饿处理和经 LPS 刺激后能够显著提高 RAW264.7 细胞 NO 释放量,而含血清培养基实验下细胞经 LPS 刺激后 NO 含量升高不明显。不经 LPS 刺激的细胞,NO 释放量为含血清组显著高于血清饥饿组。

NO 检测和 MTT 毒性实验结果显示,EKH1216 抑制 NO 生成的 IC50 较小,为 78.47μg/mL,且各试验浓度下对 RAW264.7 细胞增殖均无显著抑制作用。因此,选取 50、100 和 200μg/mL 的浓度梯度进行后面的试验。

参 考 文 献

宋春娇,吕冰洁,张小玲,等. 血清饥饿法用于细胞周期同步化的方法学研究[J]. 中国地方病学杂志,2003(04):76-78.

孙灰灰. 人老化髓核细胞的炎性因子表达变化分析[D]. 南京:东南大学, 2015.

Biswas S K, Lopez-Collazo E. Endotoxin tolerance: new mechanisms, molecules and clinical significance[J]. Trends Immunol. 2009, 30(10): 475-487.

Lala P K, Chakraborty C. Role of nitric oxide in carcinogenesis and tumour progression[J]. Lancet Oncol. 2001, 2(3): 149-156.

Zhang X, Song Y, Ci X, et al. Ivermectin inhibits LPS-induced production of inflammatory cytokines and improves LPS-induced survival in mice[J]. Inflamm Res, 2008, 57(11): 524-529.

第二十章 圆齿野鸦椿果皮提取物对RAW264.7细胞的抗炎作用

20.1 材料与方法

20.1.1 Western blot 试剂配制

（1）电泳缓冲液：分别称取15.1g Tris碱、72g甘氨酸和5g SDS，用去离子水配制成1000mL的5×电泳缓冲液，实验时稀释成1×电泳缓冲液使用。

（2）电转缓冲液：分别称取15.1g Tris碱和72g甘氨酸，用去离子水配制成1000mL的5×电转缓冲液，实验时先取200mL上述溶液，再加入200mL甲醇，最后加水至1000mL使用。

（3）TBST液：分别加入10mL 1M Tris-HCl pH8.0、8.8g NaCl和1mL Tween-20，加水至1000mL使用。

（4）封闭液：用配好的TBST溶液稀释脱脂奶粉配成含5%脱脂奶粉的封闭液。

20.1.2 SDS-PAGE 凝胶配制

本实验中10%分离胶用得较多，同时8%分离胶用于分离分子量较大的蛋白（80~140kD）、12%分离胶用于分离分子量较小的蛋白（15~40kD）。

表20-1　5%浓缩胶配方

成　分	2mL	3mL	4mL	6mL	8mL	10mL
蒸馏水	1.4	2.1	2.7	4.1	5.5	6.8
30%Acr-Bis(29∶1)	0.33	0.5	0.67	1.0	1.3	1.7
1M Tris,pH6.8	0.25	0.38	0.5	0.75	1.0	1.25
10%SDS	0.02	0.03	0.04	0.06	0.08	0.1
10%过硫酸铵	0.02	0.03	0.04	0.06	0.08	0.1
TEMED	0.002	0.003	0.004	0.006	0.008	0.01

表 20-2　10%分离胶配方

成　分	5mL	10mL	15mL	20mL	30mL	50mL
蒸馏水	1.3	2.7	3.0	4.0	6.0	10.0
30%Acr-Bis(29∶1)	1.7	3.3	6.0	8.0	12.0	20.0
1M Tris,pH8.8	1.9	3.8	5.7	7.6	11.4	19.0
10%SDS	0.05	0.1	0.15	0.2	0.3	0.5
10%过硫酸铵	0.05	0.1	0.15	0.2	0.3	0.5
TEMED	0.002	0.004	0.006	0.008	0.012	0.02

20.1.3　细胞形态观察

（1）设正常组、模型组、实验组：LPS+50、LPS+100、LPS+200μg/mL 剂量组，阴性实验对照组（200μg/mL）和地塞米松阳性对照组（200μg/mL）。

（2）将 RAW264.7 细胞按 $5×10^5$ 个/mL 接种于 $25cm^2$ 的小培养瓶（5mL）中，37℃、5%CO_2 条件下培养。

（3）24h 后去掉旧培养基，用 PBS 清洗 2~3 遍并吸净，用无血清培养基将药物母液稀释到所需浓度，每瓶加 4.5mL。

（4）给药后 2h，模型组、实验组和阳性对照组加入终浓度为 1μg/mL 的 LPS（500μL），正常组和阴性对照组加入等体积无血清培养基，继续培养 20h。

（5）22h 后倒置生物显微镜下观察并拍照。

20.1.4　细胞上清液 PGE_2、IL-6、IL-1β 含量的检测

20.1.4.1　细胞预处理

（1）设正常组、模型组、实验组：LPS+50、LPS+100、LPS+200μg/mL 剂量组和地塞米松阳性对照组（200μg/mL）。

（2）将 RAW264.7 细胞按 $2×10^6$ 个/mL 接种于 $25cm^2$ 的小培养瓶（5mL）中，37℃、5%CO_2 条件下培养。

（3）24h 后去掉旧培养基，用 PBS 清洗 2~3 遍并吸净，用无血清培养基将药物母液稀释到所需浓度，每瓶加 4.5mL。

（4）给药后 2h，模型组、实验组和阳性对照组加入终浓度为 1μg/mL 的 LPS（500μL），正常组加入等体积无血清培养基，继续培养 20h。

（5）取上清液直接进行 ELISA 检测，或将细胞上清液转移到 EP 管中，放入零下 80℃冰箱中保存待测。

20.1.4.2　ELISA 检测

运用酶联免疫吸附测试（ELISA）对细胞上清液 PGE2、IL-6、IL-1β 含量进

行检测的原理相同。本实验按照 ELISA 试剂盒操作,具体步骤如下:

(1)从 4℃冰箱中取出试剂盒,置于室温 15~30min 备用。

(2)加样:分别设置空白对照孔(不加样品和酶标试剂,其余操作与待测样品孔相同)、标准品孔和待测样品孔。先分别在标准品孔中加入 50μL 的标准品;再分别往待测样品孔中加入 40μL 的样品稀释液和 10μL 的待测样品。加样时尽量将样品加于酶标板孔底部,轻摇酶标板混匀。

(3)加酶:除空白对照孔外,其余处理孔每孔加入 100μL 的酶标试剂。

(4)温育:用封板膜封板后置于培养箱中 37℃温育 60min。

(5)配液:用蒸馏水稀释 20 倍浓缩洗涤液备用。

(6)洗涤:去掉封板膜,将酶标板中的液体全部倾倒干净,往酶标板中加入稀释好的洗涤液,加满酶标孔,静置 30s 后将洗涤液弃掉,洗涤 5 次后于滤纸上拍干。

(7)显色:酶标孔中先后加入显色剂 A 和 B 各 50μL,轻轻晃匀,置于培养箱中 37℃避光显色 15min。

(8)终止:酶标孔中加入 50μL 的终止液,终止反应,实验过程中注意观察显色情况,防止反应过度。

(9)测定:以空白孔调零,450nm 波长下检测每孔的吸光值情况(OD 值),终止反应后 15min 内完成检测工作。

(10)整理各实验组的数据,制作标准曲线,计算出各个样本的浓度。实验重复 3 次,均以平均数±标准差($\bar{x}\pm s$)表示。

20.1.5　荧光定量 PCR 检测相关炎症因子 mRNA 表达

20.1.5.1　细胞预处理

(1)设正常组,模型组,实验组:LPS+50、LPS+100、LPS+200μg/mL 剂量组,地塞米松阳性对照组(200μg/mL)。

(2)用含血清的 DMEM 培养基稀释细胞种板,取对数期细胞按每瓶 6×10^5 个/mL 接种到小培养瓶中,每瓶 5mL,37℃、5% CO_2 条件下培养 24h 后去掉旧培养基。

(3)用不含血清的 DMEM 培养基稀释药物至实验浓度。实验组每瓶加药 4.5mL,正常组和模型组加相应体积的无血清 DMEM 培养基,给药 2h 后模型组和实验组再加入终浓度为 1μg/mL 的 LPS 各 500μL,正常组加入等体积的无血清培养基,继续培养 20h 后提取 RNA。

20.1.5.2　细胞 RNA 提取

本实验采用北京全式金公司的 TransZol Up Plus RNA Kit 提取试剂盒,具体操作步骤如下:

(1) 倒出培养液,用 1×PBS 漂洗 2~3 遍,倒出 PBS 并尽量吸干净。

(2) 向每个培养瓶中加入 1mL TransZolTM Up 裂解样品,用移液枪吹打细胞使其脱落,转移到 EP 管中,用移液枪多次吹打至无明显沉淀,室温静置 5min。

(3) 每使用 1mL TransZolTMUp,加 0.2mL 氯仿,剧烈振荡 30s,室温孵育 3min。

(4) 10000r/min,4℃ 离心 15min。此时样品分成三层,上层无色水相,中间层,下层粉红色有机相,RNA 在水相中,水相体积约为所用 TransZolTM Up 试剂的 50%~60%。

(5) 转移无色水相于新的离心管中,加入等体积的无水乙醇,轻轻颠倒混匀。

(6) 转移溶液及沉淀于离心柱中,12000r/min 室温离心 30s,弃掉流出液。

(7) 加 500μL CB9,室温 12000r/min 离心 30s,弃掉流出液。

(8) 重复步骤 7 一次。

(9) 加入 500μL WB9(使用前加入无水乙醇),室温 12000r/min 离心 30s,弃掉流出液。

(10) 重复步骤 9 一次。

(11) 室温 12000r/min 离心 2min,除尽离心柱中残留的乙醇,在室温下静置数分钟使其晾干。

(12) 将离心柱放入 RNase-free Tube 中,加 50~200μL RNase-free Water 在离心柱的中央,室温静置 1min。

(13) 室温 12000r/min 离心 1min,洗脱 RNA。

(14) RNA 于零下 20℃ 存放备用。

(15) 取 1μL RNA 用超微量分光光度计仪器测定其纯度和浓度,A260/A280 在 2.10 左右,即可准备进行接下来的实验。

20.1.5.3 第一链 cDNA 合成和 gDNA 去除(RNA 反转录 cDNA)

本实验采用北京全式金公司的 TransScriptR ALL-in-One First-Strand cDNA Synthesis SuperMix for qPCR(One-Step gDNA Removal)逆转录试剂盒,具体操作步骤如下:

(1) 按表 20-3 在 200μL PCR 小管中配制如下混合液。

(2) 轻轻混匀,42℃ 孵育 15min。

(3) 85℃ 加热 5s 失活 TransScript RT/RI 和 gDNA Remover。

表 20-3 逆转录体系

试剂	使用量
Total RNA	≤1μg
5×*TransScript*R ALL-in-One SuperMix for qPCR	4μL

(续)

试　剂	使用量
gDNA Remover	1μL
RNase-free Water	to 20μL

20.1.5.4　荧光定量引物设计

按照荧光定量引物设计原则,以小鼠 GAPDH 为内参基因,设计炎症相关基因 iNOS、COX-2、TNF-α、IL-6、IL-1β 的引物,并以得到的 cDNA 为模板,采用1%琼脂糖凝胶电泳相互验证 cDNA 及所设计的目标基因引物是否可用于荧光定量 PCR 实验。引物信息见表20-4。

表20-4　荧光定量 PCR 引物序列表

基　因	上游引物	下游引物
iNOS	TCACGCTTGGGTCTTGTTCA	CCTTTCCTCTTTCAGGTCACTT
COX-2	CTGCCAATAGAACTTCCAATCC	CGGTTTGATGTTACTGTTGCTT
TNF-α	ATGAGCACTGAAAGCATGATCC	GAGGGCTGATTAGAGAGAGGTC
IL-6	CCACACAGACAGCCACTCAC	AGGTTGTTTTCTGCCAGTGC
IL-1β	GCTTCAGGCAGGCAGTAT	ACAAACCGCTTTTCCATCT
GAPDH	GAAGGTGAAGGTCGGAGT	CATGGGTGGAATCATATTGGAA

20.1.5.5　cDNA 扩增为目的 DNA 双链(RT-qPCR)

实验采用北京全式金公司的 TransStartR Top Green qPCR SuperMix 试剂盒,在冰上配制反应液时,一定要避免强光直接照射。配制10μL 反应体系,见表20-5。

表20-5　反应体系

试　剂	使用量
cDNA(Template)	1μL
Forward Primer(10μM)	0.2μL
Reverse Primer(10μM)	0.2μL
2×TransStart^R Top Green qPCR SuperMix	5μL
ddH$_2$O	3.6μL
Total	10μL

微孔板需先用微孔板迷你离心机离心去气泡,溶解曲线反应条件为95℃变性5s,62℃退火30s,40个循环。实验结束后,采用系统自带软件图像处理分析,

基因的相对表达量采用 2-ΔΔCt 法计算：

ΔCt(目标基因) = Ct(实验组目标基因) - Ct(对照组目标基因)

ΔCt(内参基因) = Ct(实验组内参基因) - Ct(对照组内参基因)

$\Delta\Delta Ct$ = ΔCt(目标基因) - ΔCt(内参基因)

数据均以平均数±标准差($\bar{x}\pm s$)表示。

20.1.6 Western Blot 检测相关炎症因子及炎症通路相关蛋白表达

20.1.6.1 细胞预处理

细胞预处理方法同本章 20.1.4.1。

20.1.6.2 细胞总蛋白提取

(1) 去掉旧培养基，1×PBS 润洗 2~3 次，倒出 PBS 并尽量吸净。

(2) 向每个细胞瓶中加入 1mL 的 TPEB，10μL 蛋白酶抑制剂和 10μL 磷酸酶抑制剂，用力摇晃细胞瓶 15s 后，平放于冰上裂解 30min，期间每 10min 摇匀一次。

(3) 4℃，12000r/min 离心 15min(离心机要事先预冷)，收集上清液于新的 EP 管中，进行蛋白浓度的测定。

20.1.6.3 蛋白浓度的测定

本实验采用凯基生物的 Bradford 蛋白含量检测试剂盒，是由于考马斯亮蓝与蛋白质结合显蓝色，在 595nm 波长处有较高的吸收值，同时在一定范围内与蛋白质的含量呈很好的线性关系。实验具体操作步骤如下：

(1) 标准曲线的绘制：设置标准品孔，每孔加入 195μL 的考马斯亮蓝 G-250 溶液，再依次加入去离子水 5、4、3、2、1、0μL 和 0、1、2、3、4、5μL 蛋白标准溶液(1μg/μL)。

(2) 加样：取部分样品，将样品稀释至合适浓度，在待测样品孔中先加入 195μL 考马斯亮蓝 G-250 溶液，再加入 5μL 稀释好的待测样品。

(3) 将酶标板振荡 30s，静置 2min 后再次振荡，595nm 波长下比色，记录吸光值，绘制标准曲线。

(4) 根据测得的样品吸光值及绘制的标准曲线，可以得出样品的蛋白质含量(μg)，然后除以所加样品稀释液总体积(5μL)，乘以稀释样品时的倍数，得到蛋白样品的实际浓度后，按 60μg 的电泳上样量计算上样体积。

(5) 将之前提取的蛋白样品转移到新的 EP 管中，同时加入蛋白样品 1/4 体积的 5×电泳上样缓冲液，煮沸 5~10min，室温冷却后立即进行 SDS-PAGE 电泳或于零下 20℃存放备用。

20.1.6.4 蛋白样品的 SDS-PAGE 电泳

(1) 清洗并安装好配胶用的玻璃板，于玻璃板槽中加满水，检查密封性。

(2)根据所测蛋白的分子量配制不同浓度的分离胶(查表具体配制),将玻璃槽中的水倒掉,用 1mL 移液枪将配好的胶加到玻璃板中。

(3)在胶液上加一层乙醇,待分离胶凝固后将乙醇倒出。

(4)配制 5% 浓缩胶(查表具体配制),用 1mL 移液枪加到分离胶上层至玻璃板顶端,插入梳子(注意不要有气泡)。

(5)待浓缩胶凝固后,将玻璃板安装到电泳槽中,轻轻倒入 1×电泳缓冲液(板里面先加满,再加槽里面),然后缓慢拔出预制胶梳子,注意尽量不要有气泡产生。

(6)中间取蛋白样品按计算的上样体积加入样品槽中,左侧加入 5μL 蛋白标准品,接通电源,先以电压 80V 进行电泳,使样品压缩在浓缩胶底部,待样品刚进入分离胶或蛋白标准品开始分层后将电压升至 120V,当溴酚蓝刚刚到达胶板底部时停止。

20.1.6.5 转 膜

(1)PVDF 膜在预处理前可用圆珠笔在左上角写上所转蛋白名称,便于后期操作。

(2)切胶与剪膜:若只有一板胶,则用整张膜转整块胶(包含所需蛋白即可),在一抗孵育前,将其剪开;或按所需蛋白条带的位置剪取合适宽度的 PVDF 膜;若为两块及以上胶板,可采用切胶法,将包含所需蛋白的相应位置的凝胶切下,置于电转缓冲液中,按蛋白大小放于一起,再将其同转在同一个整膜上。

(3)转膜前,将 PVDF 膜先用甲醇浸泡 1min,再浸泡于电转缓冲液中 5min 左右,滤纸和海绵于电转缓冲液中浸湿。

(4)在夹子黑色一面上依次放置:一张海绵、两张滤纸、凝胶、PVDF 膜、两张滤纸、一张海绵,可用玻璃棒赶出滤纸中的气泡,盖上并扣紧夹子,接通电源,100V 恒压转膜,转膜时间根据所转蛋白大小确定。

20.1.6.6 免疫反应

(1)封闭:转膜完成之后将 PVDF 膜取出,直接放入含 5% 脱脂奶粉的 TBST 溶液中或 5%BSA 封闭液中,室温振荡封闭 0.5~1h。

(2)一抗孵育:将封闭好的 PVDF 膜放入 TBST 溶液中,室温振荡 5min,共 3 次;用 5% 脱脂奶粉或一抗稀释液稀释一抗,将润洗好的 PVDF 膜放入装有一抗的杂交袋中,室温振荡孵育 2h 或 4℃孵育过夜。

(3)二抗孵育:将孵育好一抗的 PVDF 膜放入 TBST 溶液中,室温振荡 5min,共 3 次;用 5% 脱脂奶粉稀释辣根过氧化物酶标记的二抗,二抗使用前需要看清楚所对应的一抗是什么种属,兔源还是鼠源,将洗好的 PVDF 膜放入二抗中室温振荡孵育 1h。

20.1.6.7 ECL 化学发光,显影

(1)将孵育过二抗的 PVDF 膜放入 TBST 溶液中,室温振荡 5min,共 3 次。

(2)按照说明书将化学发光剂和增强剂 1∶1 混合,现配现用,将膜取出,沥干洗液但不要让膜完全干燥,将膜完全浸到发光液中,孵育 1min 准备压片,依情况确定压片时间。

20.2 结果与分析

20.2.1 细胞形态

RAW264.7 细胞具有很强的黏附能力和抗原吞噬能力,它的理想形态是圆形透亮,较少伪足和类似触角一样的东西。细胞形态观察实验结果发现[图 20-1(见彩图)、图 20-2(见彩图)],RAW264.7 细胞受到 LPS 刺激后,空白对照组细胞与阴性对照组细胞形态相似,为圆形或椭圆形,细胞密集且贴壁良好。LPS 模型组细胞数相对较少,细胞呈菱形或梭形,且伪足较多。与 LPS 模型组相比,地塞米松阳性对照组细胞形态改变相类似,但细胞形态改变程度低于模型组。实验组不同浓度下,细胞形态多为圆形或椭圆形,细胞伪足较少,且浓度越高,细胞形态越好,细胞形态越接近空白组。实验结果表明 RAW264.7 细胞受到 LPS 刺激后,细胞生长受抑制,并且由于吞噬了外来物质,细胞形态发生明显改变。同时圆齿野鸦椿果皮提取物可以很好的改善细胞形态改变的情况,具有一定的剂量依赖性且改善效果较地塞米松阳性药好。

20.2.2 圆齿野鸦椿果皮提取物对 PGE2、IL-6、TNF-α 含量的影响

与空白对照组比较,LPS 模型组细胞上清液中 PGE2 释放量显著增加($P<0.01$)。与 LPS 模型组相比,EKH1216 各剂量组对 LPS 诱导的 RAW264.7 细胞 PGE2 释放量均有显著抑制作用($P<0.01$),且呈剂量依赖关系。与 LPS 模型组比较,地塞米松阳性对照组对 PGE2 释放量具有显著抑制作用($P<0.01$);与 EKH1216 各剂量组比较,当药物浓度均为 200μg/mL 时,地塞米松阳性对照组对 PGE2 释放量的抑制作用低于 EKH1216 剂量组,但两者差异不显著($P>0.05$),见表 20-6。

表 20-6 EKH1216 对 LPS 诱导的 RAW264.7 细胞释放 PGE2 的影响($\bar{x}\pm s$,$n=3$)

组别	质量浓度(μg/mL)	PGE$_2$(pg/mL)	抑制率(%)
空白对照	—	182.81±8.89eE	—
LPS 模型	—	481.16±8.53aA	—

(续)

组别	质量浓度(μg/mL)	PGE$_2$(pg/mL)	抑制率(%)
LPS+地塞米松对照	200	245.21±4.80dD	49.04
LPS+EKH1216	200	232.00±12.91dD	51.78
	100	320.37±6.16cC	33.42
	50	371.84±8.53bB	22.72

注:小写字母表示各组别之间差异达0.05显著水平;大写字母表示各组别之间差异达0.01显著水平。

由结果可知,与空白对照组比较,RAW264.7细胞在受到LPS刺激后,细胞上清液中IL-6释放量显著增加($P<0.01$)。与LPS模型组相比,EKH1216各剂量组对LPS诱导的RAW264.7细胞IL-6释放量均有显著抑制作用($P<0.01$),且呈剂量依赖关系。与LPS模型组比较,地塞米松阳性对照组对IL-6释放量具有显著抑制作用($P<0.01$);与EKH1216各剂量组比较,当药物浓度均为200μg/mL时,地塞米松阳性对照组对IL-6释放量的抑制作用低于EKH1216剂量组,但两者差异不显著($P>0.05$)。见表20-7。

表20-7 EKH1216对LPS诱导的RAW264.7细胞释放IL-6的影响($\bar{x}\pm s$, $n=3$)

组别	质量浓度(μg/mL)	IL-6(pg/mL)	抑制率(%)
空白对照	—	30.36±1.02eE	—
LPS模型	—	103.31±3.16aA	—
LPS+地塞米松对照	200	61.67±2.96dCD	40.30
LPS+EKH1216	200	56.90±2.91dD	44.91
	100	69.38±1.61cC	32.83
	50	81.75±1.23bB	20.86

注:小写字母表示各组别之间差异达0.05显著水平;大写字母表示各组别之间差异达0.01显著水平。

见表20-8,空白对照组细胞上清液中TNF-α的质量浓度为323.67pg/mL,经过LPS刺激后,细胞释放大量的TNF-α(627.21 pg/mL),两者相比差异显著($P<0.01$)。与LPS模型组相比,EKH1216各剂量组对LPS诱导的RAW264.7细胞TNF-α释放量均有显著抑制作用($P<0.01$),且具有良好的剂量依赖性。与LPS模型组比较,地塞米松阳性对照组对TNF-α释放量具有显著抑制作用($P<0.01$);与EKH1216各剂量组比较,当药物浓度均为200μg/mL时,地塞米松阳性对照组对TNF-α释放量的抑制作用低于EKH1216剂量组,但两者差异不显著($P>0.05$)。

表 20-8　EKH1216 对 LPS 诱导的 RAW264.7 细胞释放 TNF-α 的影响（$\bar{x}\pm s$，$n=3$）

组别	质量浓度(μg/mL)	TNF-α(pg/mL)	抑制率(%)
空白对照	—	323.67±10.59dD	—
LPS 模型	—	627.21±16.36aA	—
LPS+地塞米松对照	200	396.59±7.77cC	36.77
LPS+EKH1216	200	373.41±11.04cC	40.46
	100	467.24±11.29bB	25.50
	50	492.68±15.76bB	21.45

注：小写字母表示各组别之间差异达 0.05 显著水平；大写字母表示各组别之间差异达 0.01 显著水平。

20.2.3　圆齿野鸦椿果皮提取物对相关炎症因子核酸水平的影响

由 RT-qPCR 溶解曲线图（图 20-3，见彩图）可见，图中最左侧峰代表 iNOS，中间的峰代表 COX-2，右侧的峰为内参 GAPDH。均为单一峰，没有出现杂峰，说明引物设计合理，无引物二聚体引起的非特异性产物合成。

各组 RAW264.7 小鼠巨噬细胞 COX-2 mRNA 的表达如图 20-4。RAW264.7 细胞经 LPS 刺激后，与正常对照组相比较，COX-2 mRNA 表达水平显著升高（$P<0.01$），说明 COX-2 参与炎症的发生发展，并在其发病过程中过度表达；EKH1216 给药组各剂量组治疗后，与 LPS 模型组相比，COX-2 mRNA 表达量均明显降低，且差异显著（$P<0.05$ 或 $P<0.01$），说明圆齿野鸦椿果皮提取物可以减轻 LPS 诱导的 RAW264.7 细胞炎症反应；EKH1216 各给药组与地塞米松阳性对照药相比，100μg/mL 和 200μg/mL mRNA 表达量较高，但差异不显著（$P>0.05$），表明 EKH1216 在浓度为 100μg/mL 和 200μg/mL 时，降低炎症细胞 COX-2 mRNA 表达的效果与地塞米松相近。

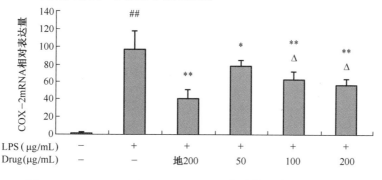

图 20-4　EKH1216 对 COX-2 mRNA 表达的影响（$n=3,\bar{x}\pm s$）

注：与正常对照组相比，##$P<0.01$；与 LPS 模型组相比，*$P<0.05$，**$P<0.01$；与地塞米松组相比，Δ$P>0.05$

正常对照组 RAW264.7 小鼠巨噬细胞 IL-1β mRNA 微弱表达。LPS 模型组 IL-1β mRNA 急剧增加($P<0.01$),经过 EKH1216 给药处理后,IL-1β mRNA 表达量得到显著抑制($P<0.01$),尤其是 100μg/mL 和 200μg/mL 浓度下,抑制效果与阳性对照药地塞米松相近,差异不具有统计学意义($P>0.05$),如图 20-5。

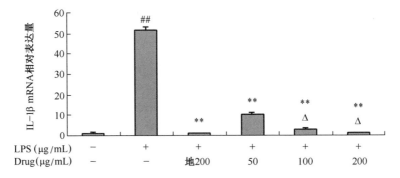

图 20-5　EKH1216 对 IL-1β mRNA 表达的影响($n=3, \bar{x} \pm s$)

注:与正常对照组相比,##$P<0.01$;与 LPS 模型组相比,**$P<0.01$;与地塞米松组相比,Δ$P>0.05$

RAW264.7 小鼠巨噬细胞经 1μg/mL LPS 刺激后,与正常对照组比较,IL-6 mRNA 表达水平升高到 $38.69±1.48$($P<0.01$)(图 20-6);IL-6 mRNA 的表达水平随着 EKH1216 给药剂量的增加逐步降低,且与 LPS 模型组比较,细胞经 EKH1216 给药处理后 IL-6 mRNA 的表达均显著降低($P<0.01$)。EKH1216 给药剂量为 200μg/mL 时作用效果与地塞米松相近,差异不显著($P>0.05$)。

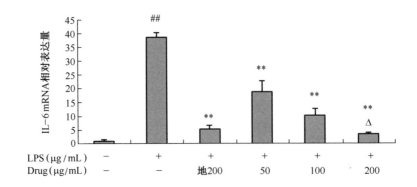

图 20-6　EKH1216 对 IL-6 mRNA 表达的影响($n=3, \bar{x} \pm s$)

注:与正常对照组相比,##$P<0.01$;与 LPS 模型组相比,**$P<0.01$;与地塞米松组相比,Δ$P>0.05$

如图 20-7,在未受到刺激的状态下,iNOS mRNA 少量表达,LPS 处理后,iNOS mRNA 表达量明显增加($P<0.01$)。实验组随着 EKH1216 给药剂量的增加,iNOS mRNA 的表达量呈降低趋势,200μg/mL 剂量下达到最小值,且此时与

阳性对照药地塞米松的差异无统计学意义（$P>0.05$），表明 EKH1216 药物在 200μg/mL 剂量时抑制 iNOS mRNA 表达的作用效果与地塞米松相当。与此同时，与 LPS 模型组比较，EKH1216 各剂量组对 iNOS mRNA 表达的抑制作用均具有统计学意义（$P<0.01$）。

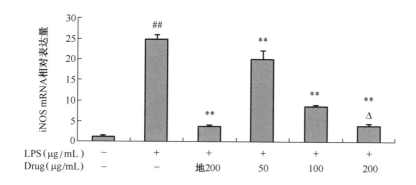

图 20-7　EKH1216 对 iNOS mRNA 表达的影响（$n=3, \bar{x}\pm s$）

注：与正常对照组相比，##$P<0.01$；与 LPS 模型组相比，**$P<0.01$；与地塞米松组相比，Δ$P>0.05$

不同处理组 TNF-α mRNA 相对表达量的分析结果如图 20-8。LPS 模型组的 TNF-α mRNA 相对表达量与正常组相比较，具有统计学意义（$P<0.01$）；EKH1216 各剂量组与 LPS 模型组比较，当剂量为 100μg/mL 和 200μg/mL 时，具有显著差异（$P<0.05$）；与 LPS 模型组相比，地塞米松阳性对照药对 TNF-α mRNA 相对表达量具有非常明显的抑制效果，差异极显著（$P<0.01$）；此外，EKH1216 各剂量组与地塞米松阳性对照组均无显著差异（$P>0.05$），表明 EKH1216 各剂量在 TNF-α mRNA 相对表达量的抑制方面与地塞米松效果相当。

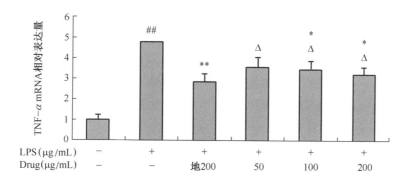

图 20-8　EKH1216 对 TNF-α mRNA 表达的影响（$n=3, \bar{x}\pm s$）

注：与正常对照组相比，##$P<0.01$；与 LPS 模型组相比，*$P<0.05$，**$P<0.01$；与地塞米松组相比，Δ$P>0.05$

20.2.4 圆齿野鸦椿果皮提取物对相关炎症因子和通路蛋白含量的影响

20.2.4.1 EKH1216 对 IL-1β、COX-2 和 iNOS 蛋白的影响

由 Western blot 结果(图 20-9、图 20-10)可知,RAW264.7 细胞中 IL-1β/β-actin 相对表达量为 35.18±8.03,COX-2/β-actin 相对表达量为 0.11±0.00,NOS2/β-actin 相对表达量为 44.45±15.03。模型组中,RAW264.7 细胞中 IL-1β/β-actin 相对表达量为 94.44±5.56,COX-2/β-actin 相对表达量为 96.67±4.84,NOS2/β-actin 相对表达量为 55.93±17.23;与正常组相比,IL-1β 和 COX-

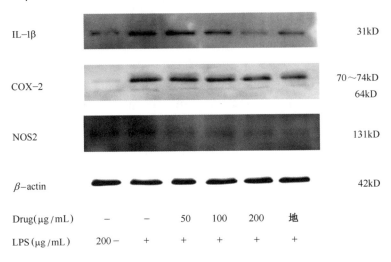

图 20-9 IL-1β、COX-2 和 iNOS 蛋白表达水平的条带图

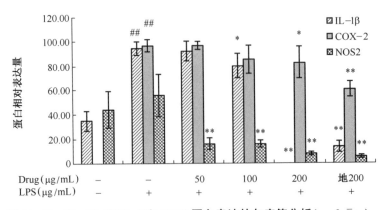

图 20-10 IL-1β、COX-2 和 iNOS 蛋白表达的灰度值分析($n=3,\bar{x}\pm s$)

注:与空白对照组比较,##$P<0.01$;与 LPS 模型组比较,*$P<0.05$,**$P<0.01$

2 的表达量均显著升高($P<0.01$),iNOS 的表达量升高但不显著。经 EKH1216 各剂量给药处理后,与模型组相比较,NOS2 表达量显著降低($P<0.01$),且呈明显的量效关系;在 100μg/mL 和 200μg/mL 浓度下,IL-1β 表达量显著降低($P<0.05$ 和 $P<0.01$);只有在 200μg/mL 浓度下,COX-2 的表达量显著降低($P<0.05$)。由此可以看出,NOS2 蛋白在正常情况下表达较多,EKH1216 各剂量组均可显著抑制 LPS 诱导的 RAW264.7 小鼠巨噬细胞中 NOS2 的表达,较高浓度的 EKH1216 能显著抑制 IL-1β 和 COX-2 蛋白的表达。

20.2.4.2　EKH1216 对 NF-κB 信号通路的影响

由结果可见(图 20-11、图 20-12),NF-κB 通路中 p65 蛋白在空白对照组 RAW264.7 细胞中少量表达,在被 LPS 刺激后,模型组比正常组条带明显变深,表明 RAW264.7 细胞中 p65 蛋白表达增加,且与空白组相比差异显著。经 EKH1216 各剂量给药处理后,与模型组相比较,p65 表达量均显著降低($P<0.01$),且呈明显的量效关系。此外,LPS 刺激后 RAW264.7 细胞中 P-p65 蛋白表达显著高于空白组($P<0.01$)。EKH1216 各剂量给药处理后,与模型组相比较,P-p65 表达量均显著降低($P<0.05$ 或 $P<0.01$),且呈明显的量效关系。表明 LPS 刺激可以加强 NF-κB 通路中 p65 和 P-p65 的表达,EKH1216 三个浓度均能抑制 LPS 诱导的 NF-κB 通路中 p65 和 P-p65 的蛋白表达。

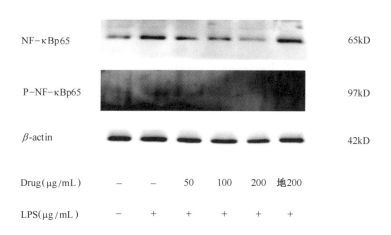

图 20-11　NF-κBp65 和 P-NF-κBp65 蛋白表达水平的条带图

20.2.4.3　EKH1216 对 MAPKs 信号通路的影响

在 MAPKs 通路中,当 RAW264.7 小鼠巨噬细胞被 LPS 刺激后,各模型组蛋白表达量均比正常组和阳性对照组高(图 20-13、图 20-14)。在 p38 MAPK 信号通路中,p38 和 P-p38 各实验组的条带明显比 LPS 模型组细,且灰度值分析结果显示,与模型组相比 EKH1216 三个浓度均具有显著差异($P<0.01$)。表明

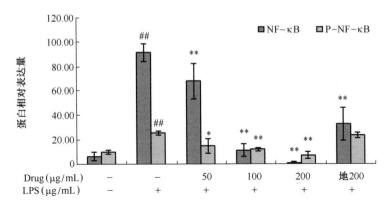

图 20-12　NF-κB 信号通路蛋白表达的灰度值分析（$n=3, \bar{x} \pm s$）

注：与空白对照组比较，##$P<0.01$；与 LPS 模型组比较，*$P<0.05$，**$P<0.01$

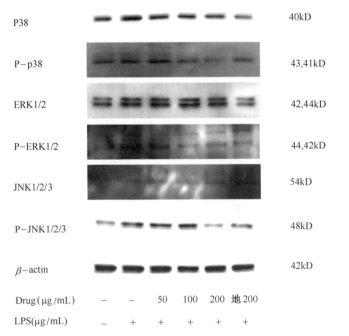

图 20-13　p38、P-p38、ERK1/2、P-ERK1/2、JNK1/2/3 和 P-JNK1/2/3
蛋白表达水平的条带图

EKH1216 可以抑制 p38 MAPK 信号通路蛋白的表达。

在 ERK 通路中，在被 LPS 刺激过的组别中，ERK1/2 的含量明显增高，模型组和实验组之间无显著变化，条带粗细分布不明显；LPS 刺激后，P-ERK1/2 的表达明显升高，给药处理后，P-ERK1/2 的表达随 EKH1216 给药剂量增加而显

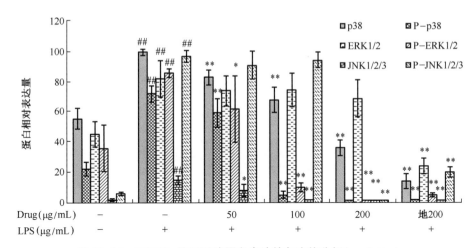

图 20-14　MAPKs 信号通路蛋白表达的灰度值分析（$n=3, \bar{x}\pm s$）

注：与空白对照组比较，##$P<0.01$；与 LPS 模型组比较，*$P<0.05$，**$P<0.01$

著降低，条带明显变细变浅。表明 EKH1216 对 P-ERK1/2 的表达有一定的抑制作用，而对 ERK1/2 的表达无影响。

在 JNK 通路中，JNK1/2/3 的表达水平随 EKH1216 给药剂量的增加而显著降低（$P<0.05$ 或 $P<0.01$）；LPS 刺激后，P-JNK1/2/3 的表达量显著升高，且模型组与 50μg/mL 和 100μg/mL 浓度组之间无显著差异，在 200μg/mL 浓度时差异显著。由此表明 EKH1216 在一定范围浓度时可以抑制 JNK 通路蛋白的表达。

20.2.4.4　EKH1216 对 JAK/STAT 信号通路的影响

结果如图 20-15 和图 20-16 所示，RAW264.7 小鼠巨噬细胞经 1μg/mLLPS 刺激后，STAT1 蛋白相对表达量由空白对照组的 12.22±4.84 升高至 41.48±5.01、P-STAT1 蛋白相对表达量由对照组的 23.33±1.60 升高至 34.81±2.98、STAT3 蛋白相对表达量由空白对照组的 1.50±0.62 升高至 93.33±2.94、P-STAT3 蛋白相对表达量由对照组的 1.85±1.28 升高至 34.08±5.70。EKH1216 给药后，与模型组相比，在 100μg/mL 和 200μg/mL 浓度下，STAT1 蛋白表达水平差异极显著（$P<0.01$），表明 EKH1216 在一定浓度范围时可以抑制 STAT1 蛋白的表达；各剂量浓度下，P-STAT1 蛋白表达水平与模型组相比差异无统计学意义，表明 EKH1216 对 P-STAT1 蛋白表达无影响；各剂量浓度下，STAT3 蛋白表达水平与模型组相比差异均显著（$P<0.05$ 或 $P<0.01$），证明 EKH1216 对 STAT3 蛋白表达有影响；与模型组相比，在 100μg/mL 和 200μg/mL 浓度下，P-STAT3 蛋白表达水平差异具有显著性（$P<0.05$），表明 EKH1216 对 P-STAT3 蛋白表达有影响。

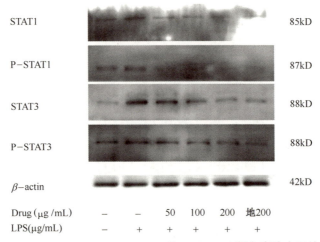

图 20-15　STAT1、P-STAT1、STAT3 和 P-STAT3 蛋白表达水平的条带图

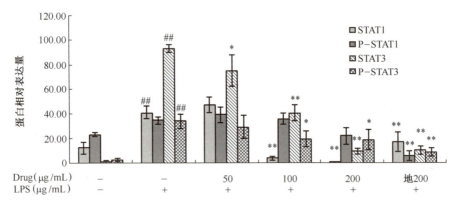

图 20-16　JAK/STAT 信号通路蛋白表达的灰度值分析（$n=3, \bar{x}\pm s$）

注：与空白对照组比较，##$P<0.01$；与 LPS 模型组比较，*$P<0.05$，**$P<0.01$

20.3　讨论与小结

近年来的研究结果显示野鸦椿具有很好的抗炎作用和效果。董玫等（2004）从野鸦椿枝叶的甲醇提取物中分离得到 3 个结构相似的脂类化合物，其中化合物 1 和 3 在脂氧酶活性抑制实验及角叉菜胶诱导的大鼠足趾肿胀实验中表现出较强的抗炎活性。野鸦椿水提物中、高剂量对角叉菜胶和蛋清诱导的大鼠足跖肿胀、二甲苯导致的小鼠耳肿胀、急性炎症导致的皮肤及腹腔毛细血管通透性有显著抑制效果。圆齿野鸦椿又叫福建野鸦椿。与野鸦椿的主要区别在于小叶边缘具有圆锯齿，冬天不会落叶，果皮为肉质，其余特征都与野鸦椿较为相

似。我们发现,圆齿野鸦椿种子和果皮的水提物、醇提物及其各萃取部分在二甲苯诱导的小鼠耳肿胀炎症模型和伊文思蓝引起的小鼠毛细血管通透性模型中均具有一定的抑制作用。这些例子说明,圆齿野鸦椿的抗炎效应与作用可以进一步去研究与开发。

炎症是机体对外来病菌、有害刺激或物理损害等引起的一种组织学适应性反应,是机体的一种防御机制,是许多疾病共有的基本病理过程。过度的炎症反应的防御机制会有所失调,甚至会演变成慢性或持久性疾病。在炎症发生过程中,巨噬细胞扮演着极为重要的角色,巨噬细胞能够被LPS刺激所激活。LPS经细菌释放,通过TLR4受体介导,使得炎症信号通路被激活,从而诱导大量炎症因子的合成与释放,如NO、PGE2等炎症介质以及TNF-α、IL-6等促炎细胞因子,随后机体会出现一连串的炎症反应。因此,LPS作为诱导剂激活巨噬细胞产生炎症反应常常用来评价药物的抗炎活性情况。

本研究通过圆齿野鸦椿果皮提取物对脂多糖诱导的小鼠巨噬细胞RAW264.7细胞形态变化、相关炎症细胞因子以及对炎症相关通路的影响,进一步研究圆齿野鸦椿的抗炎效果及作用机制。

20.3.1 细胞形态学变化

RAW264.7小鼠腹腔巨噬细胞是实验室常用的一种细胞。该细胞株具有很强的黏附和吞噬抗原的能力,接触变异源后会呈现出一种分化状态,此外,由于细胞吞噬外来物质释放出趋化因子,趋化因子促使细胞伪足延伸,增强细胞黏附攀爬能力,细胞形态多由小圆形变为有细长伪足和类圆形。由实验观察结果可知,正常组和阴性对照组细胞分布及形态差异不大,表明只加EKH1216药物对细胞生长增殖没有影响;模型组细胞数量和细胞形态与正常组相比差异明显,表明RAW264.7细胞在受到LPS刺激后,细胞生长受抑制,由于吞噬了外来物质,进而使自身细胞形态发生明显改变。而且圆齿野鸦椿果皮提取物能很好地改善细胞形态改变的情况。

20.3.2 圆齿野鸦椿果皮提取物对PGE2、COX-2和iNOS的影响

PGE2是环加氧酶作用于花生四烯酸后的主要产物之一,是炎症过程密切相关的重要介质,通过自分泌或旁分泌的形式发挥其生物学功能。在体内,PGE2具有强烈的促炎作用,它不仅可以增加血流和血管通透性外,而且是中枢性致热源和炎性疼痛因子。COX-2和iNOS则是PGE2和NO合成的上游关键酶,其表达差异会直接限速下游PGE2和NO的产生。COX-2在正常组织中表达很少,但在炎性细胞中表达较多,是一个典型的炎症因子。目前,调节NO的

合成及其诱导型合成酶 iNOS 的表达被认为是治疗炎症疾病的重要手段。本实验中发现，与空白组相比，LPS 模型组细胞上清液中炎症介质 PGE2 的浓度显著升高。然而，与 LPS 模型组相比较，EKH1216 呈剂量依赖性地抑制 LPS 诱导的 RAW264.7 细胞上清液中炎症介质 PGE2 的产生。EKH1216 对 COX-2 和 iNOS 的 mRNA 水平的影响研究结果显示，LPS 刺激后，细胞中 COX-2 和 iNOS 的 mRNA 水平显著升高，经过不同浓度的 EKH1216 处理后，COX-2 和 iNOS 的 mRNA 水平显著降低，且呈剂量依赖性关系；EKH1216 对 COX-2 和 iNOS 的蛋白表达的影响研究结果与 qRT-PCR 结果一致，不同的是，COX-2 蛋白表达仅在高浓度时显著降低。这些结果证明 EKH1216 是通过抑制 COX-2 和 iNOS mRNA 的生成，进而抑制 COX-2 和 iNOS 蛋白的表达，最终表现为 PGE2 和 NO 的合成降低。

20.3.3 圆齿野鸦椿果皮提取物对 TNF-α、IL-1β 和 IL-6 的影响

细胞因子被认为是炎性应答中重要的引发因子，炎症相关疾病的特征是炎症因子的过量表达。TNF-α、IL-1β 和 IL-6 均为常见的促炎细胞因子，一般情况下表达量较低，当炎症发生时，它们的表达水平会显著升高。TNF-α 是一种主要由单核-巨噬细胞分泌的前炎症细胞因子，在调节炎症反应中起关键作用，过量的 TNF-α 会加重炎症损伤和诱导其他细胞因子的生成，它能刺激单核-巨噬细胞合成 IL-1β、IL-6 等细胞因子及 TNF 本身，它能参与和调控多条炎症相关通路的开放与运行。IL-β 是单核细胞产生的参与机体免疫反应的一种细胞因子，可激活免疫细胞级联反应，导致中性粒细胞炎性浸润，与其他炎症介质一起共同促进 T 细胞和 B 细胞的活化，使得其他炎症产物产生，使炎症反应加重。IL-6 是一种多功能细胞因子，具有抗炎和致炎的双向作用，其作用与组织中的含量有关，当 IL-6 的表达水平处于正常标准时，对机体是有好处的，一旦分泌过量则会导致一系列的炎性损伤。IL-6 能促进 B 细胞分化并产生免疫球蛋白、促进细胞毒性 T 细胞成熟。因此，减少 TNF-α、IL-1β 和 IL-6 的过度产生可很好的控制炎症反应，缓解机体因炎症反应而引起的组织损伤，是具有广阔的临床应用前景的。

本研究结果发现，通过检测 LPS 刺激后 RAW264.7 小鼠巨噬细胞的 TNF-α 和 IL-6 分泌显著增加，证实了 LPS 具有促进 TNF-α 和 IL-6 分泌的作用。而 EKH1216 可剂量依赖性地抑制 LPS 诱导的 TNF-α 和 IL-6 产生，具有统计学意义。与此同时，LPS 刺激后 RAW264.7 细胞 TNF-α 和 IL-6 mRNA 水平升高，且 EKH1216 可剂量依赖性地降低 TNF-α 和 IL-6 mRNA 水平，ELISA 与 qRT-PCR 两者结果相一致。结果提示，EKH1216 是通过在转录水平调节 TNF-α 和 IL-6 mRNA 水平,影响 TNF-α 和 IL-6 的分泌来达到抗炎作用。

另外在本研究中,LPS 刺激后,RAW264.7 小鼠巨噬细胞 IL-1β mRNA 水平显著升高,而 IL-1β 在被不同浓度(50、100、200μg/mL)EKH1216 作用时,均能显著抑制其 mRNA 的表达,且我们可以观察到在核酸水平和蛋白表达上 IL-1β 的变化趋势是一致的,并呈一定的剂量依赖关系。由此可以说明 EKH1216 的抗炎作用可能是通过抑制 IL-1β mRNA 水平进而抑制 IL-1β 蛋白的表达,最终影响 IL-1β 的分泌而实现的。

20.3.4 圆齿野鸦椿果皮提取物对相关炎症通路的影响

LPS 触发炎症反应内部存在着一系列复杂的级联反应,NF-κB 在其中起中心作用。NF-κB 存在于多种细胞中,参与表达细胞因子,趋化因子,生长因子,细胞黏附因子以及一些健康或者疾病状态下的急性相关蛋白。NF-κB 的激活与 IκBs 的磷酸化相关,静息状态下,NF-κB 与 IκBs 结合在一起,在促炎因素的刺激下,IκB 激酶将 IκBs 磷酸化使其失活,释放出游离的 NF-κB。继而,NF-κB 发生核转位进入细胞核,与靶基因的催化结构域的 κB 结合位点结合。这个位点是许多促炎介质如 COX-2、iNOS、TNF-α、IL-1β、IL-6 和 IL-8 的启动子区域,NF-κB 结合该位点后诱导这些促炎介质的转录与表达。目前借助 NF-κB 信号通路来调控炎症相关基因的表达在炎症研究问题中具有重要的指导意义。本研究通过 Western blot,考察 EKH1216 对 NF-κB p65 和 P-NF-κB p65 蛋白表达的影响,研究结果显示,LPS 刺激细胞后,NF-κB p65 和 P-NF-κB p65 蛋白表达显著升高,而随着 EKH1216 给药剂量的增加,NF-κB p65 和 P-NF-κB p65 蛋白表达显著降低,结果表明,NF-κB 与 IκB 发生解离,所以释放出游离的 NF-κB 可以进入细胞核,从而调控相关基因的表达,以提高相关炎性细胞因子的分泌。综上,EKH1216 可以调控 NF-κB 信号转导通路,从而抑制炎症介质和炎性细胞因子的分泌,减弱炎症反应。

MAPKs 通路是与炎症相关的另外一条重要的信号转导通路,参与细胞的增殖、分化、凋亡等生理过程。在巨噬细胞中,LPS 刺激后,发生信号转导使得 MAPKs 激活,随后 MAPKs 调控炎症反应与免疫应答。MAPK 信号通路中 p38 MAPK、ERK1/2 和 JNK 是参与炎症反应的主要组成部分。本研究显示,p38 和 JNK 在受到 LPS 刺激后,其表达量显著上调,且 EKH1216 给药后,其表达量随给药剂量的增加而显著下调。P-p38 和 P-ERK 同样在受到 LPS 刺激后表达量显著上调,给药后与 p38 和 JNK 的变化规律相同。LPS 刺激细胞后,ERK 蛋白的表达显著上调,但模型组与实验组之间几乎无差异,表明 EKH1216 对 ERK 蛋白的表达无影响,而 EKH1216 对 P-JNK 的表达又具有很好的抑制活性,该现象需要在后续的实验中做进一步探讨。P-JNK 在 LPS 刺激后表达量明显上调,同时在被不同剂量的 EKH1216 作用,尤其是在较高浓度(200μg/mL)时,和模型组相比较,其表达量显著下调。因此从本实验可以推测,EKH1216 有可能是通过抑制 p38、P-p38、JNK、P-JNK 和 P-ERK 的表达,进而影响 MAPK 信号通路发挥其抗炎作用。

Janus 激酶与 STATs 形成一种 JAK-STATs 复合通路,JAK-STATs 是一个重要的细胞因子信号转导通路,广泛参与细胞增殖、分化、成熟、凋亡以及免疫调节等过程,在炎症、肿瘤等多种疾病中影响较大,是众多细胞因子信号转导的重要途径之一。本研究结果发现,LPS 诱导 RAW264.7 细胞 STAT1、STAT3 的表达显著上调,使用 EKH1216 后,可以明显抑制两者的表达。同时,LPS 刺激后激活磷酸化的 STAT3,与空白组相比,差异显著,EKH1216 可剂量依赖性的抑制其表达;而 LPS 刺激后对 P-STAT1 的激活不具有统计学意义,且模型组与实验组相比较,差异不具有统计学意义,这可能与激活 STAT1 的激酶有关。本研究表明,在 LPS 诱导的 RAW264.7 小鼠巨噬细胞炎症模型中,EKH1216 可能是通过抑制 JAK-STAT 通路 STAT1、STAT3 和 P-STAT3 蛋白的表达而影响 JAK-STAT 通路,发挥其抗炎作用。

20.3.5 讨论与小结

本研究通过圆齿野鸦椿果皮提取物对脂多糖诱导的小鼠巨噬细胞 RAW264.7 细胞形态变化、相关炎症细胞因子以及对炎症相关通路的影响,进一步研究圆齿野鸦椿的抗炎效果及作用机制。研究结果总结如下:

(1)由细胞形态学观察结果可知,正常组和阴性对照组细胞分布及形态差异不大,表明只加 EKH1216 药物对细胞生长增殖没有影响;模型组细胞数量和细胞形态与正常组相比差异明显,说明 RAW264.7 细胞在受到 LPS 刺激后,细胞生长受抑制,由于吞噬了外来物质,进而使自身细胞形态发生明显改变。而且圆齿野鸦椿果皮提取物能很好地改善细胞形态改变的情况。

(2)在 LPS 诱导的 RAW264.7 小鼠巨噬细胞炎症模型中,EKH1216 会通过抑制 COX-2 和 iNOS mRNA 的生成,进而抑制 COX-2 和 iNOS 蛋白的表达,最终表现为 PGE2 和 NO 的合成降低。

(3)EKH1216 会通过在转录水平调节 TNF-α 和 IL-6 mRNA 水平,影响 TNF-α 和 IL-6 的分泌来达到抗炎作用。

(4)EKH1216 同时也会抑制 IL-1β mRNA 水平进而抑制炎症因子 IL-1β 蛋白的表达。

(5)EKH1216 可以有效地抑制 NF-κB 信号转导通路中 LPS 诱导引起的

p65 核转运，从而抑制炎症介质和炎性细胞因子的分泌，减弱炎症反应。

（6）EKH1216 还会影响 MAPK 信号通路，通过抑制 p38、P-p38、JNK、P-JNK 和 P-ERK 的表达，最终起到抗炎作用。

（7）EKH1216 通过抑制 JAK-STAT 通路中 STAT1、STAT3 和 P-STAT3 蛋白的表达，发挥其抗炎作用。

参 考 文 献

董玫，广田满. 野鸦椿的植物化学成分研究[J]. 天然产物研究与开发，2002，14（04）：34-37.

董玫，张秋霞，广田满. 野鸦椿酯类化合物抗炎症活性与结构的研究[J]. 天然产物研究与开发，2004，16（04）：290-293.

方瑶，毛旭虎. 小鼠巨噬细胞 RAW264.7 的培养技巧及经验总结[J]. 现代生物医学进展，2012，12（22）：4358-4359.

贺立，陈勤，彭申明，等. 桔梗皂苷对慢性支气管炎小鼠肺细胞中的 IL-1β 和 TNF-α 表达的影响[J]. 中国细胞生物学学报，2013，（1）：17-23.

李卫萍，赵正保. 脂多糖对 RAW264.7 细胞生长的影响[J]. 中外医疗，2012，31（15）：98-98.

宋春娇，吕冰洁，张小玲，等. 血清饥饿法用于细胞周期同步化的方法学研究[J]. 中华地方病学杂志，2003，22（4）：362-364.

田珂，李燕慈，龙慧，等. 野鸦椿根抑制肝脂堆积活性部位及其化学成分研究[J]. 中草药，2017，48（08）：1519-1523.

王仁云，黄琛. 环氧化酶—2 抑制剂的抗肿瘤作用[J]. 国际肿瘤学杂志，2001，28（6）：426-429.

Ajizian S J, English B K, Meals E A. Specific inhibitors of p38 and extracellular signal-regulated kinase mitogen-activated protein kinase pathways block inducible nitric oxide synthase and tumor necrosis factor accumulation in murine macrophages stimulated with lipopolysaccharide and interfe[J]. Journal of Infectious Diseases, 1999, 179(4): 939-944.

Baeuerle P A, Baltimore D. NF-kappa B: ten years after[J]. Cell, 1996, 87(1): 13-20.

Bournazou E, Bromberg J. Targeting the tumor microenvironment [J]. Jakstat, 2013, 2 (2): e23828.

Hirano T. Interleukin 6 in autoimmune and inflammatory diseases: a personal memoir[J]. Proceedings of the Japan Academy, 2010, 86(7): 717-730.

Karin M, Delhase M. The I kappa B kinase (IKK) and NF-kappa B: key elements of proinflammatory signalling[J]. Seminars in Immunology, 2000, 12(1): 85-98.

Rajendran P, Li F, Shanmugam M K, et al. Celastrol suppresses growth and induces apoptosis of human hepatocellular carcinoma through the modulation of STAT3/JAK2 signaling cascade in vitro and in vivo[J]. Cancer Prevention Research, 2012, 5(4): 631.

Ren K, Torres R. Role of interleukin-1beta during pain and inflammation[J]. Brain Research Reviews, 2009, 60(1): 57.

Silver-Morse L, Li W X. JAK-STAT in heterochromatin and genome stability[J]. JAK-STAT, 2013, 2(3): e26090.

Xuemei Z, Yu S, Xinxin C, et al. Effects of florfenicol on early cytokine responses and survival in murine endotoxemia[J]. International Immunopharmacology, 2008, 8(7): 982-988.

第二十一章 圆齿野鸦椿果皮提取物抗免疫性肝损伤作用的研究

21.1 材料与方法

21.1.1 实验动物

昆明种小鼠,体重(20±2)g,♀♂兼用,由福建医科大学实验动物中心提供,合格证号:SCXK(闽)2016-0007,在室温(21~23℃)、普通光照环境中饲养1周后实验,标准饲料喂养,自由饮水。

21.1.2 试剂配制

21.1.2.1 圆齿野鸦椿果皮提取物系列浓度

称取EKH1216 10g,依次加入0.8mL无水乙醇,40μL DMSO,1.2mL PEG400和1.2mL Tween-80,然后补水使总体为10mL,最终圆齿野鸦椿果皮提取物药物浓度为1g/mL,用上述混合溶液将药物稀释为低、中、高(0.25g/kg、0.5g/kg、1g/kg)三个剂量,置4℃冰箱保存备用。

21.1.2.2 0.75%联苯双酯

取1瓶联苯双酯滴丸(500丸/瓶,1.5mg/丸)溶于100mL生理盐水中,配成0.75%的混悬液,充分混匀,置4℃冰箱保存备用。

21.1.2.3 卡介苗

将0.3g卡介苗溶于24mL生理盐水中,配成每毫升约含2.5×10^{8}个活菌数的混悬液,充分混匀,临用前配制。

21.1.2.4 脂多糖

称取0.9mg脂多糖溶于24mL生理盐水中,终浓度为37.5μg/mL,充分混匀,现配现用。

21.1.3 动物分组给药造模

60只KM小鼠,雌雄各半,雄性和雌性小鼠分别随机分为6组,每组5只,分别为正常对照组、模型组、联苯双酯组(0.15g/kg)、圆齿野鸦椿提取物低、中、高剂量组(0.25g/kg、0.5g/kg、1g/kg)。第1天,除正常对照组小鼠外,其余各组小鼠腹腔注射卡介苗(2.5mg/0.2mL/只),预先致敏。第2天开始,各给药组开始灌胃给药(0.1mL/10g),正常组和模型组小鼠灌胃相同剂量的生理盐水,每天进行1次给药,持续10天,同时每3天进行1次小鼠体重测量和记录。末次给药1~2h后,各处理组小鼠均腹腔注射LPS(7.5μg/0.2mL/只)。注射LPS后,禁食不禁水16h。称取各组小鼠体重并记录,然后将小鼠按顺序进行摘除眼球取血,颈椎脱臼处死,迅速摘取小鼠肝脏标本。

21.1.4 指标测定

21.1.4.1 一般情况观察

对比观察造模和治疗前后小鼠体毛的色泽变化、神志与活动状态及食量的变化情况。

21.1.4.2 小鼠血清 ALT、AST 活力检测

摘除眼球取血,让血液沿着干净的1.5mL离心管管壁流下[预先加有1%肝素溶液,常用量为1:50-100(肝素:全血)],送医院进行血液 AST 和 ALT 活力检测。

21.1.4.3 小鼠免疫器官指标测定

称取各组小鼠的肝脏重量,按公式,器官系数=脏器重量(g)/体重(g)×1000,计算各组肝脏指数。

21.1.4.4 小鼠肝组织 NO、SOD、MDA 及 GSH-Px 含量测定

每只小鼠取肝脏同一部位0.4g,放入预冷的生理盐水中,漂洗干净,除去肝脏表面多余的血液,滤纸拭干,放入10mL的离心管内,将组织和冰的生理盐水按1:9的比例匀浆。匀浆时要注意,一定要在冰块上或冰水混合物中进行匀浆!匀浆后离心取上清液,样品蛋白定量采用考马斯亮蓝法。按照试剂盒说明进行 NO、MDA、SOD 和 GSH-Px 的检测。

21.1.4.5 小鼠肝组织 TNF-α、IL-6 及 PGE2 含量测定

取上述部分肝匀浆进行 ELISA 检测肿瘤坏死因子-α(TNF-α)、白介素-6(IL-6)及 PGE2 的含量。具体操作步骤同20.1.4.2。

21.1.4.6 小鼠肝组织病理学检测

每只小鼠取肝脏同一部位组织,大小基本相同,放入预先放有4%多聚甲醛的50mL离心管中,每一组小鼠剪下的肝脏放于同一个离心管中。送医院进行小鼠肝脏病理切片实验。

21.1.5 肝损伤小鼠肝组织病理损伤程度的判定

HE 染色结束后,使用光镜进行病理组织学观察。分别从细胞肿胀、气球

样变、脂肪变性、细胞坏死、炎细胞浸润等几个方面观察,可以将肝组织的损伤程度分为 4 个等级,即 0 级:肝组织结构正常,肝细胞的排列均匀有序,胞浆丰富,肝小叶结构完整,肝窦及肝索清晰可辨,无病变和炎性细胞浸润等;Ⅰ级:肝小叶结构大致为正常,极少部分肝细胞疏松肿胀,极少发生气球样变和点状坏死,少部分炎性细胞浸润;Ⅱ级:肝小叶结构不清,肝细胞脂肪变性或呈空泡状,较多气球样变、胞浆疏松,可见较多点状坏死及多个炎性细胞浸润;Ⅲ级:肝小叶结构不清,出现较多的灶性坏死,肝细胞广泛出现气球样变等病变,炎性细胞浸润严重。

21.2 结果与分析

21.2.1 EKH1216 对 ILI 小鼠一般情况的影响

正常对照组小鼠行动灵活,被毛毛色光泽,精神状态好,食量及大便正常,无异常状态出现;模型组小鼠部分出现毛发渐干枯且无光泽、饮食和活动量减少,精神不佳,比较萎靡;联苯双酯组小鼠与模型组相比较状态较好,只有进食和活动情况表现不是很好;EKH1216 各给药剂量组与模型组相比较小鼠皮毛较有光泽,其他除进食较少外,表现依旧比较活跃。

表 21-1 所示,由于灌胃给药的影响,各给药组和联苯双酯组小鼠进食减少,体重增长较正常组显著减少($P<0.01$),其中随着给药剂量的增加,小鼠体重增长量逐渐增加,表明药物可以缓解灌胃给药对小鼠的影响,且给药组较联苯双酯组效果好。此外,由于 LPS 刺激时间为处死前一天,虽降低小鼠体重增长量,但与正常组相比无显著差异($P>0.05$)。

表 21-1 各组小鼠造模前后体重增长情况($\bar{x}\pm s$,$n=10$)

组 别	剂量(g/kg)	体重增长量(g)
正常对照组	—	4.15±1.21
模型组	—	3.64±1.47
联苯双酯组	0.15	0.46±0.27## *
EKH1216		
低剂量组	0.25	0.78±0.66 * *
中剂量组	0.5	0.82±0.41 * *
高剂量组	1	1.51±0.42

注:与正常组比较,#$P<0.05$,##$P<0.01$;与模型组比较,* *$P<0.01$。

21.2.2 EKH1216 对 ILI 小鼠血清 ALT、AST 活力的影响

实验结果显示(表 21-2),与正常对照组相比,BCG+LPS 模型组小鼠血清 ALT、AST 显著升高(分别为 $P<0.01$ 和 $P<0.05$),说明肝损伤模型建立成功。与模型组相比较,阳性对照药联苯双酯和 EKH1216 各给药剂量组小鼠血清中的 ALT 的活性显著降低($P<0.01$),对应的降酶百分率分别为 43.4%、42.6%、44.8%和 47.3%;阳性对照药联苯双酯及 EKH1216 低剂量组、中剂量组并不能改变 AST 的这种情况($P>0.05$),EKH1216 高剂量组可显著降低小鼠血清 AST 的活性($P<0.05$),降酶百分率为 28.8%。

表 21-2 EKH1216 对 ILI 小鼠血清 ALT、AST 的影响($\bar{x}\pm s$, $n=10$)

组别	剂量(g/kg)	ALT(U/L)	AST(U/L)
正常对照组	—	25.14±8.76	94.00±31.84
模型组	—	73.00±5.20##	151.00±38.97#
联苯双酯组	0.15	41.30±7.99**	121.70±26.98
EKH1216			
低剂量组	0.25	41.90±17.55**	136.00±41.68
中剂量组	0.5	40.30±10.13**	115.60±39.78
高剂量组	1	38.50±10.11**	107.50±15.57*

注:与正常组比较,#$P<0.05$,##$P<0.01$;与模型组比较,*$P<0.05$,**$P<0.01$。

21.2.3 EKH1216 对 ILI 小鼠肝脏指标的影响

21.2.3.1 EKH1216 对 ILI 小鼠肝脏指数的影响

结果显示(表 21-3),BCG+LPS 模型组小鼠的肝脏指数显著高于正常组($P<0.01$)。对比模型组数据,联苯双酯给药组能显著改变由于 BCG/LPS 诱导引起的免疫性肝损伤小鼠肝脏指数升高的情况($P<0.01$);EKH1216 低、中、高剂量组肝脏指数与模型组相比均具有一定的差异性,其差异具有统计学意义(分别为 $P<0.05$、$P<0.01$ 和 $P<0.01$)。说明 EKH1216 各给药剂量对 BCG/LPS 诱导的小鼠免疫性肝损伤的抑制效果很好。

表 21-3 EKH1216 对 ILI 小鼠肝脏指数的影响($\bar{x}\pm s$, $n=10$)

组别	剂量(g/kg)	肝脏指数
正常对照组	—	49.56±2.75
模型组	—	69.43±9.71##
联苯双酯组	0.15	57.42±2.19**

(续)

组别	剂量(g/kg)	肝脏指数
EKH1216		
低剂量组	0.25	61.73±4.31*
中剂量组	0.5	58.98±1.42**
高剂量组	1	55.57±3.23**

注:与正常组比较,##$P<0.01$;与模型组比较,*$P<0.05$,**$P<0.01$。

21.2.3.2 EKH1216 对 ILI 小鼠肝组织 NO、SOD、MDA 及 GSH-Px 含量的影响

结果表明,与正常组相比较,模型组小鼠肝组织 NO、MDA 含量和 SOD、GSH-Px 活性具有显著差异($P<0.01$)。与模型组相比较,EKH1216 各剂量组及阳性对照药联苯双酯可显著抑制小鼠肝组织 NO 含量($P<0.01$);EKH1216 高剂量组和阳性对照药联苯双酯可显著提高小鼠肝组织 SOD 活性(分别为 $P<0.01$ 和 $P<0.05$),EKH1216 低、中剂量组可降低小鼠肝组织 SOD 活性,但不显著($P>0.05$);除低剂量组外,EKH1216 和阳性对照药联苯双酯可显著抑制小鼠肝组织 MDA 含量($P<0.01$);EKH1216 各剂量组及阳性对照药联苯双酯可显著升高小鼠肝组织 GSH-Px 活性($P<0.05$ 或 $P<0.01$)。结果见表 21-4。

表 21-4 EKH1216 对 ILI 小鼠肝组织 NO、SOD、MDA 及 GSH-Px 含量的影响($\bar{x}±s$, $n=10$)

组别	剂量(g/kg)	NO(nmol/mgprot)	SOD(U/mgprot)	MDA(nmol/mgprot)	GSH-Px(U/mgprot)
正常对照组	—	1.58±0.05	151.56±10.63	0.65±0.26	115.23±11.71
模型组	—	3.88±0.05##	124.97±7.21##	1.78±0.22##	60.70±14.93##
联苯双酯组	0.15	2.48±0.05**	135.63±9.66*	1.35±0.14**	93.56±10.25*
EKH1216					
低剂量组	0.25	3.30±0.05**	126.99±9.80	1.48±0.16	84.97±14.84*
中剂量组	0.5	2.39±0.03**	132.57±10.04	1.37±0.18**	94.04±4.92**
高剂量组	1	1.68±0.03**	141.17±12.87**	1.30±0.25*	110.88±14.32**

注:与正常组比较,#$P<0.05$,##$P<0.01$;与模型组比较,*$P<0.05$,**$P<0.01$。

21.2.3.3 EKH1216 对 ILI 小鼠肝组织 TNF-α、IL-6 及 PGE2 含量的影响

由表 21-5 可见,模型组小鼠肝组织中的 TNF-α、IL-6 及 PGE2 水平显著增加,与空白组比较差异显著($P<0.01$),意味着模型建立正确;与模型组相比,EKH1216 低剂量组可显著抑制小鼠肝脏组织 IL-6 及 PGE2 的水平(分别为 $P<0.05$ 和 $P<0.01$)但不能显著抑制小鼠肝组织 TNF-α 的水平($P>0.05$),阳性对

照药联苯双酯及 EKH1216 中、高剂量组均可显著抑制小鼠肝组织中 TNF-α、IL-6 及 PGE2 的水平,可见 EKH1216 各剂量对免疫性肝损伤小鼠的肝脏具有一定的保护作用,且具有一定的剂量依赖性。

表 21-5 EKH1216 对 ILI 小鼠肝组织 TNF-α、IL-6 及 PGE2 含量的影响($\bar{x}\pm s, n=10$)

组别	剂量（g/kg）	TNF-α（pg/mL）	IL-6（pg/mL）	PGE2（pg/mL）
正常对照组	—	153.70±33.43	37.07±5.97	250.67±21.23
模型组	—	340.73±42.52##	99.93±6.86##	405.25±5.58##
联苯双酯组	0.15	244.82±50.96*	69.68±13.37**	303.66±44.49**
EKH1216				
低剂量组	0.25	295.39±43.77	76.32±11.63*	306.46±30.34**
中剂量组	0.5	232.90±45.87*	66.29±10.25**	279.25±32.34**
高剂量组	1	185.88±45.38**	53.60±7.59**	247.02±9.13**

注:与正常组比较,#$P<0.05$,##$P<0.01$;与模型组比较,*$P<0.05$,**$P<0.01$。

21.2.4 EKH1216 对 ILI 小鼠肝组织病理变化的影响

BCG/LPS 诱导的肝损伤小鼠模型肝组织病理变化为(图 21-1,见彩图):正常组镜下见肝小叶结构清晰,肝细胞整齐排列,呈放射状索条形,肝细胞形态正常,胞浆丰富,肝细胞索排列规则且清晰可辨,肝窦及汇管区无异常,无炎性细胞。

模型组镜下轻易可见肝小叶结构损坏,结构较紊乱,肝细胞不再是清晰的放射状索条形排列形式。较多肝细胞胞浆疏松化且可见灶性坏死,坏死组织周围肝细胞呈空泡状,气球样变,部分肝细胞胞质可见弥散分布的大小不等的脂滴,细胞核被挤到一侧,肝细胞数量减少,汇管区发生炎性细胞浸润。

EKH1216 各剂量组肝组织病理损伤程度较模型组为轻。EKH1216 低剂量组肝细胞呈点状或碎片状坏死,轻度浊肿,肝索紊乱不清;EKH1216 中剂量组肝细胞有明显的改善,表现为肝小叶结构逐渐恢复,肝索逐渐清晰,细胞坏死大量减少,炎性细胞浸润明显减轻,肝细胞数量增加;EKH1216 高剂量组肝组织损伤情况基本改善,与空白组相近,表现为肝小叶结构清晰,肝细胞形态较正常,呈放射状索条形,肝组织轻度浊肿,炎性细胞浸润较少。

采用 Kruskal-Wallis 法进行检验,结果显示(表 21-6),模型组小鼠肝组织病理损伤程度显著高于空白对照组;EKH1216 低、中、高剂量组及阳性对照药联苯双酯组小鼠肝组织病理损伤程度均低于模型组,其中 EKH1216 中、高剂量组及联苯双酯组与模型组相比,差异具有统计学意义($P<0.05$ 或 $P<0.01$);

EKH1216各剂量组与联苯双酯组相比较差异均不显著($P>0.05$),说明对于BCG/LPS诱导的ILI小鼠肝组织病理损伤,EKH1216低、中、高各剂量组的保肝作用与阳性对照药联苯双酯相当。

表21-6　EKH1216对BCG/LPS诱导的ILI小鼠肝组织病理变化的影响($n=10$)

组别	剂量 (g/kg)	动物数	肝损伤程度			
			0	Ⅰ	Ⅱ	Ⅲ
正常组	—	10	10	0	0	0
模型组	—	10##	0	0	3	7
联苯双酯组	0.15	10**	0	7	2	1
EKH1216						
低剂量组	0.25	10△	0	2	4	4
中剂量组	0.5	10*△	0	4	5	1
高剂量组	1	10**△	0	8	2	0

注:与正常组比较,##$P<0.01$;与模型组比较,*$P<0.05$,**$P<0.01$;与联苯双酯组比较,△$P>0.05$。

21.3　讨论与小结

肝炎具有非常复杂的发病机制,与机体多个生理过程有关,包括病毒的复制、炎性介质的释放、免疫功能紊乱和自由基损伤等。免疫性肝损伤动物模型与人肝炎病理相近,因此医药研究中常将其作为筛选和研究保肝药物和探讨慢性肝炎免疫机制的模型。目前,采取BCG加LPS制造免疫性肝损伤模型的研究已有较多的报道。对正常小鼠注射小剂量LPS,不能诱导显著的肝损伤,然而当小鼠为免疫激活状态时,注射同样剂量LPS就会发生显著的肝损伤。其损伤机制为预先给小鼠注射BCG使致敏T淋巴细胞激活,特别是引起Kupffer细胞和巨噬细胞多聚集到肝脏,伴随肝脏细胞点状坏死和轻度脂肪变性。再进一步注射LPS以激活致敏状态的细胞,致敏的巨噬细胞接触LPS后能释放出INF-γ、IL-1以及IL-8等多种细胞因子,致敏状态的Kupffer细胞与LPS接触后则分泌出细胞毒性介质,包括氧自由基、NO、TNF-α、白三烯、IL-1。

本研究采用BCG联合LPS诱导的免疫性肝损伤模型小鼠血清和肝组织中的相关指标发生明显的变化,与正常组差异均显著,表明本试验的小鼠免疫性肝损伤模型建立成功。

EKH1216对ILI小鼠一般情况的影响结果显示,与正常组相比,整个造模期间除正常组外,其余各组均出现了进食和活动量减少;各给药组和联苯双酯组体重增长速度显著低于正常组,可能是受给药影响,小鼠食量减小,而 LPS 组体重增长量与正常组相差较小且不显著,可能与 LPS 刺激时间为处死前一天有关。

ALT、AST 在人体中主要分布于肝脏,其次是骨骼肌,肾脏和心肌等组织。血清转氨酶是肝细胞损伤的敏感标志,能够反映肝细胞损伤情况。当机体处于正常状态时,血清中 ALT 含量较低,当细胞受损导致肝细胞坏死,细胞膜通透性增加或细胞膜破裂,胞质中的 ALT 流入到血液中,使得血清 ALT 酶活性突然升高。AST 主要位于线粒体中,少量位于胞浆。肝脏受损较轻细胞膜通透性增加时,胞浆内 AST 流入到血液中,而线粒体内的 AST 在肝细胞受损严重时才释放到血液中。

本实验研究结果显示,EKH1216 高、中、低剂量组及联苯双酯阳性对照组 ALT 活性均极显著低于模型组;与模型组相比,AST 活性只有在 EKH1216 高剂量组时差异显著。提示 EKH1216 对 BCG/LPS 诱导的小鼠肝损伤有明显的保护作用,EKH1216 高、中、低剂量组都还不能使血清 ALT、AST 恢复到正常水平,其机制可能为 EKH1216 能够保护肝细胞膜的完整性,而保护肝细胞细胞器完整性的能力相对较差,需达到一定剂量才可,从而减轻肝细胞受损状态,抑制小鼠血清中 ALT、AST 的突然升高。

病理组织学观察作为评价肝损伤比较直观的指标,能够非常客观地反映肝损伤程度。本实验观察到,EKH1216 各剂量组肝组织病理损伤程度与模型组相比明显减轻,同时 EKH1216 各剂量组与联苯双酯组相比较差异均不显著,表明 EKH1216 对小鼠肝损伤有明显的保护作用,且 EKH1216 对小鼠肝损伤的保护作用与联苯双酯效果相当,其保护机制可能是通过促进肝细胞再生和修复完成的。

另外,免疫器官系数可间接反映肝损伤的程度,检测方法也相对简单。本研究显示,EKH1216 各剂量组小鼠肝脏系数均显著低于 BCG/LPS 模型组,因此 EKH1216 对 BCG/LPS 诱导的小鼠免疫性肝损伤能够起到很好的保护效果。ILI 小鼠肝脏指数升高可能与小鼠受到免疫攻击时肝脏肿大有关。

研究表明,NO 在免疫性肝损伤中起重要作用。NO 是一种细胞内和细胞间的信使物质,一方面,正常情况下,NO 在肝细胞受氧化时,能够清除 O^{2-} 保护肝脏细胞;另外,当 NO 含量较高时对肝细胞蛋白质合成有抑制作用并且会破坏 DNA 结构,引起线粒体呼吸受阻,造成肝细胞内部能量代谢障碍从而引发肝细胞凋亡以及坏死,高浓度 NO 与氧自由基反应生成超氧化亚硝基阴离子(ONOO—),当存在质子时,会与 H^+ 之间发生电子重分布,生成一种强细胞毒性物质羟自由基(·OH),毒性强于 O^{2-},能够引起脂质过氧化损伤,导致细胞功能紊乱甚至死亡。研究中,BCG+LPS 引起小鼠免疫性肝损伤之后,小鼠肝匀浆中 NO 含量明显上升($P<0.01$),表明 BCG+LPS 诱导小鼠免疫性肝损伤模型建立

后,自由基与脂质过氧化反应参与介导了肝损伤,肝损伤程度加强,与参考文献吻合。EKH1216 能显著抑制肝组织中 NO 的升高,表明 EKH1216 对 BCG+LPS 所致小鼠免疫性肝损伤具有很好的保护作用。其机理可能与抑制 NO 的合成和减轻 NO 生成毒性物质的反应有关。

生理状态下机体中存在一些灭活氧自由基的酶,如 SOD 酶,作为抗氧化酶系统的主要物质之一,可防御自由基对机体组织的损伤。SOD 对生物体内氧化和抗氧化的平衡意义重大。MDA 是脂质过氧化物的最终产物,组织中 MDA 含量的多少常常可以反映该组织过氧化损伤的程度。MDA 可以进入膜磷脂的水相,从而引起细胞变硬,减弱细胞膜流动性,提高通透性,严重破坏细胞膜结构,造成肝细胞肿胀甚至坏死。GSH-Px 作为内源性抗氧化系统主要构成物质之一,肝脏中 GSH-Px 的活性显著高于人体其他组织。GSH-Px 可催化过氧化氢分解,并特异性催化 GSH 对过氧化氢的还原反应,有效保护细胞膜结构完整和功能正常。GSH-Px 同时还能催化氧化型谷胱甘肽(GSSH)转为还原型谷胱甘肽(GSH),从而体内具有毒性的自由基清除加快,肝脏脂质过氧化损伤有效减少,肝细胞对自由基的抵抗能力明显提高。

本实验结果显示,BCG/LPS 模型组小鼠肝组织 SOD、GSH-Px 活性显著降低,肝组织中 MDA 显著升高。表明 BCG/LPS 所致 ILI 小鼠中,氧自由基和脂质过氧化物增加,自由基损伤加重。EKH1216 各剂量对 GSH-Px 活性有不同程度增强作用,并不同程度的降低肝组织中 MDA 的含量。表明 EKH1216 能够提高抗氧化酶 SOD、GSH-Px 的活性,有效清除自由基和抑制抗脂质过氧化反应,保护细胞膜的稳定性,降低对组织细胞的损伤,具有较好地抗氧化能力,对 BCG/LPS 模型小鼠的自由基损伤具有拮抗作用。

TNF-α 可以直接损伤肝细胞,同时也是介导肝损伤的主要介质。IL-6 是由单核细胞和巨噬细胞等多种细胞产生的,参与肝脏炎性损伤过程。当发生肝损伤时,局部炎症细胞浸润,TNF-α 作为第一介质可以诱导 IL-1、IL-6、NO 等第二介质产生,而第二介质又可以刺激炎症细胞与免疫细胞产生细胞因子,加重肝细胞坏死,增强 TNF-α 介导肝损伤的作用。

PGEs 及其前体大部分是在肝脏内合成的,而且,95%在肝脏内被破坏,所以肝脏成为 PGEs 代谢的最重要器官。乙肝患者中发生肝细胞损害的机理主要是免疫活性细胞的作用,所以 PGEs 的含量受免疫活性细胞功能的影响。

本实验结果显示,模型组小鼠肝组织中 IL-6、TNF-α、PGE2 含量与正常组相比,差异具有显著性,说明 IL-6、TNF-α、PGE2 参与介导了 BCG/LPS 诱导的小鼠急性免疫性肝损伤。EKH1216 各剂量组能不同程度降低 ILI 小鼠肝组织 IL-6、TNF-α 和 PGE2 的含量,表明 EKH1216 对 BCG/LPS 所致急性免疫性肝损伤具有很好的保护作用,EKH1216 可能通过调节细胞因子的产生,从而抑制肝内炎症反应,减轻肝组织损伤,来介导保肝。

总结:本研究通过 BCG+LPS 诱导的小鼠免疫性肝损伤模型,研究圆齿野鸦椿果皮提取物 EKH1216 的保肝作用及其作用机制。结果表明,EKH1216 对 BCG/LPS 诱导的小鼠免疫性肝损伤有明显的保护作用,其可能的作用机制为:①EKH1216 能够保护肝细胞膜和肝细胞细胞器的完整,降低肝细胞受损状态,抑制小鼠血清中 ALT、AST 的突然增高。②免疫器官系数和病理组织学检查显示 ILI 小鼠肝脏指数升高可能与小鼠受到免疫攻击时肝脏肿大有关,EKH1216 能促进肝细胞再生和修复。③其机理可能与抑制 NO 的合成和减轻 NO 生成毒性物质,能够提高抗氧化酶 SOD、GSH-Px 的活性和降低肝组织中 MDA 的含量,有效清除自由基和抑制抗脂质过氧化反应,保护细胞膜的稳定,从而缓解对组织细胞的破坏有关。④EKH1216 可能通过调节细胞因子(IL-6、TNF-α、PGE2)的产生,从而抑制肝内炎症反应,减轻肝组织损伤,来介导保肝。EKH1216 抗肝损伤的有效成分的确定还需进一步研究。

参 考 文 献

黄咏梅,苏玉枝. 舒肝汤对 BCG/LPS 所致小鼠免疫性肝损伤保护作用的研究[J]. 新中医,2009,(3):106-108.

姜辉,高家荣,刘新平,等. 三七总皂苷抗小鼠免疫性肝损伤的研究[J]. 中药药理与临床,2011,(4):33-36.

李峰,朱洁平,王艳梅,等. 天麻多糖对小鼠免疫性肝损伤的保护作用[J]. 中药药理与临床,2015,(1):111-113.

林薇,许云禄,郑良朴,等. 龙虎芪黄汤对免疫性肝损伤小鼠血清 TNF-α IL-6 的影响[J]. 中华中医药学刊,2009,(7):1501-1502.

刘燕. 新疆紫草提取物对小鼠实验性肝损伤的保护作用[D]. 乌鲁木齐:新疆医科大学,2006.

孙设宗,卢娟,官守涛,等. 云芝多糖对实验性肝损伤抗氧化酶、自由基及一氧化氮含量的影响[J]. 时珍国医国药,2008,19(6):1439-1440.

汤新慧,高静. 实验性肝损伤的损伤机制[J]. 中西医结合肝病杂志,2002,12(1):53-55.

伍小燕,唐爱存,卢秋玉. 木棉花总黄酮对小鼠免疫性肝损伤的影响[J]. 中国医院药学杂志,2012,32(15):1175-1178.

杨明,孙红. 复肝肽对动物实验性肝损伤的保护作用[J]. 中国药理学通报,1996,(3):268-271.

余淑霞. 苦参碱对 BCG 加 LPS 诱导的 BALB/c 小鼠免疫性肝损伤的保护作用[D]. 银川:宁夏医科大学,2009.

周青,熊小琴,周俐,等. 乌蕨对四氯化碳诱导肝损伤小鼠脂质过氧化反应的影响[J]. 四川中医,2006,24(1):19-20.

邹登峰, 张可锋, 谢爱泽. 金花茶多糖抗小鼠免疫性肝损伤作用的研究[J]. 华西药学杂志, 2014, 29(5): 525-527.

Broide E, Klinowski E, Koukoulis G, et al. Superoxide dismutase activity in children with chronic liver diseases[J]. Journal of Hepatology, 2000, 32(2): 188-192.

Latour I, Pregaldien J L, Buc-Calderon P. Cell death and lipid peroxidation in isolated hepatocytes incubated in the presence of hydrogen peroxide and iron salts[J]. Archives of Toxicology, 1992, 66(10): 743-749.

Martin-Aragón S, Heras B D L, Sanchez-Reus M I, et al. Pharmacological modification of endogenous antioxidant enzymes by ursolic acid on tetrachloride-induced liver damagein rats and primary cultures of rat hepatocytes[J]. Experimental & Toxicologic Pathology, 2001, 53(2): 199-206.

Wang G S, Liu G T. Role of nitric oxide in immunological liver damage in mice[J]. Biochemical Pharmacology, 1995, 49(9): 1277.

彩 插

第一篇 野鸦椿属遗传多样性研究

图 1-1 野鸦椿采样图

图 1-2 常绿类野鸦椿不同时期的图片
A：叶芽；B：展叶期；C：花蕾期；D：开花期；
E：果膨大期；F：果变色期；G：果开裂期；H：果成熟期

图 2-1 野鸦椿叶片和果实的不同表型性状

注：将相关颜色性状的（果实颜色、果实序列颜色和复合叶柄颜色）的编码分为四种类型，并按绿色和红色的比例进行编码。0-型：绿色/红色=2；1-型：绿色/红色=1；2-型：绿色/红色=1/2；3-型：红色；LM-0：叶缘钝锯齿；LM-1：叶缘细锯齿；IR-0：果表皮肋脉不明显；IR-1：果表皮肋脉

图 3-2 野鸦椿的系统发育关系图

注：每个分支代表一个样本。A：野鸦椿的系统发育树；B、D 和 F 是落叶类野鸦椿，B：果表皮肋脉明显，D：叶纸质，边缘有细锯齿，F：聚伞花序；C、E 和 G 为常绿类野鸦椿，C：果表皮肋脉不明显，E：叶膜质，边缘钝锯齿，G：圆锥花序；H：小叶背面及叶柄具白色绒毛

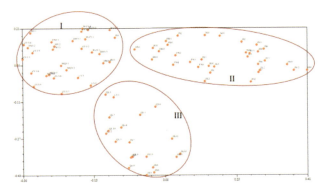

图 3-4 基于 ISSR 标记的主成分分析
注：每个橘色的圆圈代表一个样本

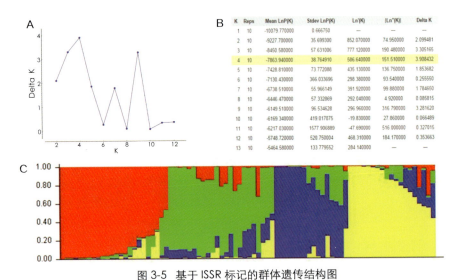

图 3-5 基于 ISSR 标记的群体遗传结构图
A：K 值的估计平均对数似然和粳稻种群数量（K）从 1～13 之间的关系；B：Evanno 表格输出；C：K=4 时的条形图表示

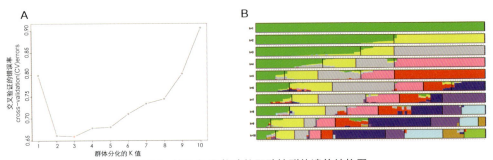

图 3-6 基于 SNP 构建的野鸦椿群体遗传结构图
A：纵坐标表示交叉验证错误率（CV 值），横坐标表示簇数（K）；B：种群遗传结构图（每种颜色代表一个聚类，每一行代表一定数量聚类的结果（K, K = 1～10）

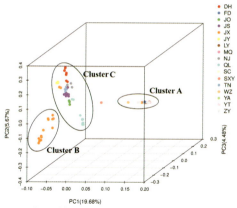

图 3-7 基于 SNP 的主成分分析（PCA）

第二篇　野鸦椿果皮着色与分子机制

图 4-1 动物取食行为的观测

A、B：鸟类取食果实；C：老鼠取食果实（野外观测及室内投食试验）；D：松鼠取食果实（野外观测及室内投食试验）

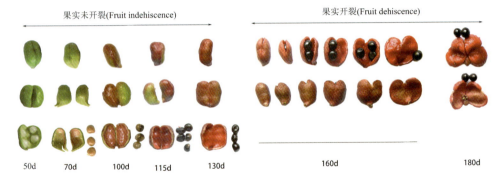

图 5-1 圆齿野鸦椿果实颜色变化

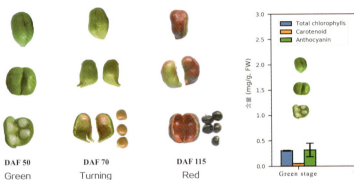

图 6-1 圆齿野鸦椿果皮转录组测序样品

注：Green，绿色期（盛花期后 50d）；Turning，转色期（盛花期后 70d）；Red，红色期（盛花期后 115d）

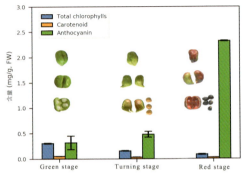

图 6-2 叶绿素、类胡萝卜素和花青素含量变化

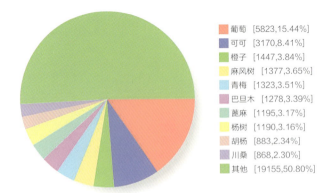

图 6-3 NR 注释的物种分布

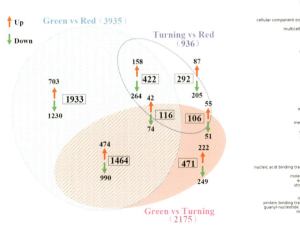

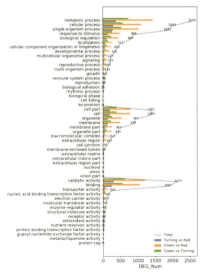

图 6-5 差异表达基因在任意两个时期的比较

注：方框中的数字表示圆齿野鸦椿任意两个发育期之间的差异基因数；红箭头和蓝箭头分别代表上调和下调差异基因的数量

图 6-6 差异基因 GO 注释

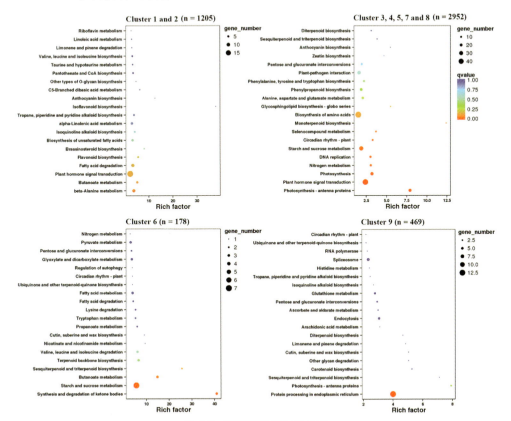

图 6-8 差异基因 KEGG 富集

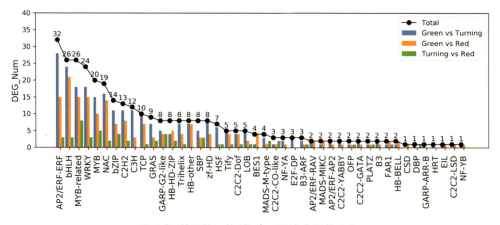

图 6-9 差异基因的 TFs 在不同发育期的分布

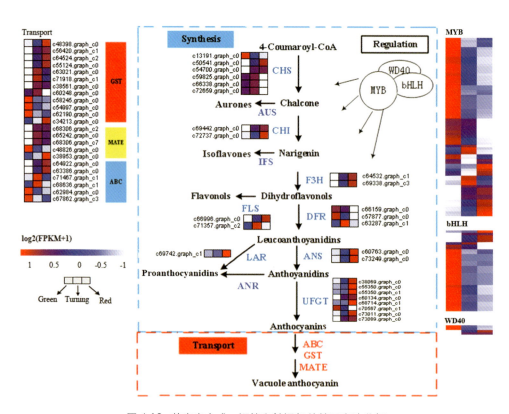

图 6-10 花青素合成、调控和转运相关基因表达分析

注：log2(FPKM+1) 值用颜色的深浅表示，蓝色为表达量上调的基因；红色为表达量下调的基因；FPKM 每千个碱基的转录每百万映射读取的碎片

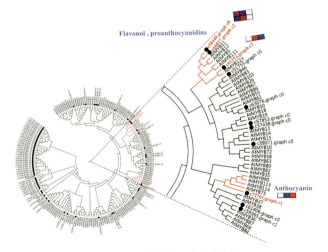

图 6-11 MYB 基因家族分析

注：黑点代表圆齿野鸦椿的 MYB 转录因子，其余的代表拟南芥的 R2R3-MYB 转录因子

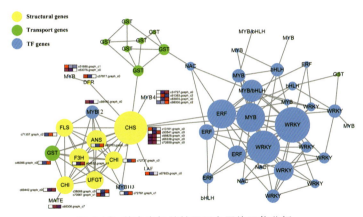

图 6-12 花青素相关基因蛋白网络互作分析

注：黄色点为花青素合成相关的结构基因；绿色点为花青素转运相关基因；蓝色点为与花青素相关的转录调控因子

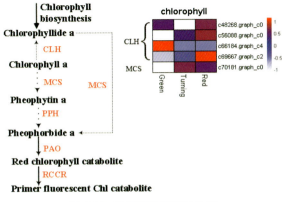

图 6-13 叶绿素降解途径分析

第三篇　野鸦椿主要化合物提取、鉴别与代谢过程研究

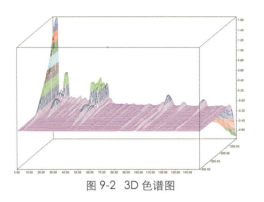

图 9-2　3D 色谱图

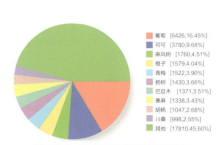

图 10-2　圆齿野鸦椿转录组数据

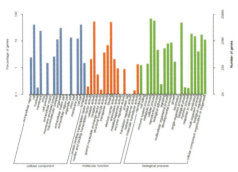

图 10-3　圆齿野鸦椿 unigene 序列
GO 功能分类

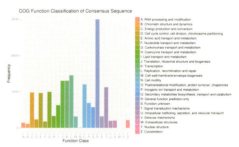

图 10-4　圆齿野鸦椿 unigene 序列
COG 功能分类

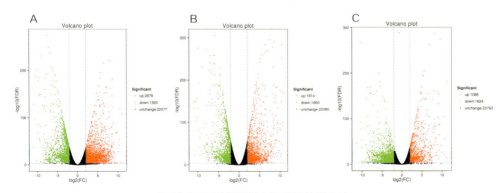

图 10-5　不同组织样本间基因差异表达

注：火山图显示差异表达基因，其中 A 为叶片 vs 枝条，B 为叶片 vs 果皮，C 为枝条 vs 果皮。黑点代表无差异的基因，绿点代表下调表达基因，红点代表上调表达基因

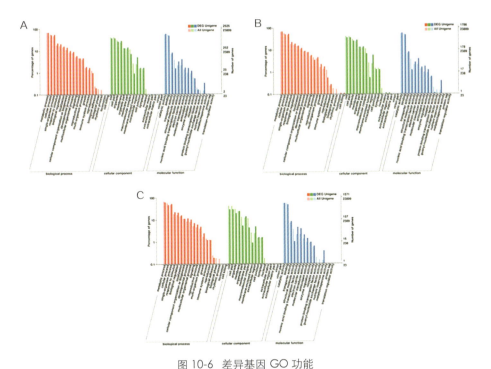

图 10-6 差异基因 GO 功能

A：叶片 vs 枝条；B：叶片 vs 果皮；C：枝条 vs 果皮，淡色代表所有基因，深色代表差异基因

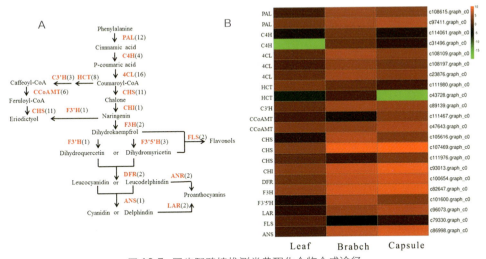

图 10-7 圆齿野鸦椿推测类黄酮化合物合成途径

注：A 类黄酮化合物生物合成途径。每个基因名称后括号内的数字表示对应于该基因的数量。酶缩写如下：PAL：苯丙氨酸裂解酶；C4H：肉桂酸羟化酶；4CL：4- 香豆酰 CoA 连接酶；HCT：莽草酸 O- 羟基肉桂酰转移酶；C3'H：香豆酰喹啉 3'- 单加氧酶；CCoAMT：咖啡酰 -CoA O- 甲基转移酶；CHS：查尔酮合酶；CHI：查尔酮异构酶；F3H：黄烷酮 3- 羟化酶；F3'H：类黄酮 3'- 羟化酶；F3'5'H：类黄酮 3',5'- 羟化酶；FLS：黄酮醇合成酶；DFR：二氢黄酮醇 4- 还原酶；ANR：花青素还原酶；ANS：花青素合成酶；LAR：无色花色素还原酶；B 圆齿野鸦椿黄酮类化合物候选基因表达水平，绿色和红色用于表示从低到高的表达水平，颜色标度对应于的 log2 变换的 FPKM 平均值

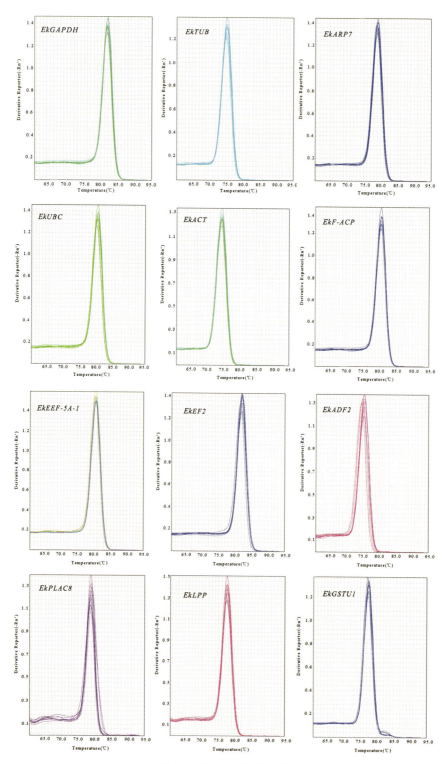

图 11-2 候选内参基因熔解曲线

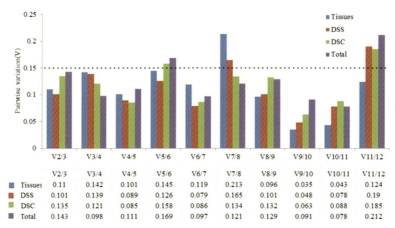

图 11-4 圆齿野鸦椿最佳内参基因数目的确定

注：归一化因子（NFn 和 NFn+1）之间的成对变异（Vn/n+1）分析，以计算每个实验组中最佳参考基因的数量。Tissues：5 个不同组织，DSS: 种子不同发育时期，DSC: 果皮不同发育时期，Total：总样品

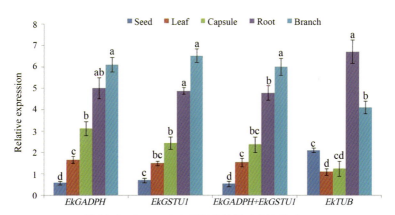

图 11-6 *EkCAD1* 在不同组织的相对表达模式

注：*EkGADPH*、*EkGSTU1* 和 *EkGADPH+EkGSTU1* 作为最稳定的 1 个或 2 个内参基因，*EkTUB* 作为最不稳定的内参基因，图中的不同字母表示存在显著差异（$P<0.05$, t-test; $n=3$）

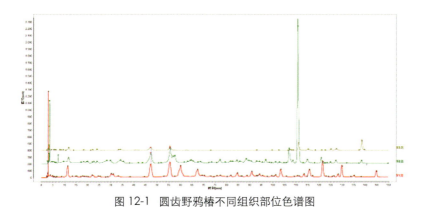

图 12-1 圆齿野鸦椿不同组织部位色谱图

第四篇　圆齿野鸦椿中色原酮碳苷提取及纯化工艺研究

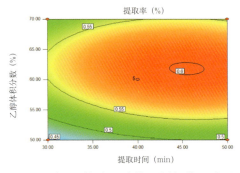

图14-4　提取时间与乙醇体积分数对提取率影响的等高线图

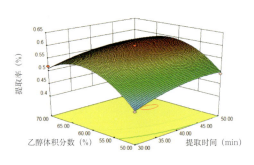

图14-5　提取时间与乙醇体积分数对提取率影响的响应面图

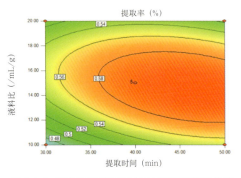

图14-6　提取时间与液料比对提取率影响的等高线图

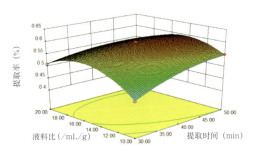

图14-7　提取时间与液料比对提取率影响的响应面图

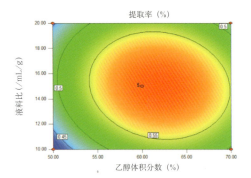

图14-8　乙醇体积分数与液料比对提取率影响的等高线图

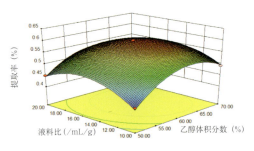

图14-9　乙醇体积分数与液料比对提取率影响的响应面图

第五篇　野鸦椿果皮提取物药理学研究

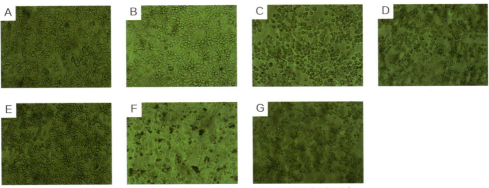

图 20-1　倒置显微镜下 RAW264.7 细胞形态

注：倒置显微镜放大倍数为 10×10；A：空白组；B：LPS 模型组；C：实验组（50μg/mL）；D：实验组（100μg/mL）；E：实验组（200μg/mL）；F：地塞米松对照组（200μg/mL）；G：阴性对照组（200μg/mL）

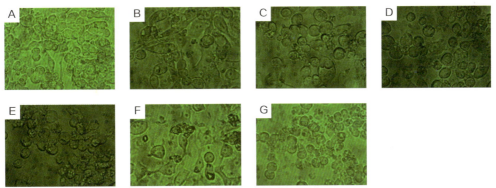

图 20-2　倒置显微镜下 RAW264.7 细胞形态

注：倒置显微镜放大倍数为 10×40；A：空白组；B：LPS 模型组；C：实验组（50μg/mL）；D：实验组（100μg/mL）；E：实验组（200μg/mL）；F：地塞米松对照组（200μg/mL）；G：阴性对照组（200μg/mL）

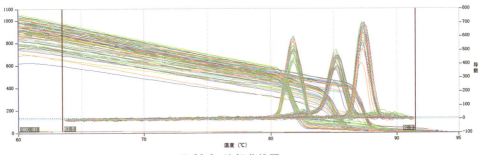

图 20-3　溶解曲线图

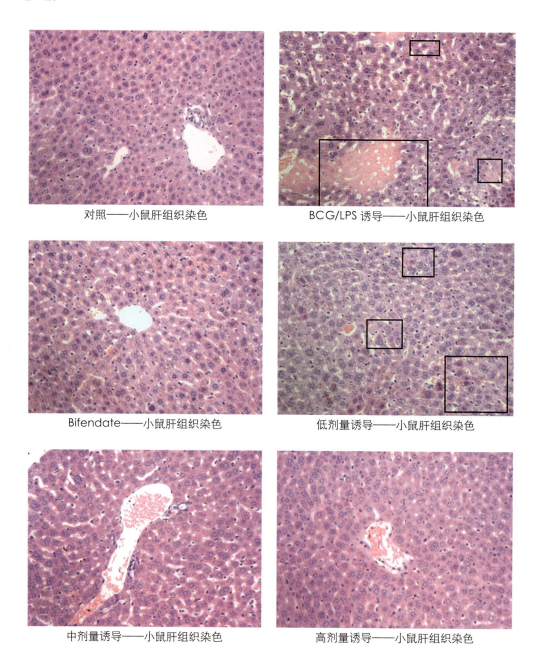

图 21-1　EKH1216 对 ILI 小鼠肝组织病理变化的影响
注：图中方框所示为局部坏死区域